榛子深加工关键理论与技术

吕春茂　孟宪军　李　斌　著

中国农业大学出版社
·北京·

内 容 简 介

榛子是原产于我国的重要木本油料作物之一,主要分布于我国东北地区。地处辽北的铁岭是闻名全国的"榛子之乡"。随着 20 世纪 90 年代我国拥有自主知识产权的平欧杂交大榛子选育成功,更是实现了大榛子在我国的人工园艺化栽培,栽植区域也迅速扩大,目前形成了北部、中部、南部及干旱半干旱地区四个栽植区域。近几年我国人民生活水平不断提高,健康产业悄然兴起,榛子作为四大坚果之首,其营养价值也逐渐被人们认可和接受,消费需求也逐年增加。目前我国每年要进口欧榛上万吨,以榛子为主的坚果行业规模近千亿元。与此相比,我国榛子加工新技术严重滞后,制约了榛子产业的发展。本书汇集了作者多年来的研究成果,系统介绍了榛子油、榛子蛋白、榛子露饮料、榛子多糖、榛子肽、榛子壳活性炭及榛子壳棕色素等产品加工理论和技术,同时进一步探究了榛子油的抗氧化功效和氧化规律,构建了榛子油特征性营养成分及挥发性物质指纹图谱,焙烤榛子香气物质组成及形成规律。本书可供果蔬加工同行特别是坚果加工企业及研究单位参考借鉴。

图书在版编目(CIP)数据

榛子深加工关键理论与技术/吕春茂,孟宪军,李斌著. --北京:中国农业大学出版社,2021.10

ISBN 978-7-5655-2647-3

Ⅰ.①榛… Ⅱ.①吕…②孟…③李… Ⅲ.①榛-食品加工 Ⅳ.①TS255.6

中国版本图书馆 CIP 数据核字(2021)第 213217 号

书　　名	榛子深加工关键理论与技术		
作　　者	吕春茂　孟宪军　李　斌　著		
策划编辑	韩元凤	责任编辑	韩元凤
封面设计	郑　川		
出版发行	中国农业大学出版社		
社　　址	北京市海淀区圆明园西路 2 号	邮政编码	100193
电　　话	发行部 010-62733489,1190	读者服务部	010-62732336
	编辑部 010-62732617,2618	出 版 部	010-62733440
网　　址	http://www.caupress.cn	**E-mail**	cbsszs@cau.edu.cn
经　　销	新华书店		
印　　刷	北京虎彩文化传播有限公司		
版　　次	2021 年 10 月第 1 版　　2021 年 10 月第 1 次印刷		
规　　格	185 mm×260 mm　　16 开本　　19.25 印张　　480 千字		
定　　价	59.00 元		

图书如有质量问题本社发行部负责调换

前　言

　　榛子又称山板栗,属桦木科(Corylaceae)榛属(*Corylus* L.)植物。在世界范围内榛属有约20个种,分布于亚洲、欧洲及北美洲;在中国境内有8个种类2个变种,分布于东北、华东、华北、西北及西南地区。目前全球榛子总的栽培面积260多万 hm²,产量约100万 t。我国现有榛林面积约167万 hm²,年产约10万 t,其中95％是以平榛(*C. heterophylla* Fisch)为主的野生榛林。辽宁省榛子生产面积和产量均居全国第一位,约占全国总产量的80％。近年来,随着我国拥有自主知识产权的平欧杂交大榛子培育成功,人工栽培的榛林面积迅速扩大,该品种种植面积已达到160多万亩,产量6.5万 t(王贵禧,2021)。

　　榛子全身都是宝,加工利用价值极大。首先,榛子油脂肪酸组成主要是油酸、亚油酸、亚麻酸和花生四烯酸等不饱和脂肪酸,具有极强的抗氧化性,且亚油酸、亚麻酸为人体必需脂肪酸,因此,榛子油是一种优质的功能性食用油,在欧美、东南亚乃至世界高级食用油脂市场都享有极高的声誉,越来越多的欧洲国家在不断提高其榛子油的产量,榛子油被广泛应用于食品工业和化妆品行业;其次,榛子蛋白富含人体所需的8种氨基酸,可以加工生产抗氧化肽,开发功能肽口服液以促进人体健康;再者,利用榛子特有的焙烤香气加工生产榛子粉、榛子酱和榛子碎等,作为辅料添加到其他食品中,起到提质增效的作用;另外,榛子壳还可提取制备棕色素、活性炭和环保乳胶漆等。

　　国外大约80％的榛子用于食品加工,即加工成榛子酱、榛子碎、榛子粉和榛子油等产品,作为巧克力、可可类、糖果及焙烤行业产品的原辅料,产品出口至全世界。而我国生产的榛子主要用于整粒炒食这种最初级的加工方式,深加工产品几乎是空白,近些年虽然有榛子油、榛子粉、榛子露等加工产品,但榛子产业仍然是重种植轻加工的发展状态。随着我国平欧榛子新品种种植面积的不断扩大和产量的持续提升,如果加工技术滞后,必然影响经济效益的提高乃至整个榛子产业的良性发展。沈阳农业大学食品学院"榛子深加工课题组"自"十二五"以来一直从事榛子深加工关键技术及高值化利用研究,特别在榛子油水酶法制备、功效验证及贮藏氧化规律和榛子蛋白粉、抗氧化肽的制备及功能特性以及榛子特征性营养成分指纹图谱、香气成分形成规律等方面取得了系列成果,部分已申报国家发明专利,为榛子的综合开发利用积累了较好的理论基础和实践经验。

　　本专著系统介绍了榛子油、榛子蛋白、榛子露饮料、榛子多糖、榛子肽、榛子壳活性炭及榛子壳棕色素等产品加工理论和技术,同时进一步探究了榛子油的抗氧化功效和氧化规律,构建了榛子油特征性营养成分及挥发性物质指纹图谱,焙烤榛子香气物质组成及形成规律,旨在为果蔬加工同行特别是坚果加工企业及研究单位提供参考。

　　本专著得到了大连经济林研究所梁维坚教授,中国林科院王贵禧教授,铁岭三能科技有限公司田宝江教授级高工,山东三羊榛缘生物科技有限公司魏本欣教授级高工,山东华山农林科技有限公司魏玉明高工,朝阳安泰林药开发有限公司宋百成教授级高工、丛皓天高工,桓仁众诚生态农业有限公司王鑫高工,沈阳农业大学园艺学院董文轩教授,沈阳农业大学食品学院岳

— 1 —

喜庆教授、辛广教授、刘玲教授、吴朝霞教授、颜廷才副教授、冯颖副教授、沈昳潇副教授、张琦副研究员,李丽、赵金、矫馨瑶等老师的热情帮助和刘娜、魏雅静、陆长颖、葛君、王婉莹、刘禅禅、李潇、李其昌、孙也婷、彭雪珍、张炜佳、邓晓雨、房丹丹、陈艳、韩晶晶、王丹、付沁璇、徐嘉一、张钰莹、苏春敏等硕士研究生的辛勤付出,在此一并表示感谢。本书的出版得到了辽宁省科技厅、沈阳市科技局等单位的资金资助。另外要感谢国家林业与草原局榛子产业国家创新联盟有关领导和专家对榛子产业的关注与指导。

由于编写时间仓促,作者水平有限,书中错误与缺憾之处在所难免,恳请读者谅解并提出宝贵意见!

吕春茂

2021 年 6 月 22 日

目　　录

第 1 章　概　述

榛树为桦木科(Corylaceae)榛属(*Corylus* L.)坚果树种,全世界榛属植物约有 20 种,广泛分布在亚洲、欧洲、美洲的温带地区。欧洲榛是国外广泛栽培的主要种,目前主要种植于土耳其、意大利、西班牙等国。我国也是榛属植物的原产国,有平榛(*Corylus heterophylla*)、毛榛(*C. mandshurica*)、川榛(*C. kweichowensis*)、华榛(*C. chinensis*)、绒苞榛(*C. fargesii*)、滇榛(*C. yunnanensus*)、刺榛(*C. Ferox*)、维西榛(*C. Wangii*)等种类。

1.1　榛子的营养成分及功效

榛果形似栗子,外壳坚硬,果仁肥白而圆,有香气,味道香美,因此成为最受人们欢迎的坚果类食品之一,有"坚果之王"之称,与杏仁、核桃、腰果并称为"四大坚果"。榛仁中营养含量丰富,富含油脂(多为不饱和脂肪酸)、蛋白质、碳水化合物、维生素、矿物质、膳食纤维、β-谷甾醇和抗氧剂石炭酸等特殊成分以及人类所需的 8 种氨基酸与微量元素。据分析,榛仁含脂肪59.1%～69.8%、蛋白质 14.1%～18.0%、碳水化合物 6.5%～9.3%、膳食纤维 8.2%～9.6%,还含有多种维生素(维生素 C、维生素 E、维生素 B)以及 Ca、P、K、Fe 等矿物质元素。

榛子全身都是宝,加工利用价值极大。首先,榛子油脂肪酸组成主要是油酸、亚油酸、亚麻酸和花生四烯酸等不饱和脂肪酸,具有极强的抗氧化性,因此,榛子油是一种优质的功能性食用油,在欧美、东南亚乃至世界高级食用油脂市场都享有极高的声誉,越来越多的欧洲国家在不断提高其榛子油的产量,榛子油广泛应用于食品工业和化妆品行业。其次,榛子蛋白富含人体所需的 8 种氨基酸,可以加工利用生产抗氧化肽,开发功能肽口服液以达到促进人体健康的功效。再者,利用榛子特有的焙烤香气,加工生产榛子粉、榛子酱和榛子碎等,作为辅料添加到其他食品中,起到提质增效的作用。另外,榛子壳还可提取紫杉醇等抗癌成分,同时可提取制备棕色素和环保乳胶漆等。

1.2　榛子油的加工利用

1.2.1　榛子油的营养价值与应用

榛子油脂肪酸组成主要是油酸、亚油酸、亚麻酸和棕榈酸等,其中油酸含量最高,是其他植物油脂无法比拟的,油酸有助于降低血液中低密度脂蛋白胆固醇和血胆固醇,从而对防治心血管病有很好的作用;亚油酸含量次之,亚油酸有益于提高记忆力、判断力,改善视神经。可见,榛子油是一种优质的功能性食物油。

具体说,榛子油中的油酸即十八碳九烯酸,它是众多单不饱和脂肪酸中的一种,它可以有选择性地降低血清胆固醇,因此,被称为"安全脂肪酸"。油酸能够有效保护心血管系统,并降低胰岛素拮抗性糖尿病三类因代谢而引起的疾病的出现率。榛子油富含大量的亚油酸,亚油酸是合成前列腺素的前体物质,可抵抗 X 射线引起的一些皮肤损害。榛子油中还含有少量亚麻酸,亚麻酸是机体组织细胞重要的构成成分之一,它可以在体内转变成为机体所必需的成分因子 DHA 及 EPA,但它在机体内部不可以合成,必须从外界摄取,是稀有的营养物质。

榛子油具有大量的生育酚即维生素 E,具有调节人生理机能的自然效用,可以有效地改善人的血虚状况,维生素 E 是癌细胞的自然抗体,食用榛子油可以有效地防止癌症病变的发生;同时富含 B 族维生素,可以在很大程度上有效地增强机体抵抗疾病的能力;榛子油富含大量叶酸,叶酸可调节人的神经系统,增补大脑营养。榛子油中还含有大量的 β-谷甾醇(Savage et al. , 1997),它能抑制肿瘤细胞的生长和刺激细胞凋亡,在降低胆固醇水平和预防许多疾病以及各种癌症方面起到一定作用。植物甾醇还可以阻止胆结石或肾结石的形成,且具有很强的抗炎功能。具有的脂溶性质系列维生素能够溶于榛子油中,这使得其在机体内更易于被吸收和利用,对体质虚弱或容易感到饥饿的人群均有好的养生作用。

在欧洲,榛子油是一种高级食用油,在世界食用油市场拥有很高的影响力。越来越多的东南亚国家及欧洲国家一直致力于提升榛子油的产量。榛子油在土耳其属于极为高端的产品,是地位和健康的象征(北京芬帝食品有限公司,2006)。Sahin 等(2005)通过研究榛子油的脂肪酸成分,利用脂肪酶催解榛子油中的软脂酸甘油酯和硬脂酸来生产母乳替代品。榛子油可制成风味生拌油和调料油。除食用外,有研究报道榛子油具有良好的美容效果,它能吸收短波紫外辐射,只令不损害皮肤的棕黄素通过皮肤。榛子油中含有高比例的不饱和脂肪酸易被皮肤吸收,是化妆水及乳液的主要成分之一(Lobos,1987)。榛子油为干性油,在工业上用于油画、肥皂、蜡烛制造等,色泽经久不变(庞发虎等,2002)。因为榛子油的不饱和脂肪酸含量极高,所以易被氧化,李延辉等(2010)运用新兴食品工程高级技术——微胶囊技术,将麦芽糊精和大豆分离蛋白用作主要材料,把羧甲基纤维素钠当作材料的稳定试剂,再加入一定量的合成乳化剂,把液态榛油制成固体状的粉末油脂,从而扩展了榛油的实际应用范围。

1.2.2 榛子油的制备

传统植物油提取工艺主要有压榨法和浸出法两种,压榨或浸出之前需要对油料进行破碎、粉碎、榨胚或烘烤等处理,以机械和热力等方法破坏油料细胞结构,达到有利出油的条件。这两种传统工艺都是着重于对油脂的提取,虽然出油率高,但设备复杂,更主要的是造成蛋白质变性,使提油后饼粕不能有效利用,蛋白质资源严重浪费,且溶剂浸出后需要脱溶过程,设备多、投资大、污染重。传统的植物油脂提取方法已经不能满足现代工业发展和国际竞争的要求,须对其工艺进行必要改进和改善,以提高出油率、工作效率及保证安全生产。为克服传统制油工艺的弊端,考虑到经济、环境和安全等多方面的因素,一些可以同时分离蛋白质和油脂的新型提取植物油技术应运而生,如水剂法、超临界 CO_2 萃取法、水酶法、超声波处理法等。

陶静等(2006)利用索氏提取法对产于辽宁凤城和黑龙江伊春的榛子中的油性成分进行了提取,并通过 GC/MS 分析,测出两种榛子中均含 11 种主要成分,但辅助成分不尽相同,并分别检出了 11-二十碳烯酸和二十碳烷酸。宋新芳等(2003)运用面积归一法、SAS 方差和聚类分析结果表明,泰山平榛、蒙山平榛和 2 个欧榛的粗脂肪平均含量分别为 59.02%、59.61% 和 58.83%,油酸平均含量分别为 81.60%、85.45% 和 80.66%,亚油酸平均含量分别为 13.44%、8.93% 和 11.53%。关紫烽等(2003)采用石英毛细管 GC 法对辽宁产山榛子和美国大榛子中脂肪酸组分进行了比较分析,其中不饱和脂肪酸含量均达到 70% 以上,其中油含量分别为辽宁山榛子 45.26%,美国大榛子 40.81%。王明清(2003)用气相色谱法对榛子油脂肪酸组成进行了分析,其中棕榈酸 2.5%,硬脂酸 1.3%,十六碳烯酸 0.2%,油酸 82.1%,亚油酸 12.7%,亚麻酸 1.0%。可见,榛子油的化学组成成分因榛子的产地、品种和提取方法的不同而有所变化。在榛子油制取方面,Santamaria(2003)对水酶法提取智利榛子油进行了研究,针对酶的浓度、酶解条件(反应时间、温度、pH)以及料水比和原料粒度进行了分析,得到最佳的加工工艺,并且在油脂提取后有效地分离出 94%～98% 的榛子油,经过对得到的油品质分析发现,利用水酶法提取的智利榛子油质量优于传统加工方式提取的智利榛子油。苗影志等(1994)通过水化法制取了榛子油;杨青珍等(2011)利用超声波辅助方法提取了榛子油;宋玉卿等(2008)利用水酶法提取榛子油;李延辉(2010)采用微胶囊化技术,以大豆分离蛋白和麦芽糊精为主要壁材、以羧甲基纤维素钠(CMC)为壁材稳定剂、以蔗糖脂肪酸酯和分子蒸馏单甘酯为复合乳化剂,将液态的榛仁油制成固体粉末油脂;铁岭三能科技有限公司采用低温冷榨和二氧化碳超临界萃取技术提取榛子油,该技术申请了国家专利等等。

榛子油作为一种优质的功能性食物油,目前并没有得到大规模的开发利用。超声波辅助水酶法提油具有处理条件温和、能同时得到纯度高可利用性强的蛋白质和质量较高的油等优点,加之超声波对大分子有机械性断键作用,可促进物料中有效成分的溶出,有利于油料中油脂的提取。因此,将两种方法结合提取榛子油,既可提高出油率,所得产品又不经过溶剂提取,符合绿色食品的理念。Shwcta Shah 等 2005 年研究了超声波法和水酶法联合使用提取 *Jatropha curcas* L. 籽仁油,发现油脂水化后在 pH 为 9.0 的条件下超声处理 10 min,油脂的提取率可达 67%,相比之下,在同 pH 条件下用碱性蛋白酶进行水酶法提油,然后超声处理 5 min,油脂的提取率可达 74%,并且,超声波的辅助使用可以使油脂提取时间缩短 1.8～6 h。杨柳等利用超声波辅助水酶法,成功提取了大豆油,在超声波温度 50 ℃,超声波功率 400 W 下处理 15 min 可将大豆油提取率提高至 86.13%,比未经超声波预处理的高出 12.57%。水酶法提取榛子油的同时,蛋白质的性能可以很好地保持。榛子仁中蛋白质的含量较高,可用于制作榛子粉、榛子乳、糕点等食品,可为社会提供更多的产品,实现榛子资源的高值化利用。

1.3 榛子蛋白与抗氧化肽

据分析,榛子种仁含有 15%～25% 的蛋白质及人类所需的 8 种氨基酸,且精氨酸和天冬氨酸等含量很高,具有抗氧化、增强肌体免疫力、消除疲劳等功效,是一种优质蛋白资源。但榛子类保健食品在市场上并不多见,目前主要是对榛子仁进行直接食用或制成榛子油、榛子粉等粗加工产品,提取榛子油之后得到蛋白质含量较高的榛子仁粕也仅作为饲料使用,并没有进行高附加值的精深加工产品开发。因此,深度开发利用榛子蛋白是榛子资源产业发展的方向之一。

生物代谢实验证明,多数蛋白质并非完全水解成氨基酸后才被吸收,而是以多肽形式被人体直接吸收利用。生物活性肽(Bioactive Peptide, BAP),也称功能性多肽,是蛋白质中 20 种天然氨基酸以不同组成和排列方式构成具有生物活性的不同肽类的总称,是源于蛋白质的多功能化合物,多数活性肽氨基酸残基小于 10。天然蛋白质经水解后所产生的多肽具有调节免疫水平、调节激素分泌、降血压、降血脂、抗疲劳、抗氧化等生理调节功能;同时,生物活性肽相对分子量小、活性强、易吸收、致敏性极低、食用安全性极高（Meisel et al.，1997；Davalos et al.，2004；Nagai et al.，2006），在生物学、药学和食品科学等领域都已展现出极好的应用前景。已有研究者从发酵乳（Hernández-Ledesma et al.，2005）、大豆（Pená-Ramos et al.，2002；Pená-Ramos et al.，2003）、乳清（Pená-Ramos et al.，2004）、玉米（Tang et al.，2010）、鹰嘴豆（李艳红，2008）、菜籽（张寒俊等，2008；Zhang et al.，2008）、牛肝（Bernardini et al.，2011）、鸡蛋（Sakanaka and Tachibana，2006）、大米（梁盈等，2014）和鱼（Hagen and Sandnes，2004）等中制备得到生物活性肽。

研究获得肽类采用的方法主要有：天然活性肽的分离提取；酸、碱法水解蛋白质制取活性肽；化学合成活性肽；基因重组法制取活性肽和酶法水解生产活性肽等。其中，酶法水解生产活性肽产品安全性高，生产条件温和，不产生消旋，水解易控制，可定位生产特定的肽，成本低，为现在生产活性肽最具推广价值的生产方法。目前，酶法水解开发功能肽是农产品精深加工研究领域的一个重要方向，一些发达国家最早积极致力于此方面的研究和应用。例如，日本不二公司研究开发了一种名为HD3的大豆多肽，平均肽链长度为5，动物试验表明具有高吸收利用率，临床试验表明具有低抗原性，因此可以作为大豆蛋白过敏消费群体的食品营养补充剂；不二公司还将大豆多肽制成强化运动饮料，连续饮用可明显增强运动员的体力和耐力，使肌肉疲劳迅速消除并恢复体力（郭玉华等，2010）。同时，各种新型分离技术（等电点分离技术、离子交换树脂吸附分离技术、膜分离技术、亲和层析技术、离子交换色谱、凝胶过滤色谱以及反相高效液相色谱等）的相继产业化应用，进一步使各种生物活性肽系列组分的分离纯化和富集成为可能。但国内外有关榛子源功能性肽的研究文献报道较少且不够系统和深入，且存在酶水解多肽产物中目标功能肽含量低、生物活性功能不明确等不足，以及针对榛子源活性肽中有效成分和标志成分的结构解析表征与检测技术研究滞后，在很大程度上制约了榛子源活性肽的进一步深度开发利用。

1.4 榛子壳等废弃物的综合利用

农业果壳废弃物是指在农业生产及加工过程中，利用其果仁后产生的具有一定利用价值的副产物，是一类经过处理可再利用的常见自然资源。中国土地资源辽阔，农作物产量巨大，是当之无愧的农业大国，与此同时产生的各类农业废弃物也是巨大的。据统计，农业废弃物每年达到约 3.7×10^8 t，并且随着农业生产的快速发展以及我国人口的增长，各种农业废弃物以每年 5%～10% 的速度增长（孙振钧，2006）。这些废弃物的处理通常有三种方法，填埋、焚烧和生物处理。农业果壳废弃物是一种特殊的可再利用资源。充分利用这类资源使其转化为合理的农业资源，对减少环境污染、缓解能源危机以及改善生态环境均具有深远的意义。

新农村经济的不断发展，促使农业果壳的利用方式逐渐多元化，减少了农业果壳的浪费和丢弃。由于农业果壳中富含多种活性成分，其中包括油酸、亚油酸、茶多酚、多糖、木质素和天然色素，因此被广泛利用在化工和食品工业中。

1.4.1 制备活性炭

活性炭是一种多孔性含碳物质，呈黑色颗粒或粉末状的无定型碳，以六环结构堆积而成（Evans et al.，1999），具有比表面积大、孔隙结构发达、吸附性能强、可再生利用等特点，是一种良好的固体吸附剂。活性炭吸附作用包括物理吸附和化学吸附,可以去除某些有毒重金属、色素和臭味等,在工业废水处理和油脂脱色精炼等方面广泛应用。适用于医学制药、食品加工、工业制造及环境保护等方面(古可隆,1999;Liu et al.,2010)。2009 年,全球活性炭需求量为 110 余万 t,预计其需求量还将以每年 9.9%的速率增长。中国是活性炭生产大国,2013 年中国活性炭年产量约 35 万 t(熊银伍,2014)。近几年来,我国活性炭生产与出口规模不断扩大,年产量超过 40 万 t,出口量超过 20 万 t,已成为世界上最大的活性炭生产与出口的国家(戴伟娣等,2010)。随着活性炭使用范围日益广泛,制备活性炭的较高成本极大地约束了它的发展和应用,因而寻求低成本、易获得的环保型原料尤为重要。

果壳活性炭是指主要以果壳、木屑等为原料,经过炭化活化加工制备而成,外观呈黑色颗粒状、孔隙发达、比表面积大、化学性质稳定、具有物理吸附和化学吸附双重特性的活性炭,是一种非常好的吸附剂。果壳活性炭适用于工业用水和废水的深度净化、食品保鲜、饮料的脱水等方面。农林果壳废弃物制备活性炭方法及应用见表 1-1。

表 1-1　农林果壳废弃物制备活性炭方法及应用

原料	制备方法	应用	参考文献
椰壳	二氧化碳活化法	吸附分离 CO_2/N_2、CO_2/O_2 及 $CO_2/$空气气体混合物中的 CO_2	王玉新,2008
杏核壳	化学活化法	杏核壳活性炭在枸杞油中的脱色应用	郝明明,2011
榛子壳	硝酸活化法	榛子壳活性炭吸附溶液中金属离子镉	Jamali,2009
核桃壳	水蒸气和二氧化碳活化法	吸附碘代甲烷,去除率可达 98.1%	García,2011
板栗壳	氯化锌活化法	含 Cu^{2+} 和 Cd^{2+} 废水的吸附处理	陈诚,2014
花生壳	硫酸活化法	印染废水的脱色处理,脱色率达 96.7%	胡巧开,2009
香榧果壳	磷酸活化法	香榧果壳活性炭制备及影响因素研究	郭磊,2014
龙眼壳	硫酸活化法	含铬废水的吸附处理,吸附率可达 99%	马毅红,2014
油茶果壳	磷酸活化法	油茶果壳活性炭制备及其对苯酚的吸附	余少英,2010
开心果壳	氯化锌等活化方法	活化方法对开心果壳活性炭孔结构影响	陈虹霖,2014

榛子具有良好的营养价值,榛子加工产生的榛子壳通常被视为无用物丢弃。目前鲜有关于榛子壳活性炭研究的报道,为有效保护环境,增加产品附加值,将榛子壳制备成活性炭,不但可以实现变废为宝,减少资源浪费,而且对农林有机废弃物再利用具有十分重要的实践意义。

1.4.2　制备色素

色素按照来源分类,可以分两种。一种是以动植物、微生物作为天然原材料、采用多种方法提取出的天然色素,另一种是通过人工合成的合成色素。天然色素是通过提取纯化技术得到的天然着色物质,能够提高食品感官性质,还具有无毒无害、有一定营养价值、生理活性和药理作用等特点。合成色素多为苯胺色素,提取简便、价格低,然而不具备营养功能,大多数的合成色素对人体健康有一定危害,甚至导致癌症威胁人体健康。近年来,一些发达的欧美国家使用天然色素用于食品生产占比达到 85%,我国年产天然色素在食品色素中的占比为 90%(苗璇,2013)。伴随全球经济快速发展,人类生活品质的标准日渐提高,愈加重视食品质量的可靠性。关于食品级色素使用和开发,着重开展利用稳定性高、无风险的天然色素代替存在影响人体健康的合成色素,增加产品色泽的同时,也可保障其质量和营养价值。

天然色素还可以根据不同归类方法划为不同的类别。根据溶解性的特点将其归类成水溶性、脂溶性的色素;根据来源的差异可以归类成植物、动物及微生物色素;又有根据不同的化学结构的特征将色素分为黄酮、吡咯、类胡萝卜素、花青素及其他类色素(惠秋沙,2011)。

榛子壳色素,具有棕色的状态属性。近年来,国内外关于榛子壳色素开展的探究主要集中在提纯工艺的优化,徐清海等(2009)利用野生榛子壳作原料研磨成粉末,通过乙醇溶剂提取获得具有良好稳定性的色素。姚丽敏等(2014)通过氢氧化钠浸提榛子壳粉末得到的色素色价为22.3,选经 D101 型大孔树脂分离纯化后色价提高 2.1 倍。Kübra 等(2014)通过研究高剪切均化技术的效果,以生产具有高膳食纤维含量和抗氧化剂的低微米尺寸的榛子壳粉,粒径减小有助于提供更均匀的颜色分布。与此同时,对抗氧化指标和稳定性方面的试验报道有限,王金玲等(2016)通过实验证实从榛子壳中提取的色素在禽肉制品、豆质食物、禽蛋蛋白、淀粉中具有着色能力。赵玉红等(2010)通过实验得出榛壳色素随浓度增加,抗氧化性能越好。刘畅等(2018)通过显色反应将榛子壳色素初步定性分析,证实其属于黄酮类物质。

参考文献

1. 王贵禧. 中国榛属植物资源培育与利用研究[J]. 林业科学研究, 2018, 33 (1): 130-136.

2. 马庆华, 王贵禧, 梁维坚, 等. 平欧杂种榛坚果形状的加工特性分析与综合评价[J]. 东北林业大学学报, 39 (8): 61-63, 93.

3. 戴伟娣, 孙康. 我国活性炭技术标准研究现状及发展需求分析[J]. 生物质化学工程, 2010, 44 (3): 40-44.

4. 古可隆. 活性炭的应用(三)[J]. 林产化工通讯, 1999, 33 (6): 43-45.

5. 关紫烽, 姜波, 王英坡. 榛子脂肪酸组成的比较研究[J]. 辽宁师范大学学报(自然科学版), 2003 (3): 284-285.

6. 惠秋沙. 天然色素的研究概况. 北方药学[J], 2011, 8 (5): 3-4.

7. 李延辉, 郑凤荣. 粉末化榛仁油乳化工艺研究[J]. 食品与机械, 2010, 26 (6): 122-124.

8. 刘畅, 旷慧, 姚丽敏, 等. 榛子壳棕色素的抗氧化、抑菌活性及其初步定性分析[J]. 中国林副特产, 2018, 3 (154): 1-10.

9. 苗璇. 食用天然色素研究应用现状及其发展前景展望[J]. 管理创新, 2013, 5: 5-9.

10. 苗影志, 朱宝艳. 水化法制取榛子油[J]. 食品科学, 1994, 12: 71-74.

11. 庞发虎, 王勇, 杜俊杰. 榛子的特性及在我国的发展前景[J]. 河北果树, 2002 (2): 1-3.

12. 宋新芳, 邢氏言, 董雷雷. 平欧脂肪及脂肪酸成分分析和综合评价[J]. 中国粮油学报, 2003, 23 (1): 190-193.

13. 宋玉卿, 于殿宇, 王瑾, 等. 水酶法提取榛子油[J]. 食品科学, 2008, 29 (08): 261-264.

14. 孙振钧, 孙永明. 我国农业废弃物资源化与农村生物质能源利用的现状与发展[J]. 中国农业科技导报, 2006, 8 (1): 6-13.

15. 陶静, 张捷莉, 李铁纯, 等. 两种不同产地的榛子油中脂肪酸成分的 GC/MS 分析[J]. 食品科技, 2006, 31 (12): 147-150.

16. 王金玲，姚丽敏，旷慧. 榛子壳棕色素的分离纯化及其理化性质的研究[J]. 食品与生物技术学报，2016，35（7）：770-777.

17. 王明清. 榛子油理化特性及脂肪酸组成分析[J]. 中国油脂，2003，28（8）：69-70.

18. 熊银伍. 中国煤基活性炭生产设备现状及发展趋势[J]. 洁净煤技术，2014，20（3）：39-42.

19. 徐清海，明霞，李秉超. 榛子壳棕色素提取及稳定性研究[J]. 沈阳农业大学学报，2009，40（1）：58-61.

20. 杨青珍，王锋，李康. 超声波辅助提取榛子油的工艺条件优化[J]. 中国粮油学报，2011，26（8）：1-4.

21. 姚丽敏，旷慧，张龙，等. 大孔树脂纯化榛子壳棕色素粗提液的研究[J]. 食品工业科技，2014，35（20）：317-321.

22. 赵玉红，金秀明，韩龙华，等. 微波辅助提取榛子壳棕色素工艺条件及其抗氧化活性[J]. 中国调味品，2010，8（35）：110-113.

23. Davalos A，Miguel M，Bartolome B，et al. Antioxidant activity of peptides derived from egg white proteins by enzymatic hydrolysis [J]. Journal of Food Protection，2004，67（9）：1939-1944.

24. Evans M J B，Halliop E，Macdonald J A F. The production of chemically-activated carbon [J]. Carbon，1999，37（2）：269-274.

25. Hernandez-ledesma B，Davalos A，Bartolome B，et al. Preparation of antioxidant enzymatic hydrolysates from alpha-lactalbumin and beta-lactoglobulin. Identification of active peptides by HPLC-MS/MS [J]. Journal of Agricultural & Food Chemistry，2005，53（3）：588-593.

26. Kübra S Ö，Cemile Y，Gökhan D，et al. Hazelnut skin powder：A new brown colored functional ingredient [J]. Food Research International，2014，65：291-297.

27. Liu Q S，Tong Z，Peng W，et al. Preparation and characterization of activated carbon from bamboo by microwave-induced phosphoric acid activation [J]. Industrial Crops & Products，2010，31（2）：233-238.

28. Lobos W. Chilean Hazelnut [J]. Ipa Carillanca，1987，6（2）：12-14.

29. Sahin N，Akoh C C，Karaali A. Lipase-catalyzed acidolysis of tripalmitin with hazelnut oil fatty acids and stearic acid to produce human milk fat substitutes [J]. J. Agric. Food Chem.，2005，53（14）：5779-5783.

30. Santamaría R I，Soto C，Zúñiga M E. Enzymatic Extraction of Oil from Gevuina avellana，the Chilean Hazelnut [J]. J. Am. Oil Chem. Soc.，2003，80（1）：33-36.

第 2 章　榛子油水酶法制备与氧化规律研究

榛子果实深加工前景广阔,但目前在我国并没有得到大规模的开发利用。榛仁中的油脂、榛仁蛋白等成分的营养价值都很高,如何对其进行综合利用,将是榛仁深加工亟待解决的问题。采用超声波辅助水酶法提油工艺,不仅可以获得质优的榛子油,而且由于酶解的反应条件温和,还可保持榛仁蛋白质及其他成分的性质,利于其进一步被加工利用。

2.1　水酶法提取榛子油

2.1.1　材料与方法

1. 材料

供试榛子为平欧榛子(购于桓仁富民果业专业合作社)、美国大榛子和东北平榛。

2. 方法

利用中药粉碎机将去壳后的平欧榛子破碎,加适量的水后调节 pH 和水浴温度,搅拌,令其水浴酶解。酶解反应结束后在 100 ℃条件下灭酶 10 min,冷却后离心(10 000 r/min,20 min)。离心后的试样分为游离油、乳状液、酶解液、残渣四相,利用移液枪将游离油提出,计算提油率。工艺流程图见图 2-1。

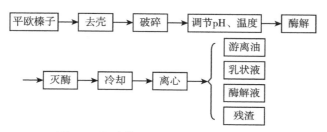

图 2-1　平欧榛子水酶法提油工艺流程图

榛子提油率计算公式为:

$$平欧榛油提取率 = \frac{M}{N \times C} \times 100\%$$

式中:M 为游离油质量(g);N 为榛子仁质量(g);C 为榛子仁中油脂的质量分数(%)。

2.1.2　结果与分析

1. 平欧榛仁的主要成分

测定平欧榛仁的主要成分如下:含粗脂肪(61.5±1.05)%,粗蛋白(20.6±1.12)%,总糖

(9.3±0.37)％,粗纤维(3.6±0.67)％,水分(4.2±0.84)％。

2. 水酶法提取平欧榛油

(1)单因素试验

在酶解反应中,通过物理手段可有效破坏油料的细胞组织及细胞壁。酶与底物的接触面积与油料的破碎程度相关,因此,粒度对水酶法提取油脂效果有很大影响。由图 2-2 可见,平欧榛油的提油率随粒度的减小而提高,在破碎磨粉过程中,目数越高,粒度越小,当粒度较小时,不仅益于水溶性成分的扩散,并能提高酶与油料的接触面积,使提油率提高。当粒度达到 40 目时,提油率最高,如继续减小平欧榛粉的粒度,提油率呈下降趋势。当粒度小到一定程度时会增强乳化效果,使后续破乳困难,导致游离油含量下降。因此,选择 40 目的平欧榛粉作为最佳粒度。

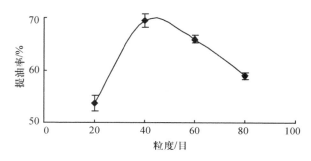

图 2-2　粒度对平欧榛油提取率的影响

选择适宜的酶的种类对平欧榛油提取率有重要影响。在不添加任何酶的条件下,平欧榛油提取率仅为 28％(图 2-3)。在使用单一水解酶时,木瓜蛋白酶的提取率最高,α-淀粉酶次之,纤维素酶最低。不同的水解酶复合使用时,平欧榛油的提取率较单一酶有显著提高,其中,木瓜蛋白酶＋α-淀粉酶＋纤维素酶的组合提取率最高,达 70.5％,但加入纤维素酶容易出现乳化现象,反而不利于油脂的分离;而木瓜蛋白酶和 α-淀粉酶的组合,提取率亦可高达 68.9％,油脂分离效果较好,故本试验选择木瓜蛋白酶和 α-淀粉酶复合使用。

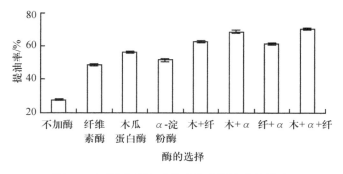

图 2-3　不同水解酶对平欧榛油提取率的影响

由图 2-4 可见,随着 α-淀粉酶添加量的增加,平欧榛油的提取率逐渐增大;当 α-淀粉酶量达到 4％时,提取率达最大,即此时 α-淀粉酶发挥最大效用;继续增大酶用量,提取率的增加幅度减小,且趋于平缓。综合考虑平欧榛油提取的效果和成本,确定 α-淀粉酶的最适添加量为 4％。

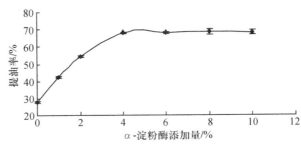

图 2-4   α-淀粉酶添加量对平欧榛油提取率的影响

加酶量与底物浓度相关,影响平欧榛油的提取率。由图 2-5 可见,随着木瓜蛋白酶添加量的增大,平欧榛油的提取率逐渐增高;当木瓜蛋白酶含量为 6% 时,提取率达最高。当继续增大加酶量,提取率的增加趋于平缓。这是因为酶量的增加大大提高了底物与酶结合的概率,增强了蛋白质的水解,利于油脂的溶出;由于底物的量有限,当酶加到某一定量时,达到了底物与酶的充分反应量;若此后继续增加酶用量,由于缺少利用酶反应的底物分子,增加的酶则会剩余,这样不仅对反应无益,还增加了生产成本。综合考虑平欧榛油提取的效果和成本,确定木瓜蛋白酶的最适添加量为 6%。

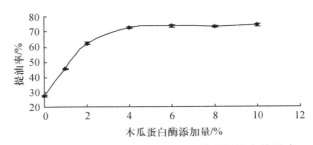

图 2-5   木瓜蛋白酶添加量对平欧榛油提取率的影响

在 pH 为 6.0,添加 4% α-淀粉酶和 6% 木瓜蛋白酶条件下,当料液比为 1∶5 时,平欧榛油的提取率最高;再继续增大蒸馏水的量,则提取率下降(图 2-6)。水酶法提取油脂过程中加入适量的水有利于油脂的提取,但水量过大时会降低反应底物的浓度,从而降低酶对其的作用效果,同时还会影响离心的效果,故确定最适料液比为 1∶5。

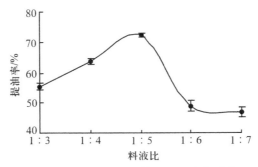

图 2-6   料液比对平欧榛油提取率的影响

水酶法提取油脂被认为是一个以蛋白质溶解为目的的过程,体系 pH 与蛋白质的溶解度有关,而蛋白质溶解又与油脂的释放密切相关(Santamaría et al.,2003),但蛋白质的溶解度过大时,又会增加乳化的程度,反而使提取率下降。不同的酶有不同的最适 pH,本试验中,在料液比为 1∶5,添加 4% α-淀粉酶和 6% 木瓜蛋白酶条件下,随着体系 pH 的增加,平欧榛油的提取率逐渐升高,当 pH 为 6.0 时,提取率达最高,之后随 pH 的继续增加,提取率逐渐呈下降趋势(图 2-7)。

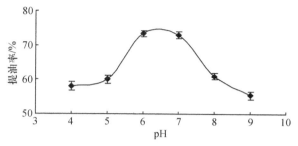

图 2-7　pH 对平欧榛油提取率的影响

温度影响酶的反应活性和蛋白质的稳定性,同时也影响整体反应的速率。不同的酶有不同的最佳温度。研究在不同温度(45 ℃、50 ℃、55 ℃、60 ℃、65 ℃和 70 ℃)下,提油率的变化趋势。如图 2-8 所示,在 45~60 ℃范围内,提油率随着水解温度的升高而增加,因为在一定范围内,温度的升高增加了反应的活化分子数,使反应速率增大。反应温度在 60 ℃时,平欧榛油的提取率最高,这可能是两种添加酶的最适作用温度为 60 ℃。当水解温度从 60 ℃升高到 70 ℃时,提油率迅速降低,可能部分酶被钝化而失去其活性,从而致使提取率降低。故确定适宜的酶解温度为 60 ℃。

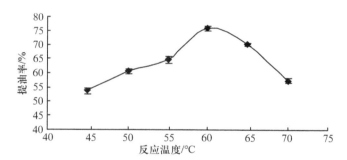

图 2-8　温度对平欧榛油提取率的影响

如图 2-9 所示,随着酶解反应时间的增加,平欧榛油的提取率逐渐增加。当酶解时间为 4 h 时,平欧榛油的提取率最高;而酶解时间超过 4 h 后提取率则逐渐下降,这可能由于酶解时间过长,会使乳状液趋于稳定状态,离心时破乳困难,对油脂的提取不利。

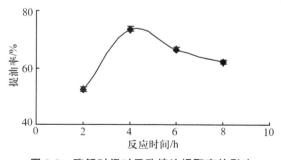

图 2-9　酶解时间对平欧榛油提取率的影响

（2）响应面试验

根据单因素实验,选择响应面中心组合试验的影响因子及其取值范围(Yin et al.,2011; Zhang et al.,2012)。独立变量分别为:料液比(X_1)、pH(X_2)、水解温度(X_3)、水解时间(X_4),以榛子油提取率为响应值(Y)。试验结果见表 2-1。利用 Minitab 15 软件对表 2-1 进行数据分析,分析结果如表 2-2、表 2-3 所示。

表 2-1　响应面分析方案与试验结果

试验号	因素				提取率/%
	料液比(X_1)	pH(X_2)	水解温度(X_3)	水解时间(X_4)	
1	0	0	1	0	76.90
2	1	−1	1	1	71.10
3	−1	−1	1	−1	57.60
4	1	0	0	0	78.60
5	0	0	0	1	78.80
6	0	0	−1	0	77.00
7	0	0	0	−1	71.80
8	0	−1	0	0	76.30
9	0	0	0	0	82.04
10	0	0	0	0	80.86
11	0	0	0	0	81.10
12	0	0	0	0	82.30
13	1	1	1	1	72.00
14	1	1	−1	−1	65.60
15	1	−1	1	−1	64.90
16	−1	1	1	−1	62.70
17	−1	1	−1	1	68.60
18	1	1	1	−1	69.20
19	−1	−1	1	1	65.40
20	0	0	0	0	81.50
21	−1	1	1	1	68.10
22	1	1	−1	1	72.40
23	0	1	0	0	78.50
24	−1	−1	−1	−1	52.60
25	0	0	0	0	80.90
26	−1	1	−1	−1	55.67
27	−1	0	0	0	71.32
28	−1	−1	−1	1	65.80
29	1	−1	−1	−1	65.70
30	0	0	0	0	78.90
31	1	−1	−1	1	74.30

料液比(X_1)、pH(X_2)、水解时间(X_4)、料液比与水解温度的交互作用($X_1 \times X_3$)、水解温度与水解时间的交互作用($X_3 \times X_4$)等因素对提取率的影响差异极显著($p < 0.01$);水解温度(X_3)、料液比与 pH 的交互作用($X_1 \times X_2$)、料液比与反应温度的交互作用($X_1 \times X_3$)等因素对提取率的影响差异显著($p < 0.05$);pH 与水解温度的交互作用($X_2 \times X_3$)、pH 与水解时间的交互作用($X_2 \times X_4$)对提取率的影响均不显著($p > 0.05$)。

表 2-2　二次回归模型中回归系数的显著性检验

项目	系数	系数标准误	T	p	显著性
常量	0.805 255	0.003 326	242.135	0.000	＊＊
X_1	0.036 672	0.002 642	13.878	0.000	＊＊
X_2	0.010 594	0.002 642	4.009	0.001	＊＊
X_3	0.005 683	0.002 642	2.151	0.047	＊
X_4	0.039 294	0.002 642	14.871	0.000	＊＊
X_1^2	−0.049 120	0.006 959	−7.058	0.000	＊＊
X_2^2	−0.024 720	0.006 959	−3.552	0.003	＊＊
X_3^2	−0.029 220	0.006 959	−4.199	0.001	＊＊
X_4^2	−0.045 720	0.006 959	−6.570	0.000	＊＊
$X_1 \times X_2$	−0.006 544	0.002 803	−2.335	0.033	＊
$X_1 \times X_3$	−0.007 456	0.002 803	−2.660	0.017	＊
$X_1 \times X_4$	−0.009 331	0.002 803	−3.329	0.004	＊＊
$X_2 \times X_3$	0.005 706	0.002 803	2.036	0.059	
$X_2 \times X_4$	−0.004 919	0.002 803	−1.755	0.098	
$X_3 \times X_4$	−0.012 081	0.002 803	−4.311	0.001	＊＊

方差分析结果表明,用上述回归方程描述各因子与响应值之间的关系时,其因变量和自变量之间的线性关系显著,$R^2 = 98.04\%$,说明回归方程的拟合程度很好。回归模型的方差分析结果为 $F = 111.14$,对应的 $p = 0.000$,表明该模型极显著。同时,失拟项的 p 值为 0.511,大于 0.05,表明失拟项不显著,模型符合试验数据。

表 2-3　回归模型方差分析

来源	自由度	SS_{Seq}	SS_{Adj}	MS_{Adj}	F	p
回归	14	0.195 563	0.013 969	0.013 300	111.14	0.000
线性	4	0.054 602	0.013 651	0.007 988	108.61	0.000
平方	4	0.134 749	0.033 687	0.037 647	268.04	0.000
交互作用	6	0.006 211	0.001 035	0.000 610	8.24	0.000
残差误差	16	0.002 011	0.000 126	0.000 233		
失拟	10	0.001 269	0.000 127	0.000 370	1.03	0.511
纯误差	6	0.000 742	0.000 124	0.000 003		
合计	30	0.197 454				

注:$R^2 = 98.98\%$;$R_{Adj}^2 = 98.09\%$。

利用 minitab 15 软件进行统计分析,得平欧榛油提取率与各因素变量间的函数关系为:

$$Y=0.805\,255+0.036\,672\,X_1+0.010\,594\,X_2+0.005\,683\,X_3+0.039\,294\,X_4-$$
$$0.049\,120\,X_1^2-0.024\,720\,X_2^2-0.029\,220\,X_3^2-0.045\,720\,X_4^2-0.006\,544\,X_1X_2-$$
$$0.007\,456\,X_1X_3-0.009\,331\,X_1X_4-0.012\,081\,X_3X_4$$

因此,方程中各项系数绝对值的大小直接反映了各因素对指标值的影响程度,系数的正负反映了影响的方向(许晖,2009;周存山,2006)。通过计算,得到最佳工艺理论值:料液比为1∶5,pH 为 6.13,反应温度为 59.9 ℃,反应时间为 4.78 h,在该条件下预测平欧榛油的提取率为 81.9%。

将建立的回归模型中的任两因素固定在零水平,得到另外两因素的交互影响结果,二次回归方程的 3D 响应曲面图及其等高线见图 2-10。响应曲面的坡度变化和等高线的形状可以反映因子的交互作用。响应曲面的坡度变化可以反映当处理条件发生变化时平欧榛油提取率响应的灵敏度。如果响应曲面坡度非常陡峭,表明平欧榛油提取率可以忍受处理条件的变化,响应值非常灵敏;反之,如果响应曲面坡度比较平缓,则表明平欧榛油提取率可以忍受处理条件的变化,响应值不敏感。等高线为圆形表示两因素交互作用可以忽略;而等高线为椭圆形则表示两因素交互作用显著。等高线表示在同一椭圆形区域里,平欧榛油的提取率是相同的,在椭圆形区域中心,提取率最大,并逐渐向边缘减少。图中椭圆排列越密集,表明因素的变化对平欧榛油的提取率影响越大。图 2-10 反映出平欧榛油的提取率在各因素的中心点附近可获得最大值。

图 2-10a 和图 2-10b 显示了料液比与 pH 的交互作用,表明了当 pH 增加从 5 到 6.13 时,提油率提高,但 pH 继续增加导致提油率下降。当料液比从 1∶4 降低到 1∶5 时,提油率提高;但当料液比从 1∶5 到 1∶6 进一步降低时,提油率出现降低的趋势。料液比和水解时间的交互作用呈现了类似的趋势(图 2-10c 和图 2-10d)。图 2-10e 和图 2-10f 3D 响应曲面图和等高线图显示了不同水解温度与水解时间对提油率的影响,从图中可看出,当水解温度和水解时间分别为 59.9 ℃ 和 4.78 h 时,平欧榛油的提油率为最大。

通过软件分析,最佳的工艺条件为料液比 1∶5,pH 6.13,水解温度 59.9 ℃,水解时间 4.78 h。实际操作中将响应面分析法优化的提取工艺条件适当调整为料液比 1∶5,pH 6.13,水解温度 60 ℃,水解时间 5 h,得到的平欧榛油的提油率为(82.36±0.42)%($N=3$),与预测值 81.9% 非常接近,因此,模型能较好地预测实际情况。

2.1.3 结论

在水酶法制备平欧榛油的试验中,首先通过单因素试验确定了最适的酶组合为木瓜蛋白酶与 α-淀粉酶复合使用,二者的添加量分别为 6% 和 4%(W/W);并利用响应面分析法对木瓜蛋白酶与 α-淀粉酶复合制备平欧榛油的工艺进行了优化,通过 minitab 软件分析,发现 pH 与水解温度的交互作用、pH 与水解时间的交互作用对提取率的影响均不显著($p>0.05$),其他因素的影响皆显著。根据回归方程,得到最佳工艺参数为:料液比为 1∶5,pH 为 6.13,反应温度为 59.9 ℃,反应时间为 4.78 h,预测提油率 81.9%。根据实际情况适当调整为料液比 1∶5,pH 6.13,水解温度 60 ℃,水解时间 5 h,在此条件下平欧榛油提取率为 82.36%。

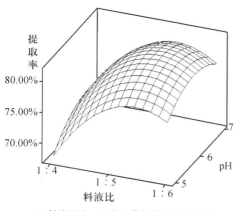
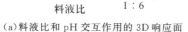

（a）料液比和 pH 交互作用的 3D 响应面

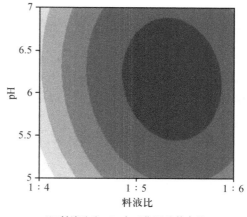

（b）料液比和 pH 交互作用的等高线

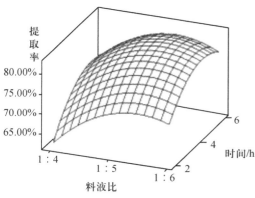

（c）料液比和水解时间交互作用的 3D 响应面

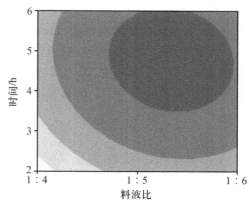

（d）料液比和水解时间交互作用的等高线

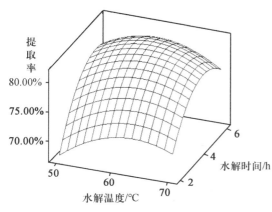

（e）水解温度和水解时间交互作用的 3D 响应面

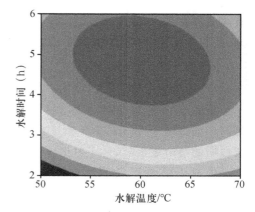

（f）水解温度和水解时间交互作用的等高线

图 2-10　各种因素相互作用对提油率影响的响应面和等高位

2.2　榛子乳状液的超声波破乳研究

2.2.1　材料与方法

1. 材料

供试材料为平欧榛子乳状液。

2. 方法

将 20 mL 平欧榛子乳状液放于烧杯中,用缓冲液调节 pH,调节体积分数及 pH 后进行超声处理,超声波作用后将乳状液离心 10 min。用移液枪提出游离油脂,计算破乳率,公式为:

$$平欧榛子乳状液破乳率 = \frac{M}{W} \times 100\%$$

式中:M 为离心后游离油质量(g);W 为乳状液中油脂质量(g)。

在其他条件一致的情况下,通过单因素试验和正交试验研究乳状液体积分数、超声时间、超声强度、pH、超声温度、离心转速对破乳率的影响。初始工艺参数为:pH 4.5,体积分数 80%,超声强度 150 W,15 min,离心 10 000 r/min。每组试验重复 3 次,取平均值。

2.2.2　结果与分析

1. 榛子乳状液的主要成分

平欧榛子乳状液的主要成分如下:脂肪含量(20.2±0.39)%,蛋白含量(7.8±0.82)%,粗纤维含量(1.8±1.16)%,水分含量(68.3±0.58)%。

这些组分的共同存在,增加了界面有效吸附层的厚度并增强了界面黏度,在液滴间形成空间排斥作用,阻止了液滴的絮凝或聚集。由于氨基酸中既含亲水基又有疏水基,同时还因蛋白质侧链上含有羧基、氨基等可电离的基团,因此蛋白质是一种天然的高分子表面活性剂,可显著降低界面张力,易于形成乳状液并增强了乳状液的稳定性。这就意味着要破坏稳定的乳状液,使相分离非常困难(焦学瞬,1999)。

2. 榛子乳状液破乳工艺

(1)单因素试验

由图 2-11 可知,破乳率随 pH 上升而增大,当 pH 到达 4.4 时,破乳率约为 64.6%,达到最高。如继续上升 pH,破乳率呈减小的趋势。平欧榛子蛋白的等电点在 pH 4.4 附近,此时蛋白质的溶解度最低,易于对形成的乳状液进行破乳。

由图 2-12 可知,在乳状液体积分数从 40% 上升到 70% 的过程中,破乳率呈增大的趋势;当体积分数为 70% 时,破乳率达最高(69.6%);随着乳状液体积分数的继续上升,破乳率开始下降。在乳状液的体积分数较小时,体系中水分太多,易造成油和水的乳化现象。当乳状液体积分数较大时,乳状液的黏度很大,增强了乳状液的界面张力,不利于油脂的聚集和释放,降低了破乳率。

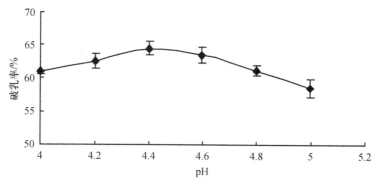

图 2-11　pH 对破乳率的影响

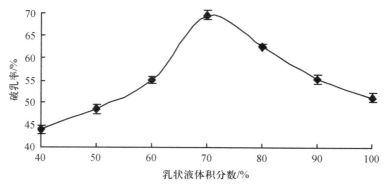

图 2-12　乳状液体积分数对破乳率的影响

超声波对乳状液有双重作用,当超声波的强度在一定范围内,可以用于破乳。超声波破乳是基于超声波作用于性质不同的流体介质产生的"位移效应"使油水分离。"位移效应"令水分子将不断向波腹或波节方向运动、聚集并发生碰撞,生成直径较大的水滴,并在重力作用下与油分离(林杰,兰梅,2007)。但当超声波的强度超过某一特定范围后,超声波将产生极强的乳化作用。由图 2-13 可知,在不使用超声波破乳时,破乳率极低,加入超声波作用后,破乳率呈增大的趋势。当超声强度为 100 W 时,得到了最大破乳率,为 72.7%。继续增大超声波的强度,由于乳化作用的增强,破乳率开始减小。

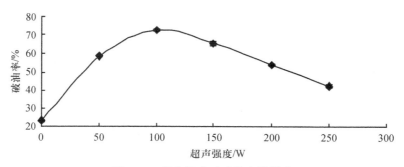

图 2-13　超声强度对破乳率的影响

图 2-14 体现了破乳率随超声时间变化而改变的趋势。随着超声时间的增加,破乳率随之增大。在超声波作用的同时会产生热效应,可降低油水界面膜的强度和黏度。当边界摩擦时,油水分界处的温度升高有助于界面膜的破裂。同时温度升高加强分子运动,增加液滴间的相互碰撞次数,对油水两相的聚集有着积极作用,由于油水密度不同,水粒子发生沉降而使水油分离。当超声时间达到 10 min 时,破乳率最大(73.2%);若继续增加超声时间,超声波对乳状液的作用增强,由于超声波的空化作用,增强了对乳状液的破损,使之乳化,破乳率随之减小。故选择超声时间为 10 min。

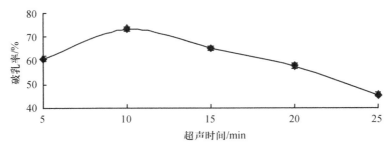

图 2-14 超声时间对破乳率的影响

离心转速对破乳率有着一定的影响。当离心转速从 4 000 r/min 增加到 10 000 r/min 的过程中,破乳率呈增大的趋势。当离心转速为 10 000 r/min 时,得到了一个较大的破乳率(72.8%)。当离心转速继续增大,破乳率增大得非常缓慢。因离心过程产生了较大能源消耗,从经济及环保角度考虑,综合试验结果(图 2-15),最适的离心转速应设为 10 000 r/min。

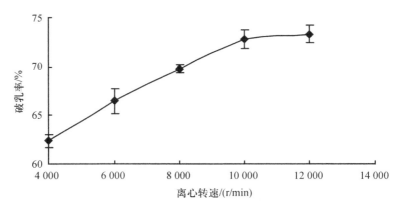

图 2-15 离心转速对破乳率的影响

(2)正交优化试验

正交试验[L$_9$(3^4)设计]的结果见表 2-4 和表 2-5。B 因素(pH)的影响最不显著,因此,以 B 因素为空白,最终得出主体间效应的显著性为 A 组(超声时间)、C 组(乳状液体积分数)显著($p<0.05$),D 组极显著($p<0.01$),各因素对破乳率的影响顺序为 D>A>C>B,即超声强度>超声时间>体积分数>pH,最终得出的最优组合为 A$_2$B$_2$C$_2$D$_2$,即超声时间 10 min,体积分数 70%,pH 4.5,超声强度 100 W。

表 2-4　L₉(3⁴)正交试验结果及分析

编号	因素				提取率/%
	A	B	C	D	
1	1	1	1	1	60.2±1.02
2	1	2	2	2	69.3±0.96
3	1	3	3	3	49.3±0.78
4	2	1	3	2	67.3±1.12
5	2	2	1	3	58.9±0.97
6	2	3	2	1	69.2±0.85
7	3	1	2	3	54.1±1.30
8	3	2	3	1	56.2±0.82
9	3	3	1	2	64.1±1.22
K_1	178.8	181.6	183.2	185.6	$T=K_1+K_2+$
K_2	195.4	184.4	192.6	200.7	$K_3=548.6$
K_3	174.4	182.6	172.8	162.3	
k_1	59.6	60.5	61.1	61.9	
k_2	65.1	61.5	64.2	66.9	
k_3	58.1	60.9	57.6	54.1	
R	7.0	1.0	6.6	12.8	
因素主次			D>A>C>B		
最优组合			$A_2B_2C_2D_2$		

通过主效应分析得出的最优组合不在正交试验设计表中,故在超声时间 10 min,体积分数 70%,pH 4.5,超声强度 100 W 的条件下进行 3 次验证试验,得到平均破乳率为(74.21± 0.76)%,高于正交试验组合及单因素试验。

表 2-5　主体间效应的检验

变异来源	Ⅲ型平方和	自由度	均方	F	p
矫正模型	396.660[a]	6	66.110	98.508	0.010
截距	33 440.218	1	33 440.218	49 828.139	0.000
A	81.769	2	40.884	60.921	0.016
C	65.396	2	32.698	48.722	0.020
D	249.496	2	124.748	185.882	0.005
误差	1.342	2	0.671		
总计	33 838.220	9			
校正的总计	398.002	8			

注:$R^2=0.997$(调整 $R^2=0.987$)。

2.2.3 结论

在平欧榛子乳状液的超声波破乳试验中,首先通过单因素试验确定了最适的离心转速为10 000 r/min;并利用正交试验对破乳工艺进行了优化,通过 SPSS 17.0 软件分析,发现主体间效应的显著性为超声时间、乳状液体积分数相对显著($p<0.05$),超声强度的影响极显著($p<0.01$),各因素对破乳率的影响顺序为超声强度>超声时间>体积分数>pH,最终得出的最优组合为 $A_2B_2C_2D_2$,即超声时间 10 min,体积分数 70%,pH 4.5,超声强度 100 W。在此条件下进行验证试验,得到破乳率为$(74.21\pm0.76)\%$。

2.3 榛子油的理化性质研究

2.3.1 材料与方法

1. 材料

平欧榛油、美国大榛油、水漏榛油、超声破乳油(实验室自制)。

2. 方法

水分及挥发物测定(GB 5009.236—2016);不溶性杂质含量测定(GB/T 15688—2008);酸价测定(GB 5009.229—2016);过氧化值测定(GB 5009.227—2016);碘值测定(GB/T 5532—2008);皂化值测定(GB/T 5534—2008)。

油脂氧化反应在动力学上是属于一级反应(张蓉晖等,2001;马文平等,2004),反应方程式为:$-\mathrm{d}c/\mathrm{d}t=kc$,进行积分推导得方程:

$$\ln c = kt + \ln c_0$$

其中:c 为过氧化值(mmol/kg);k 为速度常数;t 为时间(d);c_0 为原始过氧化值。

以 $\ln c$ 对 t 进行回归计算,可得各个条件下的回归方程。根据回归方程可求出 5 mmol/kg 所需时间,即为诱导时间。所有试验进行 3 次平行试验,数据采用 Excel 2003 统计分析,结果用平均值±标准差表示。Schaal 烘箱加速氧化法的 1 d 相当于室温 1 个月(韩君岐,张友林,2005)。

2.3.2 结果与分析

1. 榛子油的理化性质

按照国家食用植物油的相关标准,分别测定了水酶法、溶剂法提取的平欧榛油以及超声破乳油的主要理化性质,试验结果见表 2-6。

水酶法、溶解法提取的平欧榛油及超声破乳油在酸价、碘值方面的差异不大,基本相同。但是水酶法提取的平欧榛油以及超声破乳油的气味、色泽较溶剂法差别很大。水酶法及超声破乳油的气味香郁且无异味,而溶剂法所提油脂由于部分有机溶剂的残留导致略有溶剂味道。溶剂法的色泽较其他两种方法要深一些,这可能是由于在溶剂提油的过程中,平欧榛子中一些带颜色的脂溶性维生素(类胡萝卜素等)也同时进入油脂中,使油脂颜色加深。三种方法提取

表 2-6　不同方法提取平欧榛油的主要理化性质

项目	水酶法	溶剂法	超声破乳油
气味	有榛子特有香气,无异味	有榛子香气,略有溶剂气味	有榛子香气,无异味
色泽	澄清,淡黄色	澄清,黄褐色	澄清,淡黄色
过氧化值/(mmol/kg)	1.11±1.38	0.82±1.05	1.18±0.79
酸价/(mg KOH/g 油)	0.62±0.46	0.67±0.32	0.71±0.98
碘值/(g I/100 g)	146.65±1.02	145.31±0.89	146.10±1.15
皂化值/(mg KOH/g 油)	145.47±1.51	145.89±0.96	146.03±1.31
水分及挥发物/%	0.15±0.76	1.28.±1.04	0.12±0.57
不溶性挥发物/%	0.081±0.73	0.085±0.64	0.082±0.49

的平欧榛油碘值都在 146 左右,表明平欧榛油是一种干性油(碘值>130)。由于有机溶剂的残留,使溶剂法提取的平欧榛油中的水分及挥发物含量高于其他两种方法。不溶性挥发物包括机械杂质、矿物质、碳水化合物等,在该项测定中,三者的值非常接近,且含量极少(约 0.082%)。

2. 榛子油的脂肪酸组成分析

榛子中的主要脂肪酸成分分别为油酸、亚油酸、亚麻酸、棕榈酸、棕榈烯酸、花生烯酸等。通过 GC-MS 方法定性定量检测不同榛子水酶法所提榛油中的脂肪酸组成及其含量。分析结果见表 2-7,各种榛油脂肪酸测定的总离子流图见图 2-16 至图 2-18。

表 2-7　不同榛油中脂肪酸组成及其含量　　　　　　　　　　　%

序号	保留时间/min	名称	分子式	平欧榛油相对含量	欧榛相对含量	平榛相对含量
1	6.498	苯甲酸	$C_7H_6O_2$	0.01	0.03	0.03
2	10.448	十四烷酸	$C_{14}H_{28}O_2$	0.02	0.03	0.02
3	11.465	十五烷酸	$C_{15}H_{30}O_2$	0.01	0.01	0.01
4	12.437	棕榈酸	$C_{16}H_{32}O_2$	5.04	7.55	4.53
5	12.782	棕榈烯酸	$C_{16}H_{30}O_2$	0.18	0.28	0.18
6	13.348	十七烷酸	$C_{17}H_{34}O_2$	0.04	0.04	0.03
7	14.332	硬脂酸	$C_{18}H_{36}O_2$	2.35	3.06	1.76
8	14.637	油酸	$C_{18}H_{34}O_2$	77.22	70.11	76.91
9	15.071	亚油酸	$C_{18}H_{32}O_2$	14.06	18.08	15.66
10	15.387	亚麻酸	$C_{18}H_{30}O_2$	0.13	0.14	0.01
11	15.893	花生酸	$C_{20}H_{40}O_2$	0.18	0.18	0.35
12	16.154	花生烯酸	$C_{20}H_{38}O_2$	0.44	0.21	0.27
13	17.421	二十二烷酸	$C_{22}H_{44}O_2$	0.02	0.19	0.01

3 个不同品种的榛子油脂中,脂肪酸的组成相同但其含量略有不同。其中,在三种榛油中油酸含量最高且差异最大,平欧榛油中最高达 77.22%;其次是平榛榛油中含 76.91%;欧榛榛

油中油酸含量最低,仅为 70.11%。亚油酸的含量同样存在差异,三者含量分别为平欧榛油 14.06%,欧榛榛油 18.08%,平榛榛油 15.66%。三种榛油的亚麻酸的含量非常相近,均约为 0.14%。通过质谱分析,在三种榛油中均检测出角鲨烯的存在,且平欧榛油中含量最高,它为一种脂质不皂化物,具有抗癌、护肝、抗衰老、修复细胞增强抵抗力等作用。不饱和脂肪酸是人体必需脂肪酸,具有功能性,三种榛油中的不饱和脂肪酸含量皆在 85% 以上,其中平欧榛油中含 92.01%,欧榛榛油含 88.86%,平榛榛油中含 93.22%。

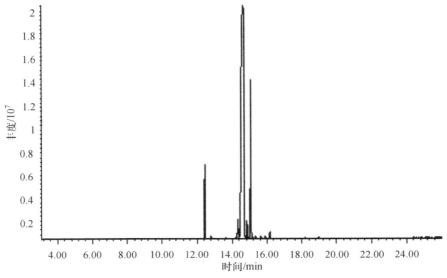

图 2-16　平欧榛油脂肪酸成分总离子流图

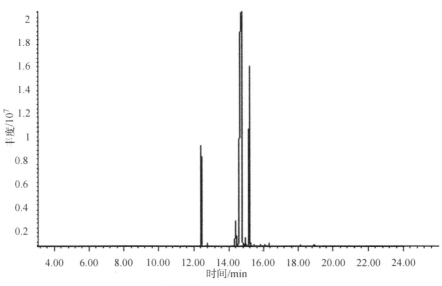

图 2-17　欧榛榛油脂肪酸成分总离子流图

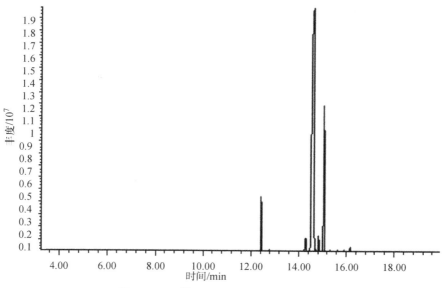

图 2-18 平榛油脂肪酸成分总离子流图

3. 榛子油的氧化稳定性研究

(1)不同方法提取的平欧榛油自氧化过程比较

水酶法提取榛油氧化反应的线性回归方程为 $\ln c = 0.347\ t + 0.402\ 8$,相关系数为 0.95。当 $t = 3.5$ d,即室温下 3.5 月时,POV 达到 5 mmol/kg。有机溶剂法提取平欧榛油氧化反应的线性回归方程为 $\ln c = 0.329\ 6\ t + 0.314\ 8$,相关系数 0.97。当 $t = 3.9$ d,即室温下 3.9 月时,POV 达到 5 mmol/kg。

由图 2-19 可知,随时间延长,两种方法制备的榛油过氧化值均有升高的趋势,但有机溶剂法较水酶法要缓慢一些,室温下所得样品 POV 超过 5 mmol/kg 分别需要 3.9 和 3.5 个月。这可能是由于有机溶剂法提取的油脂中脂溶性维生素 E 的含量要高于水酶法,而维生素 E 是一种抗氧化物质,从而造成了有机溶剂法提取平欧榛油氧化稳定性高于水酶法。

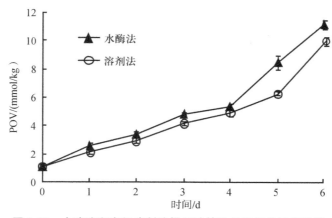

图 2-19 水酶法和有机溶剂法提平欧榛油的自氧化过程比较

（2）温度对平欧榛油稳定性的影响

由图 2-20 可以看出，随着处理时间的延长，不同温度条件下平欧榛油的过氧化值均呈上升趋势，且温度越高，上升速度越快。25 ℃储藏的榛油较稳定，过氧化值变化不明显；40 ℃条件下储藏的榛油 12 d 过氧化值达到 5.64 mmol/kg；50 ℃条件下储藏的榛油 5 d 过氧化值就达到 6.65 mmol/kg；(63±0.5)℃条件下储藏的平欧榛油的氧化速度更快，过氧化值从初始 1.11 mmol/kg 到 5.37 mmol/kg 超过国家安全标准 5 mmol/kg，仅用了 4 d 时间。由此可以看出，温度对油脂氧化稳定性的影响较大，低温有利于延长平欧榛油的储藏时间。

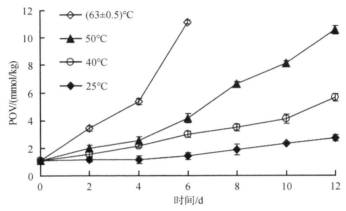

图 2-20　温度对平欧榛油稳定性的影响

（3）光照对平欧榛油稳定性的影响

由图 2-21 可以看出，光照对平欧榛油的稳定性有很大的影响。在室温见光条件下，随着处理时间的延长，POV 上升的较快，处理 6 d 时的 POV 已经达到 7.94 mmol/kg，超过了国家安全标准 5 mmol/kg。而室温避光条件下储存的平欧榛油的氧化稳定性极高，POV 的变化非常平缓，处理 12 d 时，仍未超过国家安全标准。可见，有光照存在可加速平欧榛油的氧化；而避光可有效地延缓平欧榛油的氧化，提高油脂的食用价值。

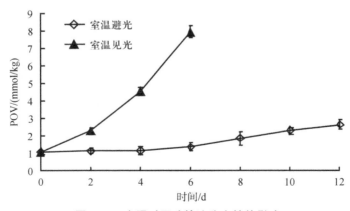

图 2-21　光照对平欧榛油稳定性的影响

（4）抗氧化剂对平欧榛油稳定性的影响

将试验的结果进行线性回归计算，得到了添加各种不同抗氧化剂条件下的回归方程，其结果如表 2-8 所示,添加 0.02% TBHQ 试样的诱导时间为 21.1 d,添加 0.02% PG 试样的诱导时间为 18.8 d,添加 0.015% TBHQ+0.005% 维生素 C 组合的诱导时间是 27.7 d,添加 0.015% PG+0.005% 维生素 C 协调作用的诱导时间是 24.3 d。

表 2-8　抗氧化剂对平欧榛油稳定性影响的回归方程

试样号	回归方程	相关系数	诱导时间/d
A	$\ln c = 0.076\,1\,t + 0.001\,4$	0.97	21.1
B	$\ln c = 0.081\,6\,t + 0.076\,9$	0.98	18.8
C	$\ln c = 0.060\,7\,t - 0.073\,5$	0.98	27.7
D	$\ln c = 0.065\,8\,t + 0.010\,5$	0.98	24.3

由图 2-22 可知,添加不同抗氧化剂对平欧榛油稳定性的影响有所差别,且加入协同增效剂后抗氧化效果更好。如图对照在处理 4 d 时 POV 为 5.37 mmol/kg,而添加 0.02% TBHQ 和添加 0.02% PG 的榛油处理 20 d 时 POV 分别为 4.93 mmol/kg 和 6.31 mmol/kg,由此可见,添加两种抗氧化剂都可有效增强平欧榛油的稳定性,TBHQ 的效果更好。在两种抗氧化剂中添加增效剂维生素 C 对平欧榛油稳定性有协同增效的作用,且添加 0.015% TBHQ+0.005% 维生素 C 的效果最佳,储藏期可由 4 个月延长至 27.7 个月。这可能一方面利用了维生素 C 对金属离子的螯合作用,螯合了油脂中的金属离子,从而阻止了金属离子的促酯类氧化反应;另一方面维生素 C 本身具有抗氧化性,两者共同使得抗氧化效果更佳。

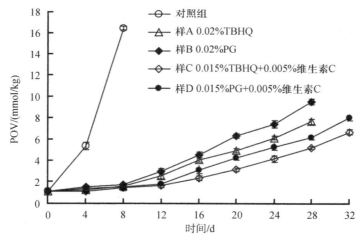

图 2-22　抗氧化剂对平欧榛油稳定性的影响

2.3.3　结论

试验对水酶法、溶剂法及超声破乳 3 种方式提取的平欧榛油做了主要的理化性质分析。其中三者在酸价、碘值、皂化值、不溶性挥发物等方面几乎相同,但由于溶剂法提取的平欧榛油中仍有少量有机溶剂的残留,因此,在气味、色泽及水分及挥发物方面与其他 2 种方法不同。

利用 GC-MS 法分析了水酶法提取的平欧榛油中的脂肪酸成分。其中,油酸含量为 77.22%,亚油酸含量为 14.06%,亚麻酸为 0.13%,棕榈酸为 5.04%,硬脂酸为 2.35%,花生烯酸为 0.44%，总不饱和脂肪酸含量为 92%。相较于平榛榛油和欧榛榛油，平欧榛油的油酸及角鲨烯的含量高于二者，具有极高的食用价值。

采用 Schaal 烘箱法对平欧榛油的氧化稳定性进行了研究，结果表明：有机溶剂法提取平欧榛油的氧化稳定性要高于水酶法提取的平欧榛油，室温条件下可延长储藏期 15 d；温度对平欧榛油的稳定性有明显影响，随着储藏温度的升高，氧化酸败的速率加快，低温有利于平欧榛油的储藏；光照对平欧榛油的氧化稳定性有较大影响，室温见光易造成油脂腐败变质，因此应对平欧榛油避光储藏；抗氧化剂和增效剂对平欧榛油氧化稳定性的影响显著，抗氧化效果为 TBHQ＋维生素 C＞PG＋维生素 C＞TBHQ＞PG。其中添加 0.015% TBHQ＋0.005% 维生素 C 组合效果最佳，储藏期可由 4 个月延长至 27.7 个月。

2.4 榛子油水酶法富集机理研究

2.4.1 材料与方法

1. 材料

供试榛子为平欧榛子。

2. 方法

（1）热处理对油脂释放及细胞壁破坏情况

将平欧榛子仁破碎后放入烧杯中，加入一定 pH 0.05 mol/L 的柠檬酸-柠檬酸钠缓冲液，用胶体磨磨成乳液，将乳液在不同的条件下热处理后冷却至室温待用。

取两片载玻片，在载玻片上各加一滴蒸馏水，用接种环取一环所得乳液，均匀涂于载玻片上，晾干，在酒精灯上烘干固定，滴加苏丹Ⅲ染色液染色 1～2 min，用 50% 乙醇溶液分色 20 s，再用清水冲洗 20 s。吸干水分或自然风干，滴加 30% 甘油溶液，加盖玻片，在显微镜下观察（王丹等，2002；高培基，1995；王素梅等，2003）。

（2）酶解过程对油脂释放及细胞壁破坏情况

取平欧榛子仁破碎后放入烧杯中，加入 pH 5.8、0.05 mol/L 的柠檬酸-柠檬酸钠缓冲液，用胶体磨磨成乳液，将乳液在 100 ℃条件下处理 60 min，冷却后加入纤维素酶与果胶酶，在不同条件下进行酶解反应，灭酶、离心后取乳液进行染色制片，在显微镜下观察。

2.4.2 结果与分析

1. 热处理对榛子油脂释放情况的影响

（1）热处理时缓冲液 pH 对榛子细胞结构破坏及油脂释放情况的影响

在 100 ℃条件下热处理 60 min，缓冲液 pH 分别为 4.2、5.0、5.8、6.6，所得乳液经过番红与苏丹Ⅲ染色制片在显微镜下观察，照片如图 2-23 所示，随着 pH 增大，热处理对细胞壁的破坏程度减小，油脂存在于细胞内，不利于提取。当缓冲液 pH 为 5.0 时，细胞破碎程度大，油脂颗粒小，分布均匀，利于油脂的提取；当缓冲液 pH 增至 5.8 时，细胞破碎程度较大，油脂颗粒较小，分布较为均匀，油滴多，利于提取；当缓冲液 pH 增至 6.6 时，细胞破坏程度最小，细胞间结合紧密，油滴分布不均匀，油量少，能够很清楚地观察到绝大部分榛子油脂还留存于榛子细胞内部，对油脂的

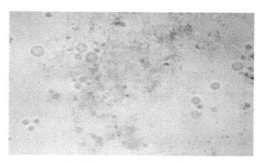

（a）榛子乳液热处理pH为
4.2番红染色照片（400×）

（b）榛子乳液热处理pH为
5.0番红染色照片（400×）

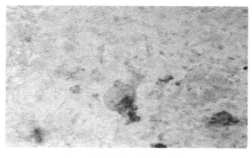

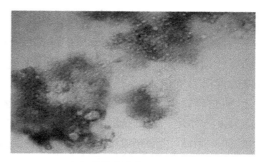

（c）榛子乳液热处理pH为
5.8番红染色照片（400×）

（d）榛粉乳液热处理pH为
6.6番红染色照片（400×）

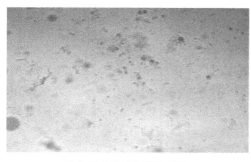

（e）榛子乳液热处理pH为
4.2苏丹Ⅲ染色照片（400×）

（f）榛子乳液热处理pH为
5.0苏丹Ⅲ染色照片（400×）

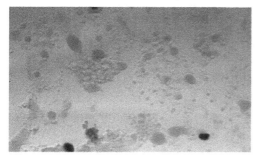

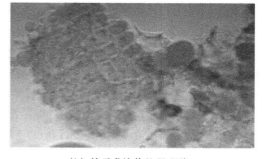

（g）榛子乳液热处理pH为
5.8苏丹Ⅲ染色照片（400×）

（h）榛子乳液热处理pH为
6.6苏丹Ⅲ染色照片（400×）

图 2-23　热处理时缓冲液 pH 对榛子细胞结构破坏及油脂释放情况的影响

提取不利。因此,在进行油脂的制取时,应该在允许的 pH 范围内取最小值作为热处理的工艺参数,但 pH 不能过低,这会升高油脂的酸价,降低其品质,同时对酶制剂的活性也有很大程度的影响。

（2）热处理温度对榛子细胞结构破坏及油脂释放情况的影响

榛子粉碎后,用 pH 5.8 的柠檬酸-柠檬酸钠缓冲液,热处理 60 min,处理温度分别为 80 ℃、90 ℃、100 ℃、110 ℃,处理后所得乳液经番红和苏丹Ⅲ染色制片,如图 2-24 所示。热处理温度不同,对细胞结构破坏和油脂释放的影响不同,随着温度升高,榛子细胞结构破坏加剧,油脂易于释放。处理条件为 80～90 ℃时,细胞组织破坏程度不够,细胞结构较完整,大量油脂存在于细胞内,不利于油脂释放;当处理温度达到 100～110 ℃时,榛子细胞组织破坏程度较大,细胞结构疏松,易于油脂的释放,图中油滴分布较为均匀,有利于油脂的提取,由于两者游离油提取率接近,考虑到温度越高对油脂品质和蛋白质的影响越大,所以选 100 ℃进行热处理。

（3）热处理时间对榛子细胞结构破坏及油脂释放情况的影响

平欧榛仁破碎后,经 pH 为 5.8 的柠檬酸-柠檬酸钠缓冲液、温度 100 ℃处理,反应时间改变,对其乳液进行番红和苏丹Ⅲ染色,照片如图 2-25 所示。热处理时间对榛子细胞结构的破坏和油脂释放的情况影响很大,当热处理时间为 40～50 min 时,细胞间结合紧密,油脂大部分存在于细胞内部,油脂释放少;时间增至 60 min 时,细胞壁破坏较均匀,细胞结构变得松弛,水相易于进入细胞内部发生作用,大部分油脂游离出来,从而提高提油率。处理时间增至 90 min 时,提油率略有增加,但不明显,考虑到温度越高对油脂和蛋白质品质影响越大,所以热处理时间为 60 min。

2. 酶解反应对榛子油脂释放情况的影响

在酶法提油工艺中,酶解过程是决定提油效果的关键因素,酶解温度、时间、pH 都对油脂的提取率产生一定的影响,在热处理条件不变的情况下,不同的酶解因素对细胞壁破坏和油脂释放的影响不同,这为水酶法提取平欧榛子油提供了理论依据。

（1）酶解时缓冲液的 pH 对细胞结构破坏及油脂释放的影响

在热处理不变的条件下,酶解温度为 60 ℃、酶解时间 5 h,考察酶解 pH 对榛仁细胞结构破坏程度及油脂释放的影响,如图 2-26 所示。酶解 pH 不同,在 pH 为 5.8 时,酶解作用较充分,细胞壁破坏的很彻底,且油滴分布均匀,有利于油脂的释放。pH 为 6.6 时,细胞壁破坏不充分,仍然有大的未破碎的颗粒存在,不利于油脂的释放,所以酶解 pH 为 5.8。

（2）酶解反应温度对细胞结构破坏及油脂释放情况的影响

酶解温度对细胞结构的破坏及油脂释放的影响,如图 2-27 所示。酶解温度不同,对细胞结构破坏和油脂释放的影响不同,随着温度升高,榛子细胞结构破坏加剧,油脂易于释放。

处理温度为 50～55 ℃时,细胞组织破坏程度不够,细胞结构较完整,大量油脂存在于细胞内,不利于油脂释放;当处理温度达到 60 ℃时,榛子细胞组织破坏程度较大,细胞结构疏松,易于油脂的释放,油滴分布较为均匀,有利于油脂的提取;温度继续上升,在一定程度上影响了酶的活性,酶解程度下降,不利于油脂释放及细胞结构的破坏,综上,选 60 ℃进行热处理。

（3）酶解时间对细胞结构破坏及油脂释放的情况

平欧榛仁粉碎,经 pH 5.8 的柠檬酸-柠檬酸钠缓冲液、110 ℃处理 60 min 后,在 60 ℃条件下酶解,酶解时间不同,对乳液进行番红与苏丹Ⅲ染色。

不同酶解时间对细胞壁破坏和油脂释放的影响不同,如图 2-28 所示。随着酶解时间延长,细胞壁破坏加剧,有利于油脂的释放,酶解反应 4 h 时,细胞壁破坏较完全,油脂提取率较高,继续延长反应时间,提取率增长不明显,考虑到生产成本,选择最优酶解时间为 4 h。

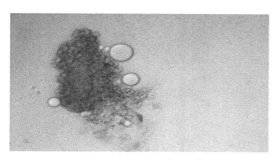

（a）榛子乳液热处理温度为
80℃番红染色照片（400×）

（b）榛子乳液热处理温度为
90℃番红染色照片（400×）

（c）榛子乳液热处理温度为
100℃番红染色照片（400×）

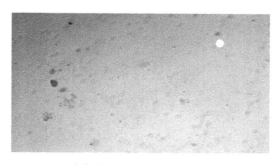

（d）榛子乳液热处理温度为
110℃番红染色照片（400×）

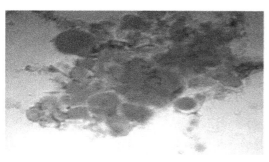

（e）榛子乳液热处理温度
为80℃苏丹Ⅲ染色照片（400×）

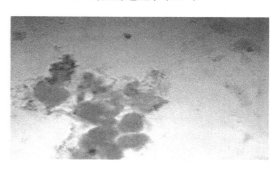

（f）榛子乳液热处理温度
为90℃苏丹Ⅲ染色照片（400×）

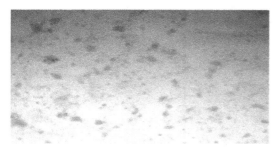

（g）榛子乳液热处理温度
为100℃苏丹Ⅲ染色照片（400×）

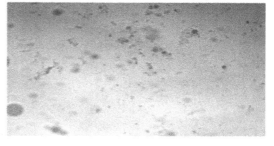

（h）榛子乳液热处理温度
为110℃苏丹Ⅲ染色照片（400×）

图 2-24　热处理温度对榛子细胞结构破坏及油脂释放情况的影响

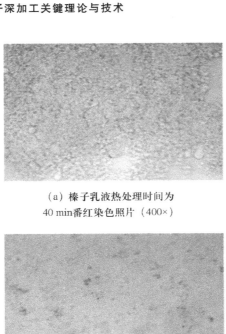
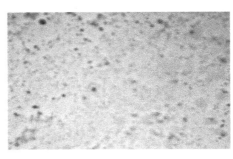

（a）榛子乳液热处理时间为
40 min番红染色照片（400×）

（b）榛子乳液热处理时间为
50 min苏丹染色照片（400×）

（c）榛子乳液热处理时间为
60 min番红染色照片（400×）

（d）榛子乳液热处理时间为
90 min番红染色照片（400×）

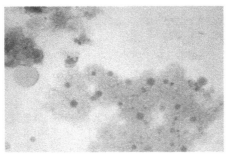
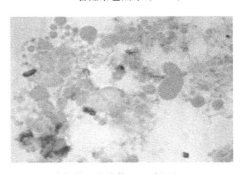

（e）榛子乳液热处理时间为
40 min苏丹Ⅲ染色照片（400×）

（f）榛子乳液热处理时间为
50 min苏丹Ⅲ染色照片（400×）

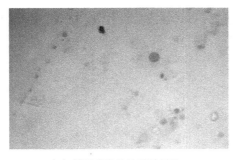

（g）榛子乳液热处理时间为
60 min苏丹Ⅲ染色照片（400×）

（h）榛子乳液热处理时间为
90 min苏丹Ⅲ染色照片（400×）

图 2-25　热处理时间对榛子细胞结构破坏及油脂释放情况的影响

（a）榛子乳液酶解pH为
4.2番红染色照片（400×）

（b）榛子乳液酶解pH为
5.0番红染色照片（400×）

（c）榛子乳液酶解pH为
5.8番红染色照片（400×）

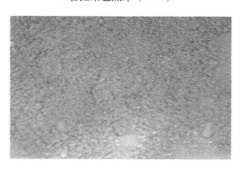

（d）榛子乳液酶解pH为
6.6番红染色照片（400×）

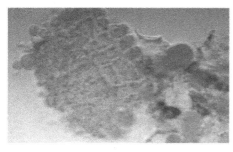

（e）榛子乳液酶解pH为
4.2苏丹Ⅲ染色照片（400×）

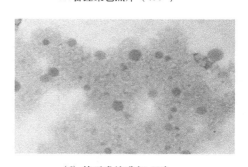

（f）榛子乳液酶解pH为
5.0苏丹Ⅲ染色照片（400×）

（g）榛子乳液酶解pH为
5.8苏丹Ⅲ染色照片（400×）

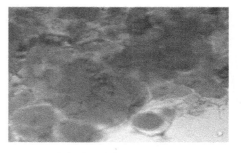

（h）榛子乳液酶解pH为
6.6苏丹Ⅲ染色照片（400×）

图 2-26　酶解 pH 对榛子细胞结构破坏及油脂释放情况的影响

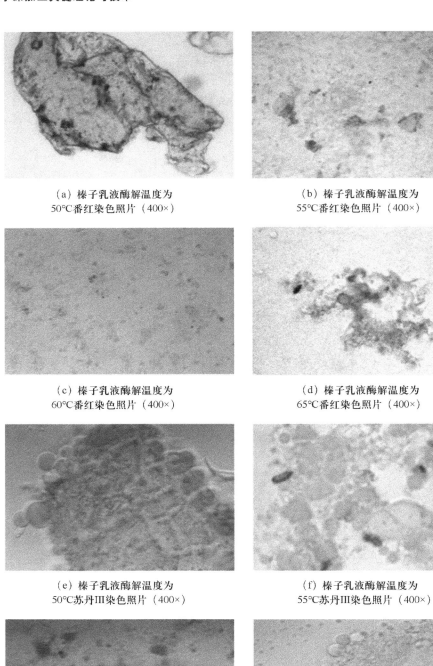

（a）榛子乳液酶解温度为
50℃番红染色照片（400×）

（b）榛子乳液酶解温度为
55℃番红染色照片（400×）

（c）榛子乳液酶解温度为
60℃番红染色照片（400×）

（d）榛子乳液酶解温度为
65℃番红染色照片（400×）

（e）榛子乳液酶解温度为
50℃苏丹Ⅲ染色照片（400×）

（f）榛子乳液酶解温度为
55℃苏丹Ⅲ染色照片（400×）

（g）榛子乳液酶解温度为
60℃苏丹Ⅲ染色照片（400×）

（h）榛子乳液酶解温度为
65℃苏丹Ⅲ染色照片（400×）

图 2-27 酶解温度对榛子细胞结构破坏及油脂释放情况的影响

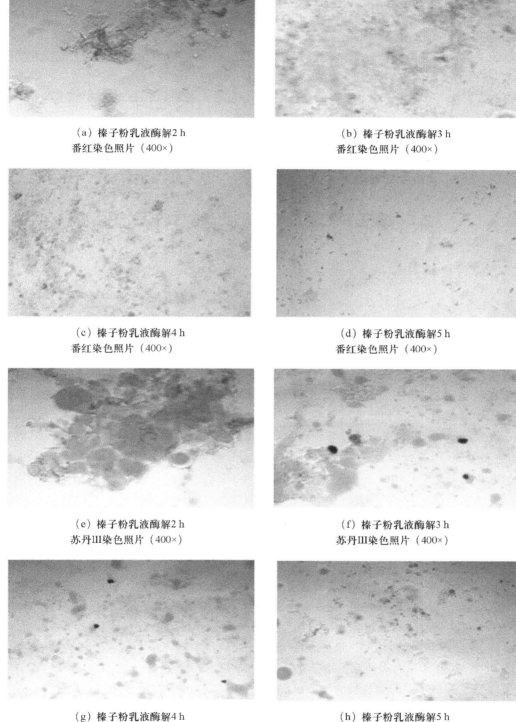

（a）榛子粉乳液酶解 2 h
番红染色照片（400×）

（b）榛子粉乳液酶解 3 h
番红染色照片（400×）

（c）榛子粉乳液酶解 4 h
番红染色照片（400×）

（d）榛子粉乳液酶解 5 h
番红染色照片（400×）

（e）榛子粉乳液酶解 2 h
苏丹Ⅲ染色照片（400×）

（f）榛子粉乳液酶解 3 h
苏丹Ⅲ染色照片（400×）

（g）榛子粉乳液酶解 4 h
苏丹Ⅲ染色照片（400×）

（h）榛子粉乳液酶解 5 h
苏丹Ⅲ染色照片（400×）

图 2-28　酶解时间对榛子细胞结构破坏及油脂释放情况的影响

2.4.3　结论

水酶法提取平欧榛子油过程中,通过番红纤维素染色观察细胞破坏情况,并运用苏丹Ⅲ染色观察油脂释放情况。

热处理的最佳条件为温度 100 ℃、时间 60 min、pH 6,综合以上因素,可获得较好的热处理体系,获得更高的游离提油率。

酶解工艺条件:纤维素酶:果胶酶＝2:1,固液比1:8,酶解 pH 5.8,酶解时间 4 h,酶解温度 60 ℃,加酶量3%,在此条件下提油率为88.7%。

番红染色细胞纤维素后,显微摄影观察结果印证了上述条件,即在上述最佳工艺条件下,平欧榛子细胞壁是被均匀破碎呈小块的,且是均匀分布在全屏的,细胞完全被破坏,油脂溶出聚集,对榛子油的提取极其有利。

2.5　榛子油贮藏过程中脂肪酸的氧化动力学

2.5.1　材料与方法

1. 材料

平欧榛子:购于本溪市桓仁富民果业专业合作社,冷藏于0~4 ℃冷库备用。

2. 方法

脂肪酸测定GC-MS条件:选用 HP 19091 F-102(25 m×200 μm×0.30 μm)聚乙二醇毛细管柱为色谱柱;载气为He;柱流速1 mL/min;分流比50:1;进样量1 μL;进样口温度250 ℃。升温程序:柱温初始40 ℃,保持1 min;40~195 ℃为35 ℃/min,保持2 min;195~205 ℃为2 ℃/min,保持2 min;205~230 ℃为8 ℃/min,保持1 min;后运行230 ℃温度下5 min。离子源、四级杆以及接口温度依次为230 ℃、150 ℃和230 ℃;质量扫描范围50~600 Amu;溶剂延迟5 min。

过氧化值的测定参考 GB 5009.227—2016;茴香胺值的测定参考 GB/T 24304—2009。

2.5.2　结果与分析

1. 平欧榛子油氧化过程脂肪酸的氧化动力学方程

(1)氧化过程中平欧榛子油脂肪酸含量变化

加速氧化30 d内,供试平欧榛子油共检测出5种主要的脂肪酸,包括硬脂酸、棕榈酸、11-十八碳烯酸、亚油酸和油酸。其中饱和脂肪酸包括硬脂酸、棕榈酸,不饱和脂肪酸有11-十八碳烯酸、亚油酸和油酸,其占总量的90%以上。油酸是平欧榛子油的主要脂肪酸,占总含量的80%以上,其他含量由高至低依次是亚油酸、棕榈酸、硬脂酸、11-十八碳烯酸。早期有研究表明平欧榛子油中主要的脂肪酸为油酸(Özge et al.,2019),且有研究通过对8种植物油的脂肪酸进行分析对比发现植物油中不饱和脂肪酸含量均占到总含量的80%以上(李红艳等,2010)。Bacchetta 等认为油酸与亚油酸的比值是衡量坚果类油脂的一种重要的指标(Bacchetta 和 Aramini,2013),本试验平欧榛子油中其初始比值为10左右,高于大豆油等大宗油料,具有更强的抗氧化能力,且平欧榛子油在加速氧化过程中油酸的相对含量一直在 80% 以上,与邓娜等(2017)的研究一致。油酸可以促进血液中低密度脂蛋白以及胆固醇的下降,拥有良好的保健功能。而亚油酸被称作"血管清道夫",可以帮助降血脂,软化血管,并避免血清胆固醇沉积在血管壁上(Teres et al.,2008),还可以预防骨质疏松(Das,2013)。

从相对含量的角度出发,如表 2-9 所示,在加速氧化 30 d 内,脂肪酸中油酸含量呈显著上升趋势,而亚油酸呈显著下降的趋势;棕榈酸含量在前 5 d 逐渐升高,硬脂酸只在 0~10 d 逐渐升高,11-十八碳烯酸在 0~15 d 逐渐升高,在其他时间段含量无明显规律。从绝对含量的角度出发,如表 2-10 所示,在加速氧化 30 d 内,脂肪酸含量均呈下降趋势,亚油酸含量减少最为显著,依次分别是油酸、硬脂酸和棕榈酸。亚油酸具有 2 个特别活跃的烯丙烯基,研究人员证明它是植物油等食品的特征性挥发性成分的重要前体物质(Frankel,2012),在储存过程中容易被氧化,油酸的氧化速率不及其 1/40(Chen et al.,2002),这与本试验贮藏过程中平欧榛子油亚油酸含量显著减少一致。

表 2-9　加速氧化期间平欧榛子油脂肪酸组成变化 %

脂肪酸	加速氧化时间/d						
	0	5	10	15	20	25	30
棕榈酸	5.64± 0.26[b]	5.82± 0.04[ab]	5.65± 0.04[b]	5.83± 0.09[ab]	5.85± 0.05[ab]	5.99± 0.08[a]	5.94± 0.06[a]
硬脂酸	1.72± 0.03[b]	1.74± 0.01[a]	1.77± 0.03[ab]	1.75± 0.01[ab]	1.74± 0.01[ab]	1.78± 0.01[ab]	1.70± 0.07[ab]
油酸	83.05± 0.19[c]	83.11± 0.03[e]	83.31± 0.00[d]	83.915± 0.07[c]	84.03± 0.01[c]	84.69± 0.02[b]	84.92± 0.04[a]
11-十八碳烯酸	1.15± 0.02[b]	1.18± 0.02[ab]	1.18± 0.01[ab]	1.21± 0.01[a]	1.19± 0.03[ab]	1.21± 0.01[a]	1.19± 0.02[ab]
亚油酸	8.44± 0.06[a]	8.14± 0.02[b]	8.09± 0.01[b]	7.30± 0.03[c]	7.18± 0.02[d]	6.33± 0.06[e]	6.24± 0.07[e]

表 2-10　加速氧化期间平欧榛子油脂肪酸含量变化 mg/kg

脂肪酸	加速氧化时间/d						
	0	5	10	15	20	25	30
棕榈酸	2.73± 0.16[a]	2.72± 0.25[a]	2.47± 0.14[b]	2.46± 0.21[b]	2.36± 0.01[c]	2.34± 0.04[c]	1.95± 0.16[d]
硬脂酸	2.16± 0.13[a]	2.06± 0.16[b]	1.98± 0.07[bc]	1.92± 0.10[c]	1.84± 0.03[d]	1.86± 0.04[d]	1.60± 0.01[e]
油酸	36.44± 0.80[a]	33.13± 1.42[b]	31.03± 1.53[c]	30.19± 1.12[d]	28.51± 0.18[e]	28.32± 0.70[e]	23.42± 0.76[f]
亚油酸	6.54± 0.06[a]	5.63± 0.06[b]	5.10± 0.03[c]	4.35± 0.04[d]	3.92± 0.01[e]	3.31± 0.01[f]	2.55± 0.01[g]

(2)平欧榛子油氧化过程中脂肪酸氧化动力学方程的建立

从相对含量的角度分析,只有亚油酸的含量呈一直减少的趋势,适合建立氧化动力学方程,其零级、一级、二级氧化动力学方程如表 2-11 所示。通过比较三者的 R^2,发现亚油酸的相对含量更趋向于零级氧化动力学模型。

表 2-11　加速氧化期间平欧榛子油亚油酸(相对含量)氧化动力学方程

级别	方程	R^2	速率常数
零级	$F(t) = -0.396\,4\,t + 8.974\,5$	0.951	0.396 4
一级	$\ln[F(t)] = -0.054\,4\,t + 2.211\,5$	0.943 4	0.054 4
二级	$1/F(t) = 0.007\,5\,t + 0.107$	0.933 3	0.007 5

从绝对含量的角度分析,硬脂酸、棕榈酸、油酸和亚油酸的绝对含量均下降,均可建立氧化动力学方程,其零级、一级、二级氧化动力学方程如表 2-12 所示。分别比较其各自的 R^2,发现亚油酸、棕榈酸、硬脂酸、油酸的绝对含量均更趋向于零级氧化动力学模型,且亚油酸的零级氧化动力学模型 R^2 最大,最能反映平欧榛子油贮藏期脂肪酸氧化规律。

表 2-12　加速氧化期间平欧榛子油脂肪酸(绝对含量)氧化动力学方程

级别	脂肪酸	方程	R^2	速率常数
零级	棕榈酸	$F(t) = -0.022\,8\,t + 2.771\,8$	0.865 9	0.022 8
一级	棕榈酸	$\ln[F(t)] = -0.009\,6\,t + 1.027\,2$	0.838 9	0.009 6
二级	棕榈酸	$1/F(t) = 0.004\,1\,t + 0.354\,3$	0.806 3	0.004 1
零级	硬脂酸	$F(t) = -0.015\,9\,t + 2.154\,1$	0.907 1	0.015 9
一级	硬脂酸	$\ln[F(t)] = -0.008\,4\,t + 0.772\,8$	0.885 6	0.008 4
二级	硬脂酸	$1/F(t) = 0.004\,5\,t + 0.458\,5$	0.859 4	0.004 5
零级	油酸	$F(t) = -0.365\,6\,t + 35.629$	0.931 1	0.365 6
一级	油酸	$\ln[F(t)] = -0.012\,3\,t + 3.582\,6$	0.915 8	0.012 3
二级	油酸	$1/F(t) = 0.000\,4\,t + 0.027\,4$	0.887 4	0.000 4
零级	亚油酸	$F(t) = -0.127\,1\,t + 6.413\,2$	0.995 6	0.127 1
一级	亚油酸	$\ln[F(t)] = -0.029\,7\,t + 1.907\,4$	0.977 5	0.029 7
二级	亚油酸	$1/F(t) = 0.007\,3\,t + 0.132\,7$	0.918 5	0.007 3

2. 平欧榛子油加速氧化过程中氧化指标的变化

(1)平欧榛子油加速氧化过程中过氧化值的变化

通过碘滴定法测定的过氧化值通常是初级氧化产物含量的指标。如图 2-29 所示,过氧化值在 0~5 d 内缓慢增加,在 5~20 d 内迅速增加,在 20 d 内缓慢增加。根据 GB 2716—2018,合格植物油的过氧化值应小于 0.25 g/100 g。平欧榛子油在加速氧化第 5 天的过氧化值为 0.23 g/100 g,证明此时平欧榛子油仍满足植物油的过氧化值要求。研究发现,油在 62 ℃下储存 1 d,相当于室温下一个月(Yang et al.,2016)。因此,转化为在室温下储存,在没有外源抗氧化剂添加情况下的平欧榛子油应在前 5 个月内食用。在室温下储存 5 个月后,其过氧化值将超过国标,因此不建议食用。动物实验表明,过氧化物可引起大鼠腹泻,肠炎,肝、心和肾肥大,脂肪肝,肝脏变性,肝脏坏死,最终导致大鼠死亡(Guillén et al.,2005)。一般认为,过氧化值低于 100 mmol/kg 不会引起动物的不良反应,但考虑到摄入量和物理因素,其值不应超过 30 mmol/kg(约 0.778 8 g/100 g)(阚建全等,2008)。从这个角度来看,在加速氧化过程中的前 5 天,它仍然符合要求,但在第 15 天它超过了最佳值。因此,可以得出结论,平欧榛子油在不添加外源抗氧化剂情况下保质期为 5 个月。

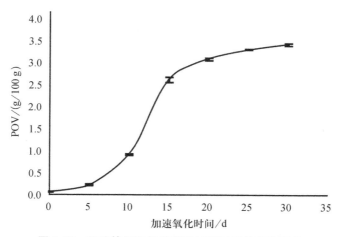

图 2-29　平欧榛子油加速氧化过程过氧化值的变化

(2)平欧榛子油加速氧化过程中茴香胺值的变化

p-茴香胺值通常用以评估次级氧化产物,如醛酮等含量。如图 2-30 所示,p-茴香胺值在第 0 天与第 5 天无显著性差异,因此平欧榛子油常温贮藏 5 个月内脂质氧化不明显,食用品质仍可保持,在第 5~25 天内迅速增加,说明常温 5 个月后油脂迅速氧化。第 25 天后,茴香胺值的上升趋势逐渐减缓。

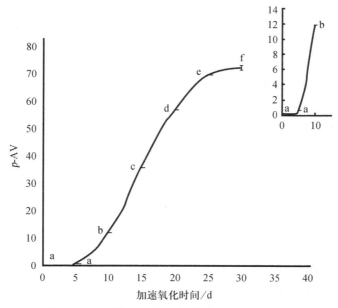

图 2-30　平欧榛子油加速氧化过程 p-AV 的变化

(3)平欧榛子油加速氧化过程中全过氧化值的变化

TOTOX 通常用于评估脂质的氧化程度,其优点是一级氧化产物(氢过氧化物)与二级氧化产物(醛类等)的组合。如图 2-31 所示,TOTOX 在第 0~5 天内不超过 1,在第 5~25 天内逐渐增加。第 25 天过后,TOTOX 的上涨趋势放缓。

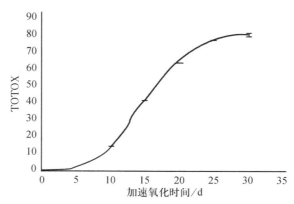

图 2-31　平欧榛子油加速氧化过程全过氧化值的变化

3. 平欧榛子油脂肪酸与氧化指标之间的关系

通过 Excel 统计和建立脂肪酸含量与 POV、p-AV 以及 TOTOX 三种过氧化指标之间的线性关系，并借由 SPSS 分析其皮尔逊相关系数，以确定其线性关系的可信度。如图 2-32 所示，亚油酸无论是相对含量还是绝对含量均可与 POV、p-AV 以及 TOTOX 之间建立负相关的线性关系，其相对含量与三种过氧化指标的皮尔逊相关系数分别为：-0.934^*、-0.974^*、-0.974^*，其绝对含量与三种过氧化指标的皮尔逊相关系数依次为：-0.940^*、-0.959^*、-0.959^*，均大于 0.8，证明无论是相对含量还是绝对含量，其与三种过氧化指标均可以建立极强的负相关关系，且这种负相关关系是显著的，绝对含量可以更好地评价初级氧化产物的变化，而相对含量可以更好地评价次级氧化产物的变化及整个氧化过程的氧化程度，综上所述，亚油酸的绝对和相对含量均可以用来评估平欧榛子油的氧化程度。

其他几种脂肪酸相对含量的变化是不规则的，不能与过氧化指数建立良好的线性相关性。然而它们各自的绝对含量分别呈下降的趋势。通过 Excel 统计和建立棕榈酸、硬脂酸（图 2-33）以及油酸（图 2-34）绝对含量与过氧化指标的线性相关关系。借由 SPSS 分析其皮尔逊相关系数以评价线性关系的可信度。其中棕榈酸与三种过氧化指标的皮尔逊相关系数分别为：-0.840^*、-0.870^*、-0.869^*；硬脂酸与三种过氧化指标的皮尔逊相关系数依次为：-0.868^*、-0.887^*、-0.887；油酸与三种过氧化指标的皮尔逊相关系数依次为：-0.878^*、-0.891^*、-0.892^*。这三种脂肪酸与三种过氧化指标的皮尔逊相关系数均大于 0.8，可以建立极强的负相关线性关系，比较其皮尔逊相关系数，油酸用于评价平欧榛子油氧化程度优于硬脂酸优于棕榈酸，三种脂肪酸评价次级氧化产物变化以及氧化全过程均优于初级氧化产物的变化。但因它们的皮尔逊相关系数均低于亚油酸的皮尔逊相关系数，因此，无论从绝对含量还是相对含量，亚油酸都可以更好地用于评价平欧榛子油的氧化水平。

2.5.3　结论

主要通过 GC-MS 测定加速氧化期间脂肪酸含量变化，建立氧化动力学模型，通过分析其与测定的三种过氧化指标之间的相关性旨在为建立一种用脂肪酸含量变化评价平欧榛子油氧化水平的方法提供依据，得到的试验结果可以明显地看出，无论从绝对含量还是相对含量的角度出发，亚油酸都可以建立更为良好的零级氧化动力学模型，且可以与过氧化指标建立更好的相关性，因此，可以作为评价平欧榛子油氧化水平的指标之一。

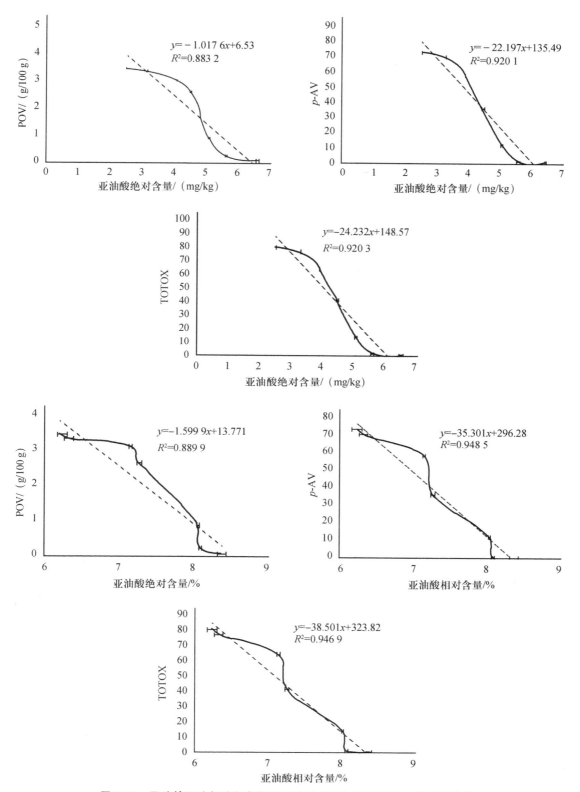

图 2-32　平欧榛子油加速氧化期间亚油酸含量与氧化指标之间的相关性

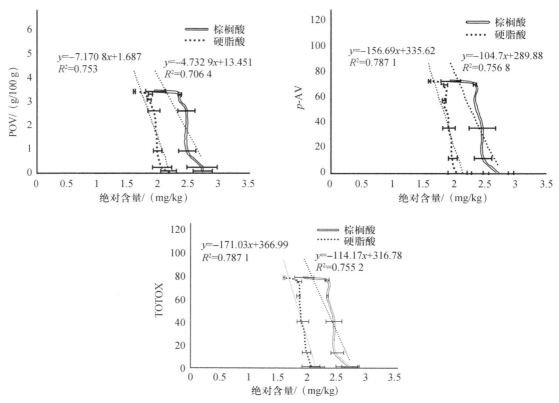

图 2-33 平欧榛子油加速氧化期间棕榈酸或硬脂酸含量与氧化指标之间的相关性

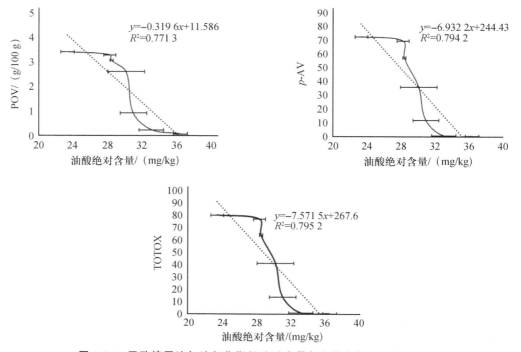

图 2-34 平欧榛子油加速氧化期间油酸含量与氧化指标之间的相关性

2.6　榛子油氧化产物特征性小分子物质的筛选

2.6.1　材料与方法

1. 材料

平欧榛子:购于本溪市桓仁富民果业专业合作社,冷藏于 0~4 ℃冷库备用。

2. 方法

平欧榛子油每隔 5 d 取出 5 mL 氧化的油样品于 25 mL 顶空瓶中 55 ℃水浴 35 min,对其进行顶空固相微萃取,解析时间为 4 min。

2.6.2　结果与分析

1. 平欧榛子油氧化过程中挥发性氧化产物的监测

平欧榛子油贮藏过程中会因为脂肪酸氧化产生挥发性氧化产物,其产生过程是:首先产生氢过氧化物,即初级氧化产物;然后再产生次级氧化产物,主要包括小分子挥发性物质,如醛、酮等。通过顶空固相微萃取(HS-SPME)与 GC-MS 结合测定在平欧榛子油加速氧化过程中的第 10 天、第 15 天、第 20 天、第 25 天和第 30 天的挥发性氧化产物,并将其与第 0 天、第 5 天的挥发性物质进行对比,主要检测到烷烃、醇类和醛类等,其中包括三种烷烃、两种醇、一种呋喃、十一种醛和三种酮。

在整个加速氧化过程中,与过氧化值超标的结果相同,从第 10 天开始陆续产生了挥发性的氧化产物,包括醛类、酮类、醇类等。

醛类作为主要化合物是在平欧榛子油氧化过程中产生的,包括饱和醛、单不饱和醛和多不饱和醛。醛类的气味阈值较低,对整体气味贡献特别大(王建辉等,2016)。饱和醛包括己醛、辛醛和壬醛。如图 2-35a 所示,己醛在第 15 天、第 20 天和第 25 天产生,呈现上升趋势。在第 30 天,己醛的含量减少,可能是由于其聚合反应,导致形成环状三聚体、三戊基三恶烷(阚建全等,2008)。己醛为亚油酸的氧化产物,是由 13-亚油酸氢过氧化物裂解产生的,低浓度下产生果香味,高浓度下会产生酸败味(Panseri et al.,2011),影响植物油的风味。壬醛在第 10~30 天存在,相对含量呈下降趋势;而辛醛仅在第 25、第 30 天存在。这些饱和醛是氧化过程中的主要醛,它们在低浓度时有水果香气,而在高浓度下具有刺激性(Püssa et al.,2009)。因此,饱和醛可能是平欧榛子油酸败气味的主要来源。单不饱和醛包括 2-庚烯醛、2-辛烯醛、E-2-壬烯醛、2-己烯醛、2-癸烯醛和 2-十一烯醛。如图 2-35b 所示,2-庚烯醛第 10~30 天存在,其相对含量先增加后减少,它是由 12-亚油酸氢过氧化物裂解产生。E-2-壬烯醛第 15~30 天存在,但其相对含量变化不规律,低浓度下呈脂肪香气,高浓度下会产生腐臭味。2-辛烯醛第 10~30 天存在,并在第 10~25 天逐渐增加,在第 30 天逐渐减少。2-己烯醛仅在第 30 天存在,其含量小于 1%。2-癸烯醛在第 10~30 天均存在,它的相对含量呈逐渐上升的趋势,同样低浓度具有脂肪香气,高浓度呈腐臭味,其是油酸氢过氧化物裂解产物(孙旭媛,2018)。有研究表明,上述单不饱和醛中,2-庚烯醛、2-壬烯醛和 2-癸烯醛均为亚油酸的氧化产物(王建辉等,2016)。多不饱和醛包括 2,4-壬二烯醛和 2,4-癸二烯醛。如图 2-34c 所示,2,4-壬二烯醛在第 20~30

天内存在并呈现逐渐上升的趋势。2,4-癸二烯醛第 15～30 天存在,其含量变化是不规则的,它是 9-亚油酸氢过氧化物裂解产物。饱和醛易被氧化以产生相应的酸。不饱和醛易被氧化产生短链烃、醛和二醛(Verardo et al.,2009),这可能是一些醛含量降低的原因。

酮类,主要是烯酮类化合物,包括 3-辛烯-2-酮、3-壬烯-2-酮、5-乙基-3-壬烯-6-酮。如图 2-35c 所示,3-辛烯-2-酮在加速氧化第 15～25 天内存在,3-壬烯-2-酮仅在第 10 天存在,而 5-乙基-3-壬烯-6-酮仅在第 30 天存在,其中 3-壬烯-2-酮来源于亚油酸氧化。烯酮类物质呈较浓的如玫瑰叶气味,相对阈值较低,对整体气味贡献较大(Nieva-Echevarría,2017)。

烷烃,主要是饱和的烷类物质,包括十一烷、十二烷、十三烷。如图 2-35d 所示,十一烷在平欧榛子油氧化整个第 10～30 天均存在,十二烷在第 10～15 天存在,十三烷仅在第 30 天存在。烷烃类物质属于碳氢化合物,其可能来源于类胡萝卜素的分解或者烷基自由基的氧化。Mansur 等通过对海洋鱼类挥发性成分的研究,发现烷烃类(C8～C19)一般具有高芳香阈值,对食品整体气味贡献通常很小(Mansur et al.,2003)。

醇类,主要包括两种:1-辛醇和 1-辛基-3-醇。如图 2-35d 所示,1-辛醇和 1-辛基-3-醇均在第 15 天后产生,其中 1-辛醇在第 30 天仍存在,而 1-辛基-3-醇消失,其中 1-辛基-3-醇来源于亚油酸的氧化。有研究表明,1-辛基-3-醇具有植物芳香(求海强,2009)。醇类化合物可能通过脂肪酸的二级氢过氧化合物的分解,脂质氧化酶作用于脂肪酸,脂肪的氧化分解,羰基化合物还原等途径产生。醇类化合物由于自身在感官分析上属于高阈值,因此对于整体气味风味贡献非常小(Kalua et al.,2007)。

一种呋喃类物质是 2-戊基呋喃,如图 2-35d 所示,其在第 15～30 天内存在,其产生来源主要是亚油酸酯的自动氧化反应,通常,2-烷基呋喃类物质被认为是亚油酸的特征性氧化产物(孙亚娟,2017),其产生过程为亚油酸 9-羟基自由基首先裂解产生共轭二烯自由基,之后与氧反应生成乙二烯氢过氧化物,最后经烷氧自由基环化生成,它的阈值偏低,表现为泥土与蔬菜的芳香(滕迪克,2008)。

2. 平欧榛子油氧化过程中特征性挥发性小分子的筛选

通过 GC-MS 测定的平欧榛子油加速氧化过程中挥发性氧化产物含量的变化,将含量变化在某一时期显著升高的挥发性氧化产物与三种过氧化指标进行相关性分析,并通过 SPSS 分析其皮尔逊相关系数,以确定拟合的相关性的可信度。其中 2-癸烯醛的含量在加速氧化第 10～30 天内,2-辛烯醛的含量在加速氧化第 10～25 天内,己醛和 3-辛烯-2-酮的含量在第 15～25 天内均一直呈显著升高的趋势,如图 2-36、图 2-37、图 2-38 所示,上述 4 种物质均可以与过氧化值、茴香胺值、全过氧化值建立极强的正相关的线性关系,其皮尔逊相关系数分别为 0.995*、0.979**、0.899*、0.998*;0.987*、0.970*、0.959*、1.000*;0.987*、0.973*、0.958*、1.000*。因此,在平欧榛子油贮藏过程中可以选用 2-癸烯醛、2-辛烯醛、己醛和 3-辛烯-2-酮作为评价平欧榛子油氧化水平的挥发性指示物质。

2.6.3 结论

主要通过 HS-SPME-GC-MS 测定平欧榛子油在模拟常温贮藏过程中产生的挥发性氧化产物,并测定传统的过氧化指标,试图筛选出可以替代传统过氧化指标的挥发性氧化产物作为评价平欧榛子油氧化程度的指示物。在整个加速氧化过程中共检测出 3 种烷烃、2 种醇、1 种呋喃、11 种醛和 3 种酮,这些挥发性氧化产物在氧化的第 10 天开始陆续被检出。将挥发性氧化产物含量变化在某一时期显著升高的挥发性氧化产物与三种过氧化指标进行相关性分析，发现 2-癸烯醛、2-辛烯醛、己醛和 3-辛烯-2-酮分别在储存的某一时期可以作为评价平欧榛子油氧化程度的指示物质。

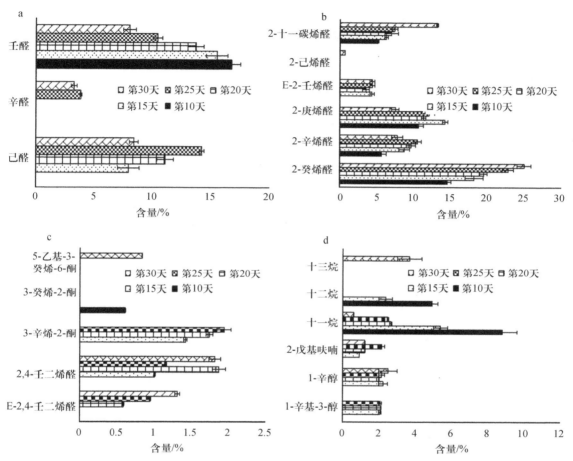

图 2-35　平欧榛子油加速氧化期间挥发性氧化产物含量的变化

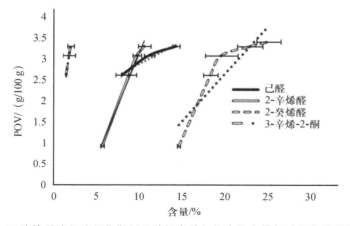

图 2-36　平欧榛子油加速氧化期间几种挥发性氧化产物含量与过氧化值间的相关性

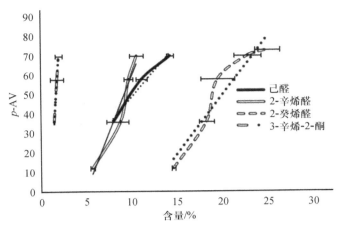

图 2-37　平欧榛子油加速氧化期间几种挥发性氧化产物含量与茴香胺值间的相关性

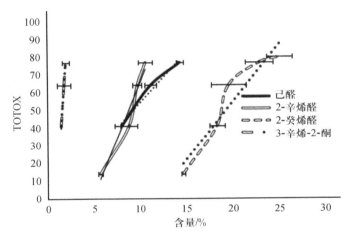

图 2-38　平欧榛子油加速氧化期间几种挥发性氧化产物含量与全过氧化值间的相关性

2.7　榛子油贮藏过程中生育酚的氧化作用

2.7.1　材料与方法

1. 材料

平欧榛子:购于本溪市桓仁富民果业专业合作社,冷藏于 0~4 ℃冷库备用。

2. 方法

(1)样品预处理

平欧榛子油每隔 5 d 取出 3 g 氧化的油样至 250 mL 三角瓶中,依次加入 30 mL 甲醇、5 mL 10% 的抗坏血酸溶液以及 10 mL KOH 水溶液(1∶2,W/W)摇晃均匀,放置在沸水浴上加热 50~60 min,直至完全皂化后取出冷却。将皂化液移入分液漏斗,用蒸馏水分多次冲洗锥形瓶,洗液倒入分液漏斗,再用 80 mL 乙醚和石油醚(1∶1)混合萃取皂化液,移出上层萃取液,下层继续用 50 mL 乙醚和石油醚(1∶1)混合进行二次萃取,移出并合并萃取液,用蒸馏水水洗至不显碱性。50 ℃旋蒸脱除混合液,用 1.5 mL 正己烷(色谱纯)将剩余物溶出,过 0.22 μm 有机滤膜,倒入液相小瓶备测,其含量通过 HPLC 测定(Bele et al.,2013)。

(2)生育酚测定 HPLC 条件

安捷伦 1100 型高效液相色谱仪,色谱柱为 Dikma Diamonsil C 18(4.6 mm×250 mm× 5 μm)。HPLC 的流速:1 mL/min;检测波长:292 nm;流动相:(甲醇∶水=98∶2);进样量 20 μL。温度:40 ℃。

2.7.2 结果与分析

1. 平欧榛子油氧化过程中生育酚含量的变化

平欧榛子油本身富含生育酚,植物油中一般含有的 α、β、γ、δ-生育酚四种,通过 HPLC 测定发现平欧榛子油中含有 α-生育酚(192.16 mg/kg)、δ-生育酚(21.28 mg/kg),并未检测出 β、γ-生育酚,其中 α-生育酚占总生育酚的 90% 以上,是平欧榛子油中主要的生育酚单体。根据国内外的食物成分库,常见植物油生育酚的含量为 173.21～2 573.69 mg/kg,绝大多数的植物油均含有 α-生育酚,其中小麦胚芽油的总生育酚含量比较高,高达 2 573.69 mg/kg,且以 α-生育酚为主;而大豆油中的 γ-生育酚和 δ-生育酚含量偏高(刘慧敏,2015)。

δ-生育酚在加速氧化的第 5 天时未被检出,证明 δ-生育酚在常温贮藏 5 个月时衰减达到 100%。如图 2-39 所示,在平欧榛子油加速氧化过程中,α-生育酚衰减率在第 0 天、5 天、10 天、15 天、20 天分别为 0%、35.80%、68.91%、98.95%、100%。在加速氧化第 15 天,α-生育酚的衰减率达到了 98.95%,可能在加速氧化第 16～20 天之间衰减完全,证明了生育酚在贮藏过程中,受各种因素的影响呈现逐渐下降的趋势,与平欧榛子油组成成分相似的橄榄油存在相同的现象(石晶等,2016)。生育酚本身是一种天然的抗氧化剂,在平欧榛子油中通过清除不饱和脂质自由基从而起到抑制其氧化的效果。

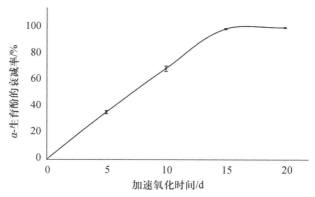

图 2-39 平欧榛子油加速氧化过程中 α-生育酚的衰减率

2. 平欧榛子油氧化过程中 α-生育酚的促氧化与抗氧化效应

分别测定添加 0 mg/kg、100 mg/kg、200 mg/kg、400 mg/kg、500 mg/kg、600 mg/kg α-生育酚的平欧榛子油在加速氧化过程第 0～20 天的过氧化值、茴香胺值的变化。氢过氧化物是平欧榛子油氧化的初级氧化产物,一般多用过氧化值来表示其含量。如图 2-40 所示,黑

色实线表示无 α-生育酚添加的平欧榛子油在氧化过程中平欧榛子油过氧化值的变化,在雷达图中,在黑色实线外围表示其过氧化值大于生育酚无添加时的过氧化值,在整个加速氧化过程中,当 α-生育酚含量为 500 mg/kg 时,其过氧化值高于无生育酚添加时的过氧化值,此时生育酚不再起抗氧化作用,加速了其初级氧化产物的产生。在雷达图中,第 5 天、10 天、15 天、20 天不同 α-生育酚添加量的过氧化值逐渐变得更集中,尤其是第 20 天,这可能与 α-生育酚在加速氧化期间自身损耗衰减有关。

氢过氧化物进一步分解产生次级氧化产物,其含量一般用茴香胺值表示。如图 2-41 所示,在整个加速氧化过程中,不同 α-生育酚添加量的平欧榛子油中茴香胺值的变化趋势与过氧化值大致相似,但不同之处在于未出现高于生育酚无添加时的茴香胺值,表明 α-生育酚过量可能仅加快了初级氧化产物的生成,而未促进次级氧化产物的积累,张建飞等在大豆油和玉米油中有类似的发现(张建飞等,2015)。在雷达图中,第 5 天、10 天、15 天、20 天不同 α-生育酚添加量的茴香胺值的集中性各不相同。第 20 天较第 10 天、15 天的不同 α-生育酚添加量的茴香胺值更为集中的原因与过氧化值相同,均可能与 α-生育酚在加速氧化期间自身损耗衰减有关。

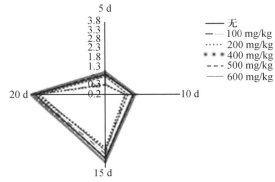

图 2-40　不同 α-生育酚添加量平欧榛子油加速氧化过程中过氧化值的变化

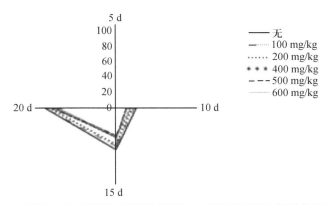

图 2-41　不同 α-生育酚添加量平欧榛子油加速氧化过程中茴香胺值的变化

3. 平欧榛子油氧化过程中 δ-生育酚的促氧化与抗氧化效应

通过测定分别添加 0 mg/kg、100 mg/kg、200 mg/kg、400 mg/kg、500 mg/kg、600 mg/kg δ-生育酚的平欧榛子油在加速氧化过程中过氧化值、茴香胺值的变化。如图 2-42 所示,在整个加速氧化过程中,黑色实线一直处于外围,无 δ-生育酚添加的平欧榛子油在氧化过程中平欧榛子油过氧化值在加速氧化第 5 天、10 天、15 天、20 天均大于分别添加 100 mg/kg、200 mg/kg、400 mg/kg、500 mg/kg、600 mg/kg δ-生育酚的过氧化值,证明 δ-生育酚一直起到抗氧化作用,未出现促氧化现象。如图 2-43 所示,不同 δ-生育酚添加量的平欧榛子油中茴香胺值的变化趋势与过氧化值大致相似,同样无 δ-生育酚添加的平欧榛子油在氧化过程中平欧榛子油茴香胺值在加速氧化第 5 天、10 天、15 天、20 天均大于分别添加 100 mg/kg、200 mg/kg、400 mg/kg、500 mg/kg、600 mg/kg δ-生育酚的茴香胺值,未出现促氧化现象。δ-生育酚既不能加快初级氧化产物的生成,也不能促进次级氧化产物的积累。在上述两个雷达图中,并未出现类似 α-生育酚在第 20 天更集中的现象,可能是因为在平欧榛子油贮藏过程中 δ-生育酚的耗损率低于 α-生育酚。在大豆油(Player et al.,2006)、米糠油(Bruscatto et al.,2009)等其他植物油中都有相同的结论:α-生育酚的损耗率高于 δ-生育酚。

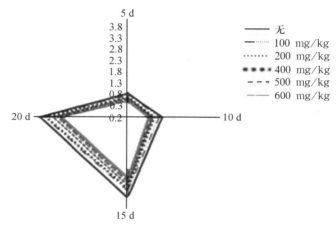

图 2-42　不同 δ-生育酚添加量平欧榛子油加速氧化过程中过氧化值的变化

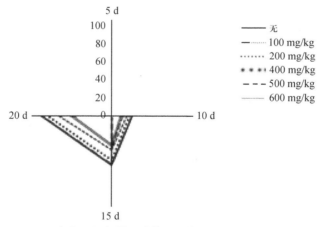

图 2-43　不同 δ-生育酚添加量平欧榛子油加速氧化过程中茴香胺值的变化

4. 不同抗氧化剂在平欧榛子油贮藏过程中的抗氧化作用

在平欧榛子油中分别添加不同剂量的合成抗氧化剂 TBHQ 以及天然抗氧化剂维生素 C、

没食子酸、α-生育酚、δ-生育酚,比较不同剂量与不同种类抗氧化剂在平欧榛子油贮藏过程中的抗氧化效果。如图 2-44 所示,所有实验组平欧榛子油的过氧化值随时间的变化趋势基本保持一致。外源添加合成抗氧化剂 TBHQ 可以明显使储藏过程中的平欧榛子油过氧化值降低,有效提高其氧化稳定性,且 TBHQ 的抗氧化效果随着浓度增加而升高;外源添加天然抗氧化剂没食子酸组平欧榛子油的变化趋势与 TBHQ 相同,但其抗氧化能力优于 TBHQ;外源添加天然抗氧化剂维生素 C 与 α-生育酚组的平欧榛子油在加速氧化过程中均出现了高浓度促氧化现象,尤其是 α-生育酚组,且当平欧榛子油里面添加 300 mg/kg 的 α-生育酚时,出现了促氧化的现象,因内源 α-生育酚约为 200 mg/kg,与前文结果一致;外源添加天然抗氧化剂 δ-生育酚可以使储藏过程中的平欧榛子油过氧化值降低,但其抗氧化效果远不如其他抗氧化剂。根据 GB 2760—2014,合成抗氧化剂 TBHQ 在植物油中的添加量上限为 200 mg/kg,维生素 C 与 α-生育酚由于自身的高浓度促氧化效果,在添加量为 200 mg/kg 具有较好的抗氧化效果,因此,比较添加量 200 mg/kg 各抗氧化剂的过氧化值发现,抗氧化能力依次为:没食子酸>TBHQ>维生素 C>α-生育酚>δ-生育酚。

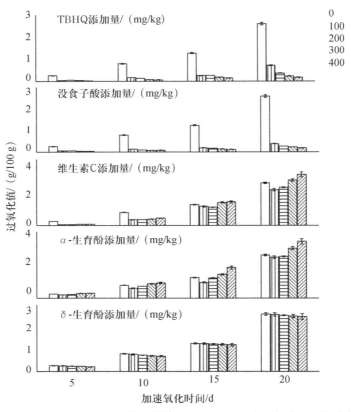

图 2-44　不同抗氧化剂添加量平欧榛子油加速氧化过程中过氧化值的变化

通过将过氧化值与加速氧化时间进行线性回归拟合,建立零级氧化动力学方程,所有回归方程相关系数均大于 0.8,均达到拟合标准,见表 2-13。以超出国标规定的植物油过氧化值(即 0.25 g/100 g)为限,代入氧化动力学方程,计算各组平欧榛子油诱导时间,并根据 Schaal 烘箱加速氧化法的 1 d 相当于室温 1 个月预测平欧榛子油常温贮藏时间。通过比较各组平欧榛子油诱导时间,可以发现无外源抗氧化剂添加条件下,平欧榛子油加速氧化期间的诱导时间为 4.11 d(常温下相当于 123.3 d)。外源添加 TBHQ 和没食子酸均可大幅度延长平欧榛子油的诱导时间,且二者的抗氧化效果与添加量成正比,但由于 TBHQ 为合成抗氧化剂,在植物油中的添加上限为 200 mg/kg,因此在其安全使用范围内可延长平欧榛子油常温贮藏期一年多,而没食子酸虽为天然抗氧化剂且能有效地延长诱导时间,但存在较难溶解的现象;外源 δ-生育酚组虽可延长平欧榛子油的诱导时间,且其抗氧化效果与添加量成正比,然而较无添加时,最多仅可延长平欧榛子油常温贮藏期 9.6 d;外源添加维生素 C 或 α-生育酚均亦可延长平欧榛子油的诱导时间,但其抗氧化效果不与添加量成正比,二者添加量在 200 mg/kg 时,平欧榛子油诱导时间最长,分别比无添加延长常温保质期 42.3 d 和 19.5 d,α-生育酚添加量大于 300 mg/kg 时,出现了缩短诱导时间的现象,这可能是由于 α-生育酚高浓度时会呈现促氧化现象,这与本章前文研究结果一致。综上比较几种抗氧化剂的诱导时间,可以发现它们的抗氧化效果为:没食子酸＞TBHQ＞维生素 C＞生育酚,且两种生育酚在均起到抗氧化作用时,α-生育酚抗氧化能力优于 δ-生育酚。在其他植物油中有类似的结论,翟柱成等发现葵花籽油中没食子酸抗氧化效果优于生育酚(翟柱成等,2010);陈义磊研究发现菜籽油和棉籽油中维生素 C 抗氧化效果优于维生素 E(陈义磊,2010)。

表 2-13　不同抗氧化剂对平欧榛子油稳定性影响的回归方程

抗氧化剂	添加量(mg/kg)	回归方程	相关系数	诱导时间/d	常温预测时间/d
无		$y = 0.123\,8x - 0.258\,7$	$R^2 = 0.912\,9$	4.11	123.3
TBHQ	100	$y = 0.033\,2x - 0.092\,4$	$R^2 = 0.829\,1$	10.31	309.3
	200	$y = 0.018\,8x - 0.026\,5$	$R^2 = 0.976\,6$	14.71	441.3
	300	$y = 0.012\,2x - 0.017$	$R^2 = 0.960\,6$	21.89	656.7
	400	$y = 0.009\,2x - 0.012\,1$	$R^2 = 0.966\,2$	28.49	854.7
没食子酸	100	$y = 0.018\,1x - 0.029\,9$	$R^2 = 0.931\,3$	15.46	463.8
	200	$y = 0.012\,9x - 0.013\,5$	$R^2 = 0.976\,1$	20.43	612.9
	300	$y = 0.011\,2x - 0.014\,7$	$R^2 = 0.971\,7$	23.63	708.9
	400	$y = 0.009\,2x - 0.008\,7$	$R^2 = 0.986\,5$	28.12	843.6
维生素 C	100	$y = 0.108\,3x - 0.345\,8$	$R^2 = 0.872\,1$	5.50	165
	200	$y = 0.113\,6x - 0.377$	$R^2 = 0.850\,7$	5.52	165.6
	300	$y = 0.136\,7x - 0.447\,2$	$R^2 = 0.856\,9$	5.10	153
	400	$y = 0.151\,5x - 0.506\,1$	$R^2 = 0.842$	4.99	149.7
α-生育酚	100	$y = 0.120\,7x - 0.269$	$R^2 = 0.909\,4$	4.30	129
	200	$y = 0.113\,8x - 0.291\,6$	$R^2 = 0.847\,3$	4.76	142.8
	300	$y = 0.142\,7x - 0.308\,3$	$R^2 = 0.909\,1$	3.91	117.3
	400	$y = 0.166\,9x - 0.373\,5$	$R^2 = 0.925$	3.74	112.2
δ-生育酚	100	$y = 0.123x - 0.262\,5$	$R^2 = 0.910\,4$	4.17	125.1
	200	$y = 0.121\,5x - 0.267\,3$	$R^2 = 0.909\,1$	4.26	127.8
	300	$y = 0.120\,1x - 0.271\,3$	$R^2 = 0.906\,7$	4.34	130.2
	400	$y = 0.119\,2x - 0.277\,5$	$R^2 = 0.903\,5$	4.43	132.9

2.7.3 结论

在模拟平欧榛子油贮藏过程中,生育酚含量随时间变化呈下降趋势至无,在平欧榛子油贮藏期间起到抗氧化的作用。α-生育酚高浓度条件下表现为促氧化效应,纯化油样添加量为 500 mg/kg 以及正常平欧榛子油在额外添加 300 mg/kg 时,存在由抗氧化转变为促氧化的现象,而 δ-生育酚在实验条件下无此现象。各种抗氧化剂抗氧化效果依次是:没食子酸＞TBHQ＞维生素 C＞生育酚。两种生育酚在均起到抗氧化作用时,α-生育酚抗氧化能力优于 δ-生育酚。在符合国标添加量条件下,添加没食子酸、TBHQ、维生素 C、α-生育酚、δ-生育酚分别比无添加时延长平欧榛子油常温贮藏期 720.3 d、318 d、42.3 d、19.5 d、9.6 d。

参考文献

1. 陈义磊,马国财,白红进. 刺山柑茎总黄酮提取液体外抗氧化活性的研究[J]. 新疆农业科学,2010,47(12):2489-2495.

2. 邓娜,杨凯,赵玉红. 8 种抗寒平欧杂交榛子油脂成分分析及比较[J]. 食品科学,2017,38(12):144-150.

3. 韩军岐,张有林. 葵花籽油的超声波提取及抗氧化研究[J]. 食品工业科技,2005,26(1):52-54.

4. 焦学瞬. 天然食品乳化剂和乳状液组成、性质、制备、加工与应用[M]. 北京:科学出版社,1999:21-31.

5. 阚建全,庞杰,刘欣,等. 食品化学[M]. 2 版. 北京:中国农业大学出版社,2008.

6. 李红艳,邓泽元,李静,等. 不同脂肪酸组成的植物油氧化稳定性的研究[J]. 食品工业科技,2010,31(01):173-175,182.

7. 林杰,兰梅. 超声原油破乳研究进展[J]. 甘肃石油和化工,2007,3:28-33.

8. 刘慧敏. 不同植物油微量成分与抗氧化能力的相关性研究[D]. 江南大学,2015.

9. 马文平,纳鹏,蔡同一,等. 沙蒿籽油的氧化稳定性研究[J]. 食品科学,2004,25(1):59-62.

10. 求海强. 食用植物油挥发性风味成分的研究[D]. 浙江工业大学,2009.

11. 石晶,顾强,袁大炜,等. 橄榄油 Rancimat 加速氧化过程中生育酚含量的衰减变化规律研究[J]. 中国油脂,2016,41(08):41-44.

12. 孙旭媛,刘元法,李进伟. HS-SPME-GC-MS 分析 4 种植物油加热氧化挥发性产物[J]. 中国油脂,2018,43(10):20-25.

13. 孙亚娟. 不同烘焙温度对带种皮压榨杏仁油品质特性的影响[D]. 中南林业科技大学,2017.

14. 王建辉,王秀,陈奇,等. 氧化分解过程中亚油酸组成成分及挥发性物质的变化[J]. 食品与机械,2016,32(05):5-10.

15. 张建飞,朱雪梅,熊华,等. α-生育酚在玉米油、大豆油和茶油中的抗氧化动力学研究[J]. 中国油脂,2015,40(04):27-32.

16. 翟柱成,吴克刚,柴向华,等. 天然抗氧化剂对葵花籽油抗氧化作用的研究[J]. 食品工业科技，2010，31（03）：148-150.

17. 张蓉晖，肖凯军，银玉容. 利用动力学理论预测蛋卷货架寿命的研究[J]. 食品研究与开发，2001，22（5）：51-53.

18. Bacchetta L, Aramini M. Fatty acids and alpha-tocopherol composition in hazelnut (Corylus avellana L.)：a chemometric approach to emphasize the quality of European germplasm [J]. Euphytica，2013，191：57-73.

19. Bele C, Matea, C T, Raducu C, et al. Tocopherol Content in Vegetable Oils Using a Rapid HPLC Fluorescence Detection Method. Notulae Botanicae Horti Agrobotanici Cluj-Napoca，2013，41（1）：93.

20. Bruscatto M H, Zambiazi R C, Sganzerla M, et al. Degradation of Tocopherols in Rice Bran Oil Submitted to Heating at Different Temperatures [J]. Journal of Chromatographic Science，2009，47（9）：762-765.

21. Chen W S, Liu D C, Chen M T. The effect of roasting temperature on the formation of volatile compounds inChinese-style pork jerky [J]. Asian Australasian Journal of Animal Sciences，2002，5（3）：427-431.

22. Das U N. Polyunsaturated fatty acids and their metabolites in the pathobiology of schizopherenia [J]. Progress in Neyro-Psychopharmacology and Biological Psychiatry，2013，42（1）：122-134.

23. Frankel E N. Lipids Oxidation [M]. SecondEdition. London Woodhead Publishing，2012：25-50.

24. Guillén, María D, Ruiz, et al. Study by proton nuclear magnetic resonance of the thermal oxidation of oils rich in oleic acyl group [J]. Journal of the American Oil Chemists' Society，2005，8：5.

25. Kalua C M, Allen M S, Bedgood D R, et al. Olive oil volatile compounds, flavor development and quality：A critical review [J]. Food Chemistry，2007，100（1）：73-286.

26. Mansur M A, Bhadra A, Takamyra H, et al. Volatile flavor compounds of some sea fish and prawn species [J]. Fisheries Science，2003，69（4）：864-866.

27. Nieva-Echevarría B, Goicoechea E, Manzanos M J, et al. 1H NMR and SPME-GC/MS study of hydrolysis, oxidation and other reactions occurring during in vitro digestion of non-oxidized and oxidized sunflower oil Formation of hydroxy-octadecadienoates [J]. Food Research International，2017，91：171-182.

28. Özge G, Selin S. Evaluation of oxidative stability in hazelnut oil treated with several antioxidants：Kinetics and thermodynamics studies [J]. LWT，2019：111.

29. Panseri S, Soncin S, Chiesa L M, et al. A headspace solid-phase microextraction gaschromatographic mass-spetrometric method to quantify hexanal in butter during storage as marker of lipid oxidation [J]. Food Chemistry，2011，127（2）：886-889.

30. Player M E, Kim H J, Lee H O, et al. Stability of α-Tocopherol, γ-Tocopherol, or δ-Tocopherol during Soybean Oil Oxidation [J]. Journal of Food Science，2006，71（8）：456-460.

31. Püssa T，Raudsepp P，Toomik P，et al. A study of oxidation products of free polyunsaturated fatty acids in mechanically deboned meat [J]. Journal of Food Composition and Analysis，2009，22（4）：307-314.

32. Santamaría R I，Soto C，Zúñiga M E. Enzymatic Extraction of Oil from Gevuina avellana，the Chilean Hazelnut [J]. J. Am. Oil Chem. Soc.，2003，80（1）：33-36.

33. Teres S，Barcelo C G，Benet M. Oleic acid content is responsible for the reduction in by olive oil [J]. Proceedings of the National Academy of Sciences，2008：13811-13816.

34. Verardo V，Ferioli F，Ricputi Y，et al. Evaluation of lipid oxidation in spaghetti pasta enriched with long chain n-3 polyunsaturated fatty acids under different storage conditions [J]. Food Chemistry，2009，114（2）：472-477.

35. Yang Y，Song X X，Sui X N，et al. Rosemary extract can be used as a synthetic antioxidant to improve vegetable oil oxidative stability [J]. Industrial Crops & Products，2016，80（2）：141-147.

36. Yin X L，You Q L，Jiang Z H. Optimization of enzyme assisted extraction of polysaccharides fromTricholoma matsutake by response surface methodology [J]. Carbohy. Polym.，2011，86，1358-1364.

37. Zhang Y L，Li S，Yin C P，et al. Response surface optimization of aqueous enzymatic oil extraction from bayberry (Myrica rubra) kernels [J]. Food Chem.，2012，135：304-308.

第3章　榛子油调节血脂代谢及抗氧化功效的研究

榛子油中不饱和脂肪酸含量丰富,特别是油酸含量极高,其对促进人体生长,降低人体血清中胆固醇,防止动脉粥样硬化、冠状动脉硬化和血栓有积极作用,因此,榛子油为高级功能性食用油。通过建立高脂血症大鼠模型,分析饲喂榛子油对大鼠脂质代谢的影响及抗氧化能力的关键酶的变化,明确榛子油营养干预、调节血脂的功效,为通过膳食脂肪补充干预高脂血症提供新的实验依据,进而为膳食营养调控血脂及相关功能性食品研究奠定理论基础。

3.1　榛子油降血脂作用研究

3.1.1　材料与方法

1. 实验动物

实验动物为 SD(sprague-dawley)大鼠,体重 60～80 g,由辽宁长生生物技术有限公司提供,用普通饲料饲养 1 周适应环境,饲养地点为沈阳农业大学 SPF 级动物实验室(辽宁省科学技术厅颁发的实验动物使用许可证,许可证号:SYXK(辽)2011-0001),环境条件温度为 20～26 ℃,相对湿度 40%～70%,光照 12/24 h,通风良好。

2. 材料与试剂

平欧榛子,购于本溪县三阳大果榛子专业生产合作社,经去壳、烘干、粉碎后过 20 目筛备用;金龙鱼大豆油,由益海嘉里有限公司提供(脂肪酸组成:棕榈酸 7.2%,硬脂酸 2.5%,花生酸 2.3%,油酸 24.2%,亚麻酸 6.9%);氯化钠注射液,购于辰欧药业股份有限公司;基础饲料,购于沈阳市于洪区前民动物试验饲料厂;高脂饲料(Hou Y 等,2009):78.8%基础饲料、1%胆固醇、10%蛋黄粉、10%猪油、0.2%牛胆酸钠;胆固醇、牛胆酸钠,购于北京鼎国昌盛生物技术有限公司;猪油、蛋黄粉,市售。总胆固醇试剂盒,购于北京北化康泰临床试剂有限公司;甘油三酯试剂盒,购于北京北化康泰临床试剂有限公司;低密度脂蛋白胆固醇测定试剂盒,购于长春汇力生物技术有限公司;高密度脂蛋白胆固醇测定试剂盒,购于长春汇力生物技术有限公司;血糖试剂盒,购于保定长城临床试剂有限公司;乙醇、冰醋酸、福尔马林、番红、固绿、二甲苯、甘油中性树胶均为分析纯,购于国药集团化学试剂有限公司。

3. 仪器设备

电热恒温鼓风干燥箱 DHG-9070 A,购于上海精宏实验设备有限公司;台式离心机TDL-5000 B,购于上海安亭科学仪器厂;电子精密天平 ACCULAB VICON,购于北京赛多利斯仪器系统有限公司;300 g 多功能粉碎机,购于永康市帅通工具有限公司;紫外可见分光光度计 TU-1810,购于北京普析通用仪器有限公司;光学显微镜 XS-212,购于南京江南永新光学有限公司;12 号大鼠灌胃针,购于北京实验动物研究中心;脉动真空灭菌器环宇 DMQ-0.6,购于辽宁锦州医疗器械厂;电热恒温培养箱 DNP-9052,购于上海精宏实验设备有限公司;组织匀浆器,购于涿州市长虹玻璃仪器厂;数显恒温水浴锅 HH-6,购于国华电器有限公司;液氮罐,购于四川亚西机器厂;组织切片机 KD1508,购于浙江金华市科迪仪器设备有限公司;高速冷冻离心机 GL-16G-Ⅱ,购于上海安亭科学仪器厂。

4. 实验方法

（1）榛子油的制备

称取过 20 目筛的榛子仁粉,用正己烷超声波辅助提取平欧榛子油。提取工艺为:料液比 1∶6.3,超声波功率为 70%（210 W）,提取温度 47.5 ℃,提取时间 31.2 min,之后在 8 000 r/min 室温条件下离心 20 min,取上清液旋转蒸发除去有机溶剂后收集备用（杨青珍等,2011）。

（2）模型构建

60 只 SD 大鼠,分成两组,组间体重无明显差异。空白对照组 10 只,给予普通饲料喂养,其余 50 只为模型组,给予高脂饲料喂养 70 d,尾静脉采血 1.0 mL,测定血清总胆固醇（TC）和血清甘油三酯（TG）,根据血脂水平,确定高脂模型,随后对高脂模型随机分组,每组 10 只,进行灌胃处理,分别为高脂对照组[500 mg/（kg·d）生理盐水]、豆油试验组[500 mg/（kg·d）]、榛子油低剂量组[50 mg/（kg·d）]、榛子油中剂量组[500 mg/（kg·d）]、榛子油高剂量组[1 000 mg/（kg·d）],另外空白对照组[500 mg/（kg·d）生理盐水],经统计学处理,组间无明显差异。分组当天开始灌胃,连续灌胃 40 d。

（3）动物饲养及处理

饲养过程中,试验动物自由饮水,每天记录进食量,每周称一次体重,灌胃期为 6 周。自灌胃之日计,20 d,40 d 后尾静脉取血 1.0 mL,3 000 r/min 离心 15 min 取血清。末次灌胃后禁食 12 h,腹腔注射 3 mL/kg 水合氯醛,腹主动脉取血,摆斜面凝血 30 min,3 000 r/min 离心 15 min,分取血清。测定血清总胆固醇（TC）、甘油三酯（TG）、葡萄糖（GLU）、高密度脂蛋白（HDL-C）、低密度脂蛋白（LDL-C）,计算动脉粥样硬化指数（AI_1、AI_2）和冠心指数（R-CHR）。取血后,颈椎脱白法处死大鼠,分离心、肝、脾、肾、肾周脂肪等脏器,并称重,制备肝脏匀浆,测定肝脏总胆固醇（TC）和甘油三酯（TG）。

（4）脏器比计算

将处死大鼠分离心脏、肝脏、脾、肾脏、肾周脂肪,滤纸吸干后称重（g）,按下式计算脏器比:脏器比＝脏器重量/体重×1 000。

（5）血脂水平测定

以血清为材料,测定血脂水平。其中总胆固醇（TC）、甘油三酯（TG）、葡萄糖（GLU）的测定均采用氧化酶法,高密度脂蛋白（HDL-C）、低密度脂蛋白（LDL-C）的测定采用化学修饰酶法。

①血清总胆固醇（TC）测定　血清中总胆固醇（total cholesterol,TC）包括游离胆固醇（free cholesterol,FC）和胆固醇酯（cholesterol ester,CE）两部分。血清中游离及酯化的胆固醇,经下述公式反应生成的醌类化合物,这种化合物颜色的深浅与胆固醇的含量成正比,具体按照南京建成试剂盒说明书操作,在波长 500 nm 处测定标准管的吸光度值和样品管的吸光度值,从而计算血清中 TC 的含量。

$$胆固醇酯 + H_2O \xrightarrow{CE} 胆固醇 + 脂肪酸$$

$$胆固醇 + O_2 \xrightarrow{CO} \Delta^4\text{-}胆甾烯酮 + H_2O_2$$

$$H_2O_2 + 4\text{-}AAP + 苯酚 \xrightarrow{POD} 红色醌化物 + H_2O$$

②血清甘油三酯(TG)测定　测量血清中甘油三酯的含量是通过下述公式反应生成醌类化合物,这种化合物颜色的深浅与甘油三酯的浓度成正比,具体按照南京建成试剂盒说明书操作,在分光光度波长 520 nm 处测定标准管和样本管的吸光值,从而计算血清中 TG的含量。

$$甘油三酯 \xrightarrow{LPL} 甘油 + 脂肪酸$$

$$甘油 + ATP \xrightarrow{GK} 甘油磷酸 + ADP$$

$$甘油磷酸 + O_2 \xrightarrow{GPO} 磷酸二羟基丙酮 + H_2O_2$$

$$H_2O_2 + 4\text{-}AAP + 对氯苯酚 \xrightarrow{POD} 红色醌化物 + H_2O$$

③高密度脂蛋白胆固醇(HDL-C)测定　为了直接测定高密度部分的胆固醇含量,选择加入低密度脂蛋白胆固醇的抑制剂,通过将低密度和极低密度部分隐藏起来,从而达到直接测量高密脂蛋白胆固醇的目的。显色反应原理同①中总胆固醇,在分光光度为 510 nm 波长测定吸光度值,计算高密脂蛋白胆固醇的含量,具体按照南京建成试剂盒说明书操作。

$$C_{样} = \frac{A_{样}}{A_{标}} \times C_{标}$$

④低密度脂蛋白胆固醇(LDL-C)测定　低密度脂蛋白中的极低密度脂蛋白能与磷钨酸-镁和聚乙二醇复合剂作用产生沉淀,利用分散剂使沉淀颗粒小而且均匀,能提高这种方法的灵敏度和精密度,通过 620 nm 或 630 nm 波长吸光度值的测定,计算低密脂蛋白的含量,具体按照南京建成的试剂盒说明书操作。

$$C_{样} = \frac{A_{样}}{A_{标}} \times C_{标}$$

⑤葡萄糖(GLU)测定　葡萄糖氧化酶能经下述反应催化血清中葡萄糖氧化成葡萄糖酸,并产生过氧化氢。在色原性氧受体(如联大茴香胺,4-氨基安替比林偶联酚)的存在下,过氧化物酶催化过氧化氢,氧化色素原,生成有色化合物。具体按照南京建成试剂盒说明书操作,在波长 505 nm 处测定标准管吸光度的值和样品管的吸光度值,计算血清中 GLU的含量。

$$葡萄糖 + 2H_2O + O_2 \xrightarrow{GOD} 葡萄糖酸 + 2H_2O_2$$

⑥动脉硬化指数和冠心指数计算　动脉硬化指数(atherosderosis index, AI)可以反映脂蛋白胆固醇在动物和人体内的分布情况,AI_1、AI_2 值增大时,动脉粥样硬化危险性就增加。

动脉粥样硬化指数 $AI_1 = (TC\text{-}HDL\text{-}C)/HDL\text{-}C$、$AI_2 = LDL\text{-}C/HDL\text{-}C$;冠心指数 R-CHR =

TC/HDL-C。

（6）肝脏匀浆制备

取肝左叶在预冷的生理盐水（NS）中漂洗数次，滤纸吸干，用分析天平称取 0.8~1 g 组织块，用体积为组织块重量 9 倍的预冷 NS 匀浆。用眼科小剪尽快剪碎组织块，先取总量 2/3 的生理盐水于玻璃匀浆器内（匀浆器的下端插入冰水混合物中），研磨后加入剩余的 1/3 生理盐水冲洗匀浆器，制成 10% 肝组织匀浆。将制备好的匀浆用低温离心机在 4 ℃ 下 3 000 r/min 离心 15 min，取其上清液分装于 1.5 mL 离心管中，置冰箱（−20 ℃）中冷冻保存。

（7）肝脏总胆固醇（TC）测定

肝脏中游离及酯化的胆固醇，经下述公式反应生成的醌类化合物，这种化合物的颜色深浅与胆固醇的含量成正比，具体按照南京建成的试剂盒说明书操作，在波长为 500 nm 处测定标准管和样品管的吸光度的值，计算肝脏中 TC 的含量。

$$胆固醇脂 + H_2O \xrightarrow{CE} 胆固醇 + 脂肪酸$$

$$胆固醇 + O_2 \xrightarrow{CO} \Delta^4\text{-}胆甾烯酮 + H_2O_2$$

$$H_2O_2 + 4\text{-}AAP + 苯酚 \xrightarrow{POD} 红色醌化物 + H_2O$$

（8）肝脏甘油三酯（TG）测定

肝脏中的甘油三酯（TG），通过下述公式反应生成醌类化合物，这种化合物的颜色深浅与甘油三酯的浓度成正比，具体按照南京建成的试剂盒说明书操作，在波长为 520 nm 处测定标准管和样本管的吸光的值，计算肝脏中 TG 的含量。

$$甘油三酯 \xrightarrow{LPL} 甘油 + 脂肪酸$$

$$甘油 + ATP \xrightarrow{GK} 甘油磷酸 + ADP$$

$$甘油磷酸 + O_2 \xrightarrow{GPO} 磷酸二羟基丙酮 + H_2O_2$$

$$H_2O_2 + 4\text{-}AAP + 对氯苯酚 \xrightarrow{POD} 红色醌化物 + H_2O$$

（9）肝脏病理切片的制作

取一小块肝脏放入多聚甲醛固定液中，然后修成 4 mm³ 大小的小块，让肝脏小块与乙醇接触，然后滤干，再经过浸蜡、包埋、修蜡块、切片、脱蜡、苏木精-伊红（H.E）染色、脱水等步骤，最后放在载玻片上，再将洁净盖玻片倾斜放下，以免出现气泡，这样封片后即制成永久性玻片标本，供光学显微镜观察使用。

（10）统计学处理

本试验所有数据由计算机经 SPSS 17.0 统计软件包中的 ANOVA 法进行单因素方差分析处理，试验数据采用平均数±标准差（s）表示，组间比较采用 t 检验处理。$p > 0.05$ 认为无显著性差异；$p < 0.05$ 认为有显著性差异，有统计学意义；$p < 0.01$ 有极显著差异。

3.1.2　结果与分析

1. 平欧榛子油对大鼠体重的影响

由图 3-1 和表 3-1 可知,随着时间的推移,各组体重均呈上升趋势,但榛子油组比高脂模型组体重上升趋势更平缓。高脂对照组体重均极显著高于空白对照组($p < 0.01$),表明大鼠高脂血症造模成功。豆油试验组、榛子油低剂量组、榛子油中剂量组、榛子油高剂量组体重与高脂模型组相比末次体重都显著降低,分别降低约 5%、8%、13%、14%;榛子油低、中、高剂量组与豆油组相比末次体重降低了 3%、8%、9%。

表 3-1　平欧榛子油对大鼠体重的影响

组别	第 0 周	第 1 周	第 2 周	第 3 周	第 4 周	第 5 周	第 6 周
空白对照组	265.9±13.7	275.0±15.7	306.9±16.9	328.9±18.9	341.9±20.6	358.8±25.4	367.6±25.3
高脂对照组	371.6±31.7	395.3±33.1	432.2±34.6	459.4±39.4	478.1±41.0	512.1±42.5	535.5±43.4
豆油试验组	370.7±22.4	394.5±23.9	427.2±26.4	441.8±30.1	464.5±31.7	489.3±32.7	508.9±33.3
榛子油低剂量组	373.3±26.9	386.6±25.4	413.1±23.9	432.4±27.1	454.7±25.3	471.1±25.6	491.2±26.3
榛子油中剂量组	369.1±33.5	378.6±36.9	402.3±35.2	418.5±42.6	435.1±45.3	452.8±50.6	466.8±58.5
榛子油高剂量组	372.9±29.6	382.6±31.0	402.2±32.3	418.5±29.7	433.7±32.7	448.2±34.8	460.7±36.5

豆油及榛子油的三种剂量实验组大鼠体重都比高脂模型组明显降低,且豆油组与低剂量、中剂量组差异显著,但中剂量组与高剂量组差异不显著,说明适量摄取榛子油与豆油等具有控制大鼠体重的作用,榛子油比豆油具有更好的效果,但榛子油摄取过多也会使体重增加。

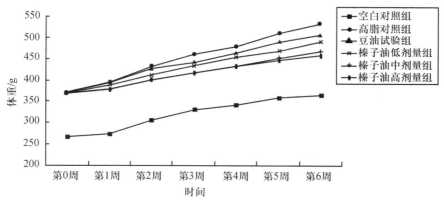

图 3-1　不同组实验期间体重变化趋势图

2. 平欧榛子油对大鼠脏器比的影响

如表 3-2 所示,高脂对照组的心脏指数极显著低于空白对照组($p < 0.01$),表明大鼠高脂血症造模成功。豆油试验组、榛子油低剂量组、榛子油中剂量组、榛子油高剂量组与高脂模型

组相比心脏指数都显著提高,分别提高了约 4%、9%、11% 和 12%;榛子油低、中、高剂量组与豆油组相比心脏指数提高了 5%、7%、8%。豆油及榛子油的三种剂量实验组心脏指数都比高脂模型组明显提高,且豆油组与榛子油组差异显著,但榛子油不同剂量组之间差异不显著,说明榛子油对心脏指数的影响与剂量关系不大,但明显优于豆油组。

表 3-2 平欧榛子油对大鼠脏器比的影响

组别	体重	心脏	肝脏	脾脏	肾脏	肾周脂肪
空白对照组	367.6±25.3[a]	3.51±0.31[a]	27.07±2.71[a]	1.83±0.21[a]	3.32±0.34[a]	4.72±2.52[a]
高脂对照组	535.5±43.4[b]	2.97±0.46[b]	49.41±4.90[b]	2.22±0.67[b]	3.75±0.87[b]	10.57±3.40[b]
豆油试验组	508.9±33.3[c]	3.09±0.37[c]	48.74±3.73[b]	2.10±0.36[b]	3.63±0.30[b]	9.60±3.40[c]
榛子油低剂量组	491.2±26.3[d]	3.24±0.47[d]	45.22±3.93[b]	1.95±0.40[b]	3.61±0.87[b]	9.17±3.61[d]
榛子油中剂量组	466.8±58.5[e]	3.30±0.35[d]	44.86±9.38[c]	1.93±0.59[c]	3.59±0.32[b]	8.26±4.58[e]
榛子油高剂量组	460.7±36.5[e]	3.33±0.36[d]	44.71±8.86[c]	1.90±0.27[d]	3.52±0.57[b]	7.82±1.98[f]

高脂对照组的肝脏指数极显著高于空白对照组($p < 0.01$),表明大鼠高脂血症造模成功。豆油试验组和榛子油低剂量组与高脂模型组相比肝脏指数有所降低,分别降低了约 0.3% 和 1%,但并不显著;榛子油中剂量组和高剂量组与高脂模型组相比肝脏指数都显著降低,分别降低了约 9% 和 10%;榛子油低、中、高剂量组与豆油组相比肝指数降低了 7%、8%、8%。说明榛子油对肝脏指数的影响在中剂量和高剂量上表现出更好的效果。

高脂对照组的脾指数极显著高于空白对照组($p < 0.01$),表明大鼠高脂血症造模成功。豆油试验组和榛子油低剂量组与高脂模型组相比脾指数降低了约 2% 和 3%,榛子油的中剂量和高剂量组与高脂模型组相比脾指数显著降低了约 11% 和 17%,榛子油低、中、高剂量组与豆油组相比脾指数降低了 7%、8%、10%。榛子油中剂量和高剂量表现出差异显著性且中剂量与高剂量之间差异显著,说明榛子油对脾指数的影响在高剂量上表现出更好的效果。

高脂对照组的肾脏指数极显著高于空白对照组($p < 0.01$),表明大鼠高脂血症造模成功。豆油试验组、榛子油低剂量组、榛子油中剂量组、榛子油高剂量组与高脂模型组相比肾脏指数都有所降低,分别降低了约 3%、4%、4% 和 6%,但并不显著。榛子油低、中、高剂量组与豆油组相比肾脏指数降低了 1%、1%、3%,说明榛子油具有更好的效果。

高脂对照组的肾周脂肪指数极显著高于空白对照组($p < 0.01$),表明大鼠高脂血症造模成功。豆油试验组、榛子油低剂量组、榛子油中剂量组、榛子油高剂量组与高脂模型组相比肾周脂肪指数都显著降低,分别降低了约 9%、13%、21% 和 26%;榛子油低、中、高剂量组与豆油组相比肾周脂肪指数降低了 4%、14%、19%。豆油及榛子油的三种剂量实验组肾周脂肪指数都比高脂模型组明显降低,然而却存在剂量的选择性。榛子油高剂量、中剂量、低剂量、豆油组间存在明显差异,榛子油对肾周脂肪指数的影响与剂量呈现明显正相关,明显优于豆油组。

3. 平欧榛子油对大鼠血脂水平的影响

(1)平欧榛子油对大鼠血清总胆固醇的影响

由表 3-3 和图 3-2 显示,高脂对照组的 TC 水平极显著高于空白对照组($p<0.01$),表明大鼠高脂血症造模成功。豆油试验组、榛子油低剂量组、榛子油中剂量组、榛子油高剂量组都能显著地降低高脂模型血清中 TC 水平,分别降低了约 13%、13%、16% 和 16%;榛子油低、中、高剂量组与豆油组相比血清中 TC 水平降低了 0%、3%、3%。

表 3-3　平欧榛子油对大鼠血脂水平的影响　　　　　　　　　　mmol/L

组别	动物只数	总胆固醇（TC）	甘油三酯（TG）	高密脂蛋白（HDL-C）	低密脂蛋白（LDL-C）	血糖（GLU）
空白对照组	10	1.23±0.17[a]	0.19±0.05[a]	0.97±0.13[a]	0.25±0.06[a]	7.42±1.06[a]
高脂对照组	10	2.19±0.23[b]	0.58±0.04[b]	0.78±0.08[b]	1.05±0.11[b]	12.34±1.17[b]
豆油试验组	10	1.90±0.20[c]	0.44±0.06[c]	1.00±0.14[c]	1.04±0.09[b]	11.88±1.23[c]
榛子油低剂量组	10	1.90±0.39[c]	0.44±0.07[c]	1.03±0.16[c]	1.01±0.08[b]	11.14±1.16[d]
榛子油中剂量组	10	1.84±0.24[c]	0.29±0.05[d]	1.10±0.13[d]	0.99±0.12[b]	10.70±0.85[e]
榛子油高剂量组	10	1.84±0.21[c]	0.31±0.06[d]	1.12±0.15[d]	0.78±0.05[c]	9.38±1.28[f]

豆油及榛子油的三种剂量实验组都对高脂模型有明显的降 TC 效果,但豆油组与榛子油不同剂量之间差异不显著,说明榛子油不同剂量具有相似的降 TC 效果,优于豆油。

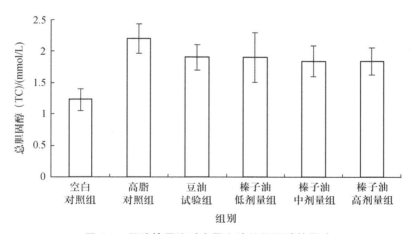

图 3-2　平欧榛子油对大鼠血清总胆固醇的影响

(2)平欧榛子油对大鼠血清甘油三酯的影响

由表 3-3 和图 3-3 显示,高脂对照组的 TG 水平极显著高于空白对照组($p<0.01$),表明大鼠高脂血症造模成功。豆油试验组、榛子油低剂量组、榛子油中剂量组、榛子油高剂量组都能显著地降低高脂模型血清中 TG 水平,分别降低了约 24%、24%、50% 和 47%;榛子油低、中、高剂量组与豆油组相比血清中 TG 水平降低了 0%、34%、30%。

豆油及榛子油的三种剂量实验组都对高脂模型有明显的降 TG 效果,然而却存在剂量的选择性。其中豆油组、榛子油低剂量组与榛子油中剂量组、榛子油高剂量组表现出差异显著性,说明榛子油的中剂量和高剂量对降低 TG 呈现出更好的效果,优于豆油。

(3)平欧榛子油对大鼠血清高密度脂蛋白胆固醇的影响

由表 3-3 和图 3-4 显示,高脂对照组的 HDL-C 水平极显著低于空白对照组($p<0.01$),表明大鼠高脂血症造模成功。豆油试验组、榛子油低剂量组、榛子油中剂量组、榛子油高剂量组都能极显著地提高高脂模型血清中 HDL-C 水平,分别提高了约 28%、32%、41% 和 44%;榛子油低、中、高剂量组与豆油组相比血清中 HDL-C 水平提高了 3%、10%、12%。

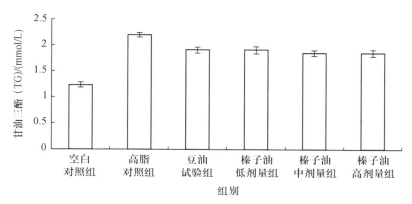

图 3-3　平欧榛子油对大鼠血清甘油三酯的影响

豆油及榛子油的三种剂量实验组都对高脂模型有明显的升高 HDL-C 效果,然而却存在剂量的选择性。其中豆油组、榛子油低剂量与榛子油中剂量、榛子油高剂量组表现出差异显著性,说明在提高高脂模型血清中 HDL-C 水平上榛子油的中剂量和高剂量表现出更好的效果,优于豆油。

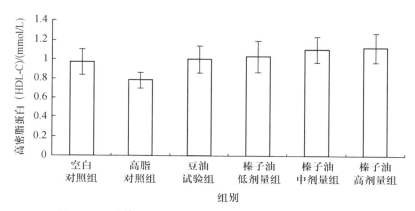

图 3-4　平欧榛子油对大鼠血清高密度脂蛋白胆固醇的影响

(4)平欧榛子油对大鼠血清低密度脂蛋白胆固醇的影响

由表 3-3 和图 3-5 显示,高脂对照组的 LDL-C 水平极显著高于空白对照组($p<0.01$),表明大鼠高脂血症造模成功。豆油试验组、榛子油低剂量组、榛子油中剂量组、榛子油高剂量组

都能降低高脂模型血清中 LDL-C 水平,分别降低了约 1％、4％、6％ 和 26％;榛子油低、中、高剂量组与豆油组相比血清中 LDL-C 水平降低了 3％、5％、25％。

豆油及榛子油的三种剂量实验组都对高脂模型有降 LDL-C 效果,然而却存在剂量的选择性。榛子油高剂量与中剂量、低剂量及豆油组存在明显差异,说明榛子油高剂量组表现出显著的降 LDL-C 效果。

(5)平欧榛子油对大鼠血糖的影响

由表 3-3 和图 3-6 显示,高脂对照组的 GLU 水平极显著高于空白对照组($p < 0.01$),表明大鼠高脂血症造模成功。豆油试验组、榛子油低剂量组、榛子油中剂量组、榛子油高剂量组都能降低高脂模型血清中 GLU 水平,分别降低了约 4％、10％、13％ 和 24％;榛子油低、中、高剂量组与豆油组相比血清中 GLU 水平降低了 6％、10％、21％。

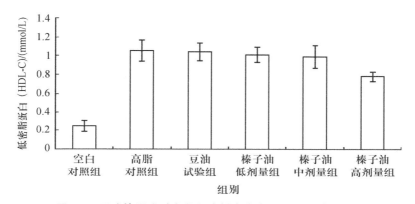

图 3-5　平欧榛子油对大鼠血清低密度脂蛋白胆固醇的影响

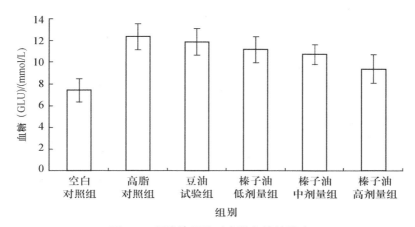

图 3-6　平欧榛子油对大鼠血糖的影响

豆油及榛子油的三种剂量实验组都对高脂模型有降 GLU 效果,然而却存在剂量的选择性。榛子油高剂量、中剂量、低剂量、豆油组间存在明显差异,榛子油的降 GLU 效果与剂量呈现明显正相关,优于豆油。

4. 平欧榛子油对动脉粥样硬化指数 AI₁、AI₂ 和冠心指数 R-CHR 的影响

根据大鼠血清中 TC、HDL-C 和 LDL-C 的浓度,我们对每组大鼠的动脉粥样硬化指数 $AI_1 = (TC-HDL-C)/HDL-C$、$AI_2 = LDL-C/HDL-C$ 和冠心指数 $R\text{-}CHR = TC/HDL-C$ 进行了计算。由表 3-4、图 3-7、图 3-8 和图 3-9 显示,AI_1、AI_2 与 R-CHR 均随着榛子油剂量的增大而显著降低,且呈剂量依赖性关系,揭示榛子油具有降低高脂大鼠 AI_1、AI_2 与 R-CHR 的效果,明显优于豆油。

表 3-4　平欧榛子油对动脉粥样硬化指数 AI₁、AI₂ 和冠心指数 R-CHR 的影响

组别	动物只数	动脉粥样硬化指数 AI₁	动脉粥样硬化指数 AI₂	冠心指数 R-CHR
空白对照组	10	0.27 ± 0.03^a	0.26 ± 0.02^a	1.27 ± 0.27^a
高脂对照组	10	1.81 ± 0.19^b	1.35 ± 0.14^b	2.81 ± 0.29^b
豆油试验组	10	0.90 ± 0.04^c	1.04 ± 0.06^c	1.90 ± 0.14^c
榛子油低剂量组	10	0.84 ± 0.14^c	0.98 ± 0.05^c	1.84 ± 0.24^c
榛子油中剂量组	10	0.67 ± 0.08^d	0.90 ± 0.09^c	1.67 ± 0.18^d
榛子油高剂量组	10	0.64 ± 0.04^d	0.70 ± 0.03^d	1.64 ± 0.14^d

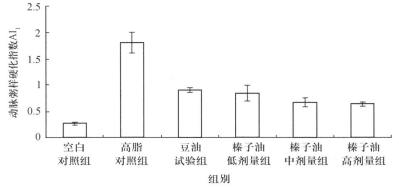

图 3-7　平欧榛子油对动脉粥样硬化指数 AI₁ 的影响

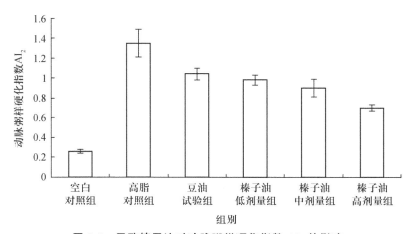

图 3-8　平欧榛子油对动脉粥样硬化指数 AI₂ 的影响

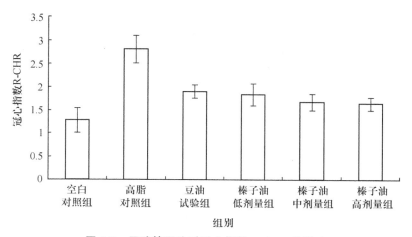

图 3-9　平欧榛子油对冠心指数 R-CHR 的影响

5. 平欧榛子油对大鼠肝脏的影响

(1)平欧榛子油对大鼠肝脏总胆固醇的影响

由表 3-5 和图 3-10 显示,高脂对照组的 TC 水平极显著高于空白对照组($p<0.01$),表明大鼠高脂血症造模成功。豆油试验组、榛子油低剂量组、榛子油中剂量组、榛子油高剂量组都能显著地降低高脂模型血清中 TC 水平,分别降低了约 9%、18%、27% 和 27%;榛子油低、中、高剂量组与豆油组相比肝脏中 TC 水平降低了 10%、20%、20%。

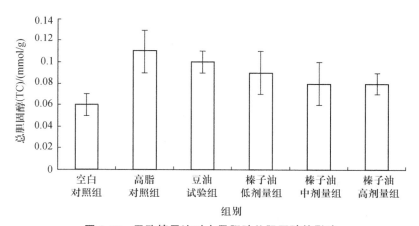

图 3-10　平欧榛子油对大鼠肝脏总胆固醇的影响

豆油及榛子油的三种剂量实验组都对高脂模型有明显的降 TG 效果,然而榛子油明显优于豆油并存在剂量的选择性。其中豆油组与低剂量、中剂量表现出差异显著性,但中剂量与高剂量组差异不显著,说明榛子油剂量过高反而影响降低 TC 的效果。

(2)平欧榛子油对大鼠肝脏甘油三酯的影响

由表 3-5 和图 3-11 显示,高脂对照组的 TG 水平极显著高于空白对照组($p<0.01$),表明大鼠高脂血症造模成功。豆油试验组、榛子油低剂量组、榛子油中剂量组、榛子油高剂量组都能显著地降低高脂模型血清中 TG 水平,分别降低了约 13%、13%、38% 和 50%,榛子油低、

中、高剂量组与豆油组相比肝脏中 TG 水平降低了 0、29％、43％。

表 3-5　平欧榛子油对大鼠肝脏指标的影响　　　　　　　　　　　　mmol/g

组别	动物只数	总胆固醇 （TC）	甘油三酯 （TG）
空白对照组	10	0.06 ± 0.01^{a}	0.03 ± 0.01^{a}
高脂对照组	10	0.11 ± 0.02^{b}	0.08 ± 0.01^{b}
豆油试验组	10	0.10 ± 0.01^{c}	0.07 ± 0.01^{c}
榛子油低剂量组	10	0.09 ± 0.02^{d}	0.07 ± 0.01^{c}
榛子油中剂量组	10	0.08 ± 0.02^{e}	0.05 ± 0.01^{d}
榛子油高剂量组	10	0.08 ± 0.01^{e}	0.04 ± 0.01^{e}

　　豆油及榛子油的三种剂量实验组都对高脂模型有明显的降 TG 效果,然而却存在剂量的选择性。其中低剂量和豆油组之间差异不显著,榛子油的三种剂量实验组表现出差异显著性,说明榛子油的降 TG 效果与剂量呈现明显正相关,明显优于豆油。

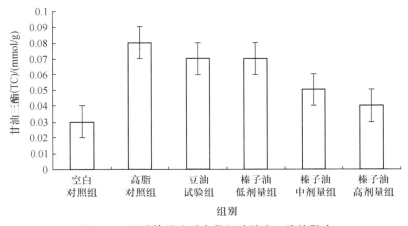

图 3-11　平欧榛子油对大鼠肝脏甘油三酯的影响

　　(3)平欧榛子油对大鼠肝脏病理变化的影响

　　各组大鼠处死后进行解剖检查发现,高脂对照组肝脏呈灰白色脂肪变性,肝脏边缘圆钝,为槟榔肝状,属于典型的脂肪肝;而榛子油组肝脏呈淡红色,脂肪肝程度较高脂对照组轻,虽然也有少许脂肪沉积的油状感,但其色泽改变不明显,说明榛子油对肝脏具有一定的保护作用(Petta et al.,2009)。

　　另外,H.E 染色光镜观察如图 3-12 所示,空白对照组大鼠肝脏中的肝细胞排列整齐,胞质均匀,细胞核清晰,位于细胞正中,肝中央静脉周围,肝小叶结构完整,肝索排列整齐,细胞未见淡染、胞质疏松、空胞样变、胞质溶解、核浓缩及核破裂等现象,形态正常。高脂模型组大鼠肝弥漫性脂肪变性,细胞内和细胞间隙有大量的脂滴空泡,这是由于脂肪在肝脏内沉积,经切片处理后在光镜下呈现空泡状、水肿,伴点片状坏死及炎细胞浸润现象,肝脏中的肝细胞排列混乱,细胞核被挤向一边,且体积增大,脂肪变性比较明显,胞浆内充满大小不等的脂肪滴,肝小叶结构

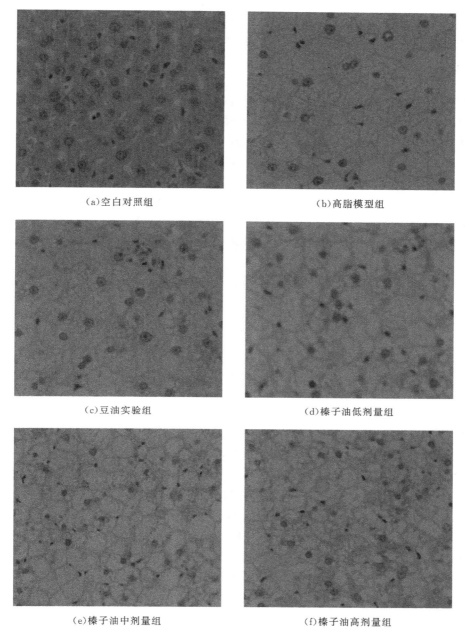

(a)空白对照组　　　　　　　　　　　　(b)高脂模型组

(c)豆油实验组　　　　　　　　　　　　(d)榛子油低剂量组

(e)榛子油中剂量组　　　　　　　　　　(f)榛子油高剂量组

图 3-12　不同实验组大鼠肝脏组织切片

的轮廓尚存,但模糊不清,肝细胞大多呈空泡样结构,胞质疏松淡染或消失(Byrne et al.,2010);本实验高倍光学显微镜观察显示,胞核结构大多异常,可见核溶解,大鼠肝脏出现脂肪变性,显示大鼠高脂血症模型组造模成功。高剂量榛子油组,肝结构完整,较正常肝细胞增大,脂变肝细胞数目、空泡状、水肿、伴点片状坏死、炎细胞浸润及核溶解较高脂对照组明显减少;中剂量榛子油组肝细胞可见脂滴数、空泡状、水肿、伴点片状坏死、炎细胞浸润及核溶解现象较高脂对照组少;低剂量榛子油组、豆油组肝细胞可见脂滴数较高脂对照组少,空泡状、水肿、伴点片状坏死、炎细胞浸润及核溶解现象较高脂对照组减少不明显。说明榛子油给药组明显优于豆油,均可改善高脂大鼠肝细胞脂肪变性的现象,可降低高脂血症大鼠肝脏脂质沉积,预防脂肪肝的发生,且具有抗动脉粥样硬化的作用,并呈现一定的剂量-效应关系。

3.1.3 结论

用平欧榛子油对高脂血模型大鼠进行研究,结果表明在用高脂饲料饲喂 70 d 后,血清中 TC、TG 的含量明显升高,因此高血脂大鼠模型诱导成功。在用大豆油和不同剂量的榛子油灌胃 40 d 后,豆油试验组、榛子油低剂量组[50 mg/(kg·d)]、榛子油中剂量组[500 mg/(kg·d)]、榛子油高剂量组[1 000 mg/(kg·d)]均可使大鼠体重,肝脏指数,脾指数,肾脏指数,肾周脂肪指数,血清中 TC、TG、LDL-C、GLU、AI_1、AI_2、R-CHR 及肝脏中 TC、TG 降低,使心脏指数和血清中 HDL-C 提高,与模型组相比有显著性差异,且榛子油有明显优于豆油的降低血脂作用,同时可以有效地纠正高脂血症大鼠的脂质代谢紊乱,降低高脂血症大鼠肝脏脂质沉积,预防脂肪肝发生,对高脂饮食所致高脂血症具有良好的防治作用。

3.2 榛子油抗氧化作用研究

3.2.1 材料与方法

1. 实验动物

同 3.1。

2. 材料与试剂

平欧榛子,购于本溪县三阳大果榛子专业生产合作社,经去壳、烘干、粉碎后过 20 目筛备用;金龙鱼大豆油,购于益海嘉里有限公司(脂肪酸组成:棕榈酸 7.2%,硬脂酸 2.5%,花生酸 2.3%,油酸 24.2%,亚麻酸 6.9%);氯化钠注射液,购于辰欧药业股份有限公司;基础饲料,购于沈阳市于洪区前民动物试验饲料厂;高脂饲料(78.8%基础饲料、1%胆固醇、10%蛋黄粉、10%猪油、0.2%牛胆酸钠)中胆固醇、牛胆酸钠购于北京鼎国昌盛生物技术有限公司,猪油、蛋黄粉市售后自制;丙二醛(MDA)测定试剂盒,购于南京建成生物工程研究所;超氧化物歧化酶(SOD)测定试剂盒,购于南京建成生物工程研究所;谷胱甘肽过氧化物(GSH-Px)活力测定试剂盒,购于南京建成生物工程研究所;考马斯亮蓝蛋白质试剂盒,购于南京建成生物工程研究所。

3. 仪器设备

同 3.1。

4. 实验方法

(1)榛子油的制备

同 3.1。

(2)模型构建

同 3.1。

(3)动物饲养及处理

饲养过程中,试验动物自由饮水,每天记录进食量,每周称一次体重,灌胃期为 6 周。自灌胃之日计,20 d、40 d 后尾静脉取血 1.0 mL,3 000 r/min 离心 15 min 取血清。末次灌胃后禁食 12 h,腹腔注射 3 mL/kg 水合氯醛,腹主动脉取血,摆斜面凝血 30 min,3 000 r/min 离心 15 min, 分取血清,测定血清丙二醛(MDA)、超氧化物歧化酶(SOD)和谷胱甘肽过氧化物(GSH-Px)活力。 取血后,颈椎脱白法处死大鼠,分离心、肝、脾、肾、肾周脂肪等脏器,并称重,制备肝脏匀浆,测定 肝脏丙二醛(MDA)、超氧化物歧化酶(SOD)和谷胱甘肽过氧化物(GSH-Px)活力。

(4)肝脏匀浆制备与组织中蛋白质的测定

取肝左叶在预冷的生理盐水(NS)中漂洗数次,滤纸吸干,用分析天平称取 0.8～1 g 组织 块,用体积为组织块重量 9 倍的预冷 NS 匀浆。用眼科小剪尽快剪碎组织块,先取总量 2/3 的 生理盐水于玻璃匀浆器内(匀浆器的下端插入冰水混合物中),研磨后加入剩余的 1/3 生理盐 水冲洗匀浆器,制成 10% 肝组织匀浆。将制备好的肝组织匀浆用低温离心机在 4 ℃ 下以 3 000 r/min 的转速离心 15 min,取上清液装到 1.5 mL 离心管中,置冰箱(−80 ℃)中冷冻保 存。肝脏匀浆蛋白质含量测定按南京建成生物研究所考马斯亮蓝 G 250 法蛋白质测定试剂盒 说明书。

(5)血清和肝匀浆丙二醛(MDA)测定

过氧化脂质降解的产物中的丙二醛(MDA)可与硫代巴比妥酸(TBA)缩合,形成红色物 质,在分光光度 532 nm 处有吸收峰。因为底物为硫代巴比妥酸(Thibabituric Acid TBA),所 以这个方法就称 TBA 法。按南京建成生物工程研究所丙二醛(MDA)测定试剂盒说明书 测定。

①血清(浆)中 MDA 含量计算公式

$$\text{血清 MDA 含量}\atop(\text{nmol/mL}) = \frac{\text{测定管吸光度} - \text{测定空白管吸光度}}{\text{标准管吸光度} - \text{标准空白管吸光度}} \times {\text{标准品浓度}\atop(10\ \text{nmol/mL})} \div {\text{样本测试前}\atop\text{稀释倍数}}$$

②组织中 MDA 含量计算公式

$$\text{肝匀浆 MDA 含量}\atop(\text{nmol/mg prot}) = \frac{\text{测定管吸光度} - \text{测定空白管吸光度}}{\text{标准管吸光度} - \text{标准空白管吸光度}} \times {\text{标准品浓度}\atop(10\ \text{nmol/mL})} \div {\text{待测样本蛋白浓度}\atop(\text{mg prot/mL})}$$

(6)血清和肝匀浆超氧化物歧化酶(SOD)测定

通过黄嘌呤及黄嘌呤氧化酶系统所产生的超氧阴离子自由基,反应如下:

黄嘌呤氧化酶氧化羟胺形成亚硝酸盐,在显色剂的作用下呈紫色,可用比色皿比色。当被 测的样品中含有 SOD 时,由于 SOD 可以抑制超氧阴离子自由基,减少亚硝酸盐的形成,通过 比色可以计算出亚硝酸盐的减少量,从而推算出 SOD 活力。

按照南京建成生物工程研究所的超氧化物歧化酶(SOD)测定试剂盒说明书测定。定义: 每毫升血清和每毫克组织蛋白在 1 mL 反应液中 SOD 抑制率达 50% 时所对应的 SOD 量即为 一个 SOD 活力单位(U)。计算公式如下:

$$\text{黄嘌呤} + 2O_2 + H_2O \xrightarrow{\text{黄嘌呤氧化酶}} \text{尿酸} + 2O_2^- \cdot + 2H^+$$

$$\text{血清 SOD 活力}\atop(\text{U/mL 血清}) = \frac{\text{对照管 OD 值} - \text{测定管 OD 值}}{\text{对照管 OD 值}} \div 50\% \times \text{稀释倍数}\left(\frac{3.305}{0.005}\right)$$

$$\text{肝匀浆 SOD 活力}\atop(\text{U/mg prot}) = \frac{\text{对照管 OD 值} - \text{测定管 OD 值}}{\text{对照管 OD 值}} \div 50\% \times \text{稀释倍数}\left(\frac{3.305}{0.005}\right) \div {1\% \text{匀浆蛋白含量}\atop(\text{mg prot/mL})}$$

（7）血清和肝匀浆谷胱甘肽过氧化物（GSH-Px）活力测定

二硫代二硝基苯甲酸与巯基化合物反应时生成黄色化合物，在分光光度计波长 420 nm 处有最大吸收峰，可进行比色定量测定。按照南京建成生物工程研究所出产的谷胱甘肽过氧化物（GSH-Px）活力测定试剂盒说明书操作测定。

$$\text{血清 GSH 含量}(\text{mg GSH/L}) = \frac{\text{测定管吸光度}-\text{空白管吸光度}}{\text{标准管吸光度}-\text{空白管吸光度}} \times \text{标准管浓度}(20\,\mu mol/L) \times \text{GSH 相对分子质量}(307) \times \text{样本测试前稀释倍数}$$

$$\text{肝匀浆 GSH 含量}(\text{mg GSH/g prot}) = \frac{\text{测定管吸光度}-\text{空白管吸光度}}{\text{标准管吸光度}-\text{空白管吸光度}} \times \text{标准管浓度}(20\,\mu mol/L) \times \text{GSH 相对分子质量}(307) \times \text{稀释倍数} \div \text{待测样本匀浆蛋白含量}$$

（8）统计学处理

本试验所有数据均由计算机经 SPSS 17.0 统计软件包中的 ANOVA 法进行单因素方差分析和处理，试验数据的记录采用平均数±标准差（s）来表示，组间比较采用 t 检验处理，$p>0.05$ 认为无显著性差异，$p<0.05$ 认为有显著性差异，$p<0.01$ 有极显著差异，后两种均有统计学意义。

3.2.2 结果与分析

1. 平欧榛子油对大鼠血清丙二醛（MDA）、超氧化物歧化酶（SOD）和谷胱甘肽过氧化物（GSH-Px）活力的影响

如表 3-6 和图 3-13 显示，高脂对照组血清中的 MDA 水平极显著高于空白对照组（$p<0.01$），表明大鼠高血脂组处于严重的过氧化状态。豆油试验组、榛子油低剂量组、榛子油中剂量组、榛子油高剂量组都能降低高脂模型血清中 MDA 水平，分别降低了约 20%、32%、37% 和 39%；榛子油低、中、高剂量组与豆油组相比血清中 MDA 水平降低了 14%、21%、24%。豆油及榛子油的三种剂量实验组都对高脂模型有降低血清中脂质过氧化代谢物 MDA 含量的效果，然而榛子油优于豆油并存在剂量的选择性。榛子油高剂量、榛子油中剂量、榛子油低剂量、豆油组间存在明显差异，榛子油的降血清中 MDA 效果与剂量呈现明显正相关。

表 3-6　平欧榛子油对大鼠血清丙二醛、超氧化物歧化酶和谷胱甘肽过氧化物活力的影响

组别	动物只数	丙二醛（MDA）/（nmol/L）	超氧化物歧化酶（SOD）/（U/mL）	谷胱甘肽过氧化物（GSH-Px）/（U/mL）
空白对照组	10	4.23±0.31[a]	175.28±21.06[a]	367.28±43.51[a]
高脂对照组	10	9.70±0.78[b]	92.73±18.35[b]	187.63±26.24[b]
豆油试验组	10	7.76±0.59[c]	103.62±20.40[c]	216.74±31.45[c]
榛子油低剂量组	10	6.64±0.42[d]	105.38±19.95[d]	228.36±29.61[c]
榛子油中剂量组	10	6.12±0.43[e]	111.51±20.07[d]	236.17±41.82[d]
榛子油高剂量组	10	5.87±0.39[f]	117.26±22.89[e]	250.35±37.96[d]

由表 3-6 和图 3-14 显示，高脂对照组血清中的 SOD 水平极显著低于空白对照组（$p<0.01$），表明大鼠高脂血症组处于严重的过氧化状态。豆油试验组、榛子油低剂量组、榛

子油中剂量组、榛子油高剂量组都能极显著地提高高脂模型血清中 SOD 水平,分别提高了约 16%、22%、26% 和 33%;榛子油低、中、高剂量组与豆油组相比血清中 SOD 水平提高了 2%、8%、13%。豆油及榛子油的三种剂量实验组对高脂模型都有明显升高血清中 SOD 的效果,然而榛子油优于豆油并存在剂量的选择性。其中豆油组、榛子油低剂量组与榛子油高剂量组表现出差异显著性,但榛子油低剂量与榛子油中剂量组差异不显著,说明在提高高脂模型血清中 SOD 水平上榛子油的高剂量表现出更好的效果。

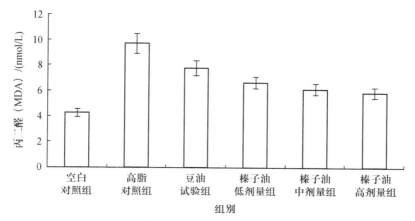

图 3-13　平欧榛子油对大鼠血清丙二醛(MDA)的影响

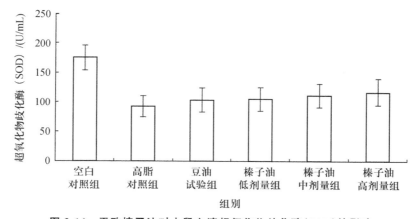

图 3-14　平欧榛子油对大鼠血清超氧化物歧化酶(SOD)的影响

由表 3-6 和图 3-15 显示,高脂对照组血清中的 GSH-Px 水平极显著低于空白对照组($p<0.01$),表明大鼠高血脂组处于严重的过氧化状态。豆油试验组、榛子油低剂量组、榛子油中剂量组、榛子油高剂量组都能极显著地提高高脂模型血清中 GSH-Px 水平,分别提高了约 12%、14%、20% 和 26%;榛子油低、中、高剂量组与豆油组相比血清中 GSH-Px 水平提高了 5%、9%、16%。豆油及榛子油的三种剂量实验组对高脂模型都有明显升高血清中 GSH-Px 的效果,然而榛子油优于豆油并存在剂量的选择性。其中豆油组、榛子油低剂量与榛子油中剂量、榛子油高剂量组表现出差异显著性,说明在提高高脂模型血清中 GSH-Px 水平上榛子油的中剂量和高剂量表现出更好的效果。

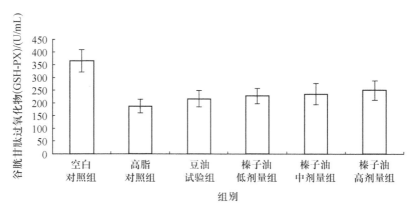

图 3-15　平欧榛子油对大鼠血清谷胱甘肽过氧化物（GSH-Px）活力的影响

2. 平欧榛子油对大鼠肝脏丙二醛（MDA）、超氧化物歧化酶（SOD）和谷胱甘肽过氧化物酶（GSH-Px）活力的影响

由表 3-7 和图 3-16 显示，高脂对照组肝脏中的 MDA 均极显著高于空白对照组（$p<0.01$），表明大鼠高血脂处于严重的过氧化状态。豆油试验组、榛子油低剂量组、榛子油中剂量组、榛子油高剂量组都能降低高脂模型肝脏中 MDA 水平，分别降低了约 12%、24%、33% 和 42%；榛子油低、中、高剂量组与豆油组相比肝脏中 MDA 水平降低了 14%、24%、34%。豆油及榛子油的三种剂量实验组都对高脂模型有降低肝脏中脂质过氧化代谢物 MDA 含量的效果，然而榛子油优于豆油并存在剂量的选择性。榛子油中剂量、榛子油低剂量、豆油组间存在明显差异，但榛子油高剂量与榛子油中剂量差异不显著，说明榛子油的降肝脏中 MDA 效果与剂量呈现明显正相关，但榛子油摄取量过多反而不利于降低肝脏中 MDA。

由表 3-7 和图 3-17 显示，高脂对照组肝脏中的 SOD 水平极显著低于空白对照组（$p<0.01$），表明大鼠高血脂组处于严重的过氧化状态。豆油试验组、榛子油低剂量组、榛子油中剂量组、榛子油高剂量组都能极显著地提高高脂模型肝脏中 SOD 水平，分别提高了约 8%、11%、18% 和 21%；榛子油低、中、高剂量组与豆油组相比肝脏中 SOD 水平提高了 3%、9%、12%。豆油及榛子油的三种剂量实验组都对高脂模型有明显的升高 SOD 效果，然而榛子油优于豆油并存在剂量的选择性。其中豆油组、榛子油低剂量与榛子油中剂量、榛子油高剂量组表现出差异显著性，说明在提高高脂模型肝脏中 SOD 水平上榛子油的中剂量和高剂量表现出更好的效果。

由表 3-7 和图 3-18 显示，高脂对照组肝脏中的 GSH-Px 均极显著低于空白对照组（$p<0.01$），表明大鼠高血脂组处于严重的过氧化状态。豆油试验组、榛子油低剂量组、榛子油中剂量组、榛子油高剂量组都能提高高脂模型肝脏中 GSH-Px 水平，分别提高了约 25%、37%、51% 和 54%；榛子油低、中、高剂量组与豆油组相比肝脏中 GSH-Px 水平提高了 1%、20%、23%。豆油及榛子油的三种剂量实验组都对高脂模型有提高肝脏中 GSH-Px 含量的效果，然而榛子油优于豆油并存在剂量的选择性。榛子油中剂量、榛子油低剂量、豆油组间存在明显差异，但榛子油高剂量与榛子油中剂量差异不显著，说明榛子油的提高肝脏中 GSH-Px 效果与剂量呈现明显正相关，但榛子油摄取量过多反而不利于提高肝脏中 GSH-Px。

表 3-7　平欧榛子油对大鼠肝脏 MDA、SOD 和 GSH-Px 的影响

组别	动物只数	丙二醛（MDA）/(nmol/L)	超氧化物歧化酶(SOD)/(U/mg)	谷胱甘肽过氧化物(GSH-Px)/(U/mg)
空白对照组	10	0.12 ± 0.02^a	30.56 ± 4.17^a	17.18 ± 2.86^a
高脂对照组	10	0.33 ± 0.04^b	19.14 ± 2.36^b	9.05 ± 2.07^b
豆油试验组	10	0.29 ± 0.03^c	20.73 ± 3.08^c	11.35 ± 1.82^c
榛子油低剂量组	10	0.25 ± 0.02^d	21.34 ± 3.19^c	12.43 ± 1.96^d
榛子油中剂量组	10	0.22 ± 0.02^e	22.65 ± 3.52^d	13.66 ± 1.78^e
榛子油高剂量组	10	0.19 ± 0.02^e	23.16 ± 3.87^d	13.97 ± 2.02^e

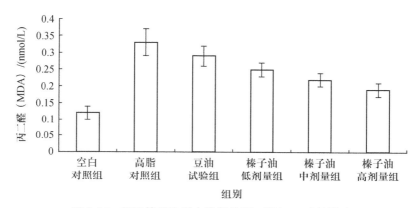

图 3-16　平欧榛子油对大鼠肝脏丙二醛（MDA）的影响

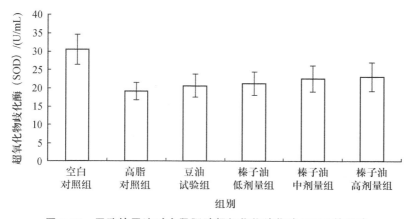

图 3-17　平欧榛子油对大鼠肝脏超氧化物歧化酶（SOD）的影响

3.2.3　结　论

在用大豆油和不同剂量的榛子油灌胃 40 d 后,豆油试验组、榛子油低剂量组[50 mg/(kg·d)]、中剂量组[500 mg/(kg·d)]、高剂量组[1 000 mg/(kg·d)]均可使大鼠血清和肝匀浆中的 MDA 降低,使 SOD 和 GSH-Px 酶活性提高,与模型组相比有显著性差异,表明榛子油有明显优于豆油

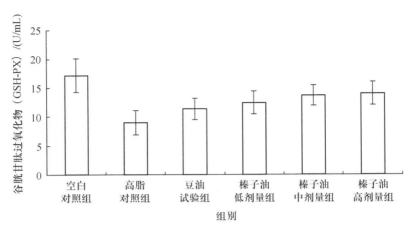

图 3-18 平欧榛子油对大鼠肝脏谷胱甘肽过氧化物(GSH-Px)活力的影响

的抗氧化活性,通过提高机体内源性抗氧化酶活性,减少脂质过氧化反应,起到抗动脉粥样硬化的作用。

3.3 榛子油对高脂大鼠肾脏的修复作用

3.3.1 材料与方法

1. 实验动物和材料

同 3.1。

2. 实验试剂与仪器设备

(1)实验试剂

SOD、MDA、CAT、TG、TC 试剂盒购于北京鼎国生物科技有限公司;氯化钠、冰醋酸、二甲苯、乙醇购于国药有限责任公司。

(2)仪器设备

同 3.1。

3. 实验方法

(1)榛子油的制备

同 3.1。

(2)高脂大鼠模型的制备与处理

同 3.1。

(3)组织匀浆的制备

量取肾脏(0.5 g),按匀浆介质(8 g/L NaCl 溶液)1∶9 比例放入研钵,冰浴下制备研磨,3 000 r/min 低温离心 10 min,丢弃残渣冷藏备用(戚世媛等,2011)。

(4)测定指标

MDA 含量应用 TBA 法,SOD 活性应用氧化酶法,CAT 活性应用钼酸铵法,TG 含量的测定方法为氧化酶法(Wang et al.,2014)。以上各指标操作步骤必须严格遵照试剂盒内说明书进行,各个指标测定原理和计算公式为:

①MDA,机体内产生的 MDA 与 TBA 发生缩聚反应,生成红色的成分,该成分在 532 nm 波长处有最大吸收值。

$$\text{大鼠肾脏组织中 MDA 的含量(n mol/mL)} = \frac{\text{测定组 OD 值}-\text{对照组 OD 值}}{\text{标准品 OD 值}-\text{空白组 OD 值}} \times \frac{\text{标准品的浓度}}{(10 \text{ nmol/mL})} \div \frac{\text{待测样本的蛋白质}}{\text{浓度(mg prot/mL)}}$$

②SOD,黄嘌呤经酶氧化反应产生 $O_2^- \cdot$,$O_2^- \cdot$ 将羟胺氧化成 NO_2^-,NO_2^- 与显色剂反应出现紫色,550 nm 波长测定吸光值。

$$\text{肾脏组织总 SOD 活性(U/mL)} = \frac{\text{对照组 OD 值}-\text{测定组 OD 值}}{\text{对照组 OD 值}} \div 50\% \times \frac{\text{反应液的总体积}}{\text{取样量(mL)}} \times \frac{\text{待测样本的蛋白质}}{\text{浓度(mg prot/mL)}}$$

③CAT,CAT 有分解 H_2O_2 能力,而钼酸铵能够迅速中止两者的反应,并且与剩余 H_2O_2 反应产生一种络合物,反应完成后整个体系呈淡黄色,在 405 nm 波长测定其值。

$$\text{肾脏组织中 CAT 活力(U/mg prot)} = (\text{对照组 OD 值}-\text{测定 OD 值}) \times 271 \times \frac{1}{\text{取样量} \times 60} \div \frac{\text{待测样本的蛋白质}}{\text{浓度(mg prot/mL)}}$$

④TG,TG 分解生成的甘油能够与 POD 发生反应,产生一种醌系色素,在 520 nm 波长测定吸光值。

$$\text{肾脏组织中 TG 的含量(nmol/L)} = \frac{\text{样品的吸光光度值}}{\text{校正品的吸光光度值}} \times \text{标准品的浓度}$$

(5)冷冻切片的制作

选取新鲜的肾脏组织,将选好的肾脏组织修成 0.9 cm³ 的小方块,其厚度小于或等于 5 mm,选择的肾脏组织要规则平整,避免坏死出血区,尽可能地清除肾脏周围杂质。选好的肾脏组织经修剪后将其包埋在盛有胶水的圆筒形锡箔纸内,尽量把组织放在圆筒中央,−20 ℃ 下冷冻 2 min。随后切片,切片厚度以 10 μm 为宜,将组织展平,利用温差将组织贴于防脱片上,随后进行苏木素染色 5 min、蒸馏水冲洗、1%盐酸乙醇分化数秒,再用水冲洗 2～3 min(恢复蓝色)、1%水溶性伊红 1 min、逐步乙醇脱水、二甲苯浸泡等步骤,最后封片(避免产生起泡),晾干,供观察。

(6)统计学处理

应用 SPSS 17.0 统计软件进行数据处理,以 $p < 0.05$ 有显著差异,$p < 0.01$ 认为极显著差异,置信水平 95%。

3.3.2　结果与分析

1. 平欧榛子油对大鼠肾脏中超氧化物歧化酶(SOD)活性的影响

由图 3-19 可知,高脂对照组中 SOD 活性显著低于空白对照组($p < 0.01$),说明建模成功。与高脂对照组相比榛子油低剂量组能显著地提高高脂大鼠肾脏中 SOD 的活性,提高 2% ($0.01 < p < 0.05$);而榛子油中剂量组和高剂量组极显著地提高了大鼠肾脏 SOD 的活性,分别提高了 6%、15%($p < 0.01$)。豆油试验组与高脂对照组差异不明显,说明豆油试验组在提

高高脂大鼠肾脏中 SOD 的作用不明显,而榛子油 3 种剂量组中 SOD 活性的提高随着剂量的增加而增加,榛子油高剂量组的效果较明显。

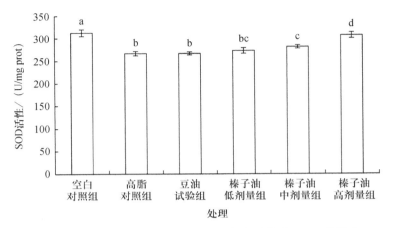

图 3-19　平欧榛子油对大鼠肾脏超氧化物歧化酶(SOD)的影响

2. 平欧榛子油对大鼠肾脏中丙二醛(MDA)含量的影响

由图 3-20 可知,高脂对照组中 MDA 含量显著高于空白组($p<0.01$),说明高脂大鼠建模成功。与高脂对照组比,豆油组没有明显的降 MDA 含量的作用,而与豆油组相比榛子油 3 种剂量组均能显著地降低高脂大鼠肾脏 MDA 的含量,分别降低了 14%、28%、32%($p<0.01$),并随着剂量的增加效果越明显,其中,榛子油中剂量组与榛子油高剂量组差异不明显,说明饲喂榛子油中剂量即可,无须再增加剂量。

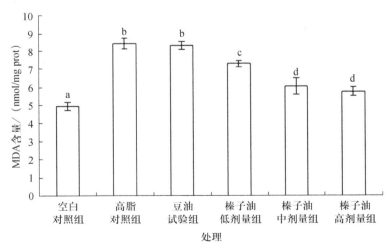

图 3-20　平欧榛子油对大鼠肾脏丙二醛(MDA)的影响

3. 平欧榛子油对大鼠肾脏中过氧化氢酶(CAT)活性的影响

由图 3-21 可知,高血脂大鼠对照组中 CAT 活性显著低于空白组($p<0.01$),说明建模成功。与高血脂大鼠对照组相比,豆油组 CAT 活性略有升高但作用不明显,在榛子油组中,提

高 CAT 的能力随着剂量的增加而增强,榛子油 3 种剂量组都显著提高高脂大鼠肾脏 CAT 的活性,分别提高了 22%、39%、57%($p<0.01$),且三者之间差异显著,具有剂量选择性,高剂量组的 CAT 活性最高。

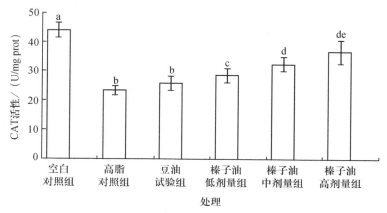

图 3-21　平欧榛子油对大鼠肾脏过氧化氢酶(CAT)的影响

4. 平欧榛子油对大鼠肾脏中甘油三酯(TG)的影响

由图 3-22 可知,高脂对照组大鼠肾脏中 TG 含量极显著高于空白组($p<0.01$),说明建模成功。与高血脂大鼠对照组相比,豆油试验组、3 组治疗组均明显降低了高脂大鼠肾脏 TG 含量,其中,榛子油低剂量组与豆油组降低 TG 含量的作用相似,榛子油中剂量组和高剂量组降低 TG 的效果相似,但略强于中剂量组,因此可以判定,榛子油中剂量组降低 TG 含量显示出最佳效果,降低了 37%($p<0.01$)。

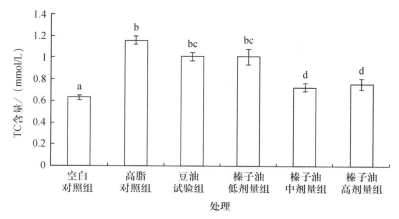

图 3-22　平欧榛子油对大鼠肾脏甘油三酯(TG)的影响

5. 榛子油对大鼠肾脏病理变化的影响

由图 3-23 可知,高血脂模型对照组与空白对照组比较,高血脂对照组大鼠的肾小球囊腔变窄,肾小球体积增大,这是由于肾小球水肿变性、液体外渗导致的肾小球肿大,囊腔变窄,并且高脂对照组的肾小球细胞核数量增多,因而出现极性增生性肾炎的现象。豆油试验组与高脂对照组相比大鼠的肾小球仍然呈现水肿、细胞核数目增多、肾小囊腔窄小的现象,肾炎症状没有得到缓和。经过给予榛子油低剂量组的大鼠与高脂对照组相比,大鼠的肾小球水肿的症状有减轻的迹象,出现了肾小囊腔,肾炎现象得到缓和;榛子油中剂量组与高脂对照组比较,大鼠的肾小囊腔明显增大,与榛子油低剂量组相比肾炎有更明显的恢复;高剂量榛子油与中剂量榛子油组相比,肾小球水肿现象基本消失,基本恢复了空白对照组大鼠肾脏的状态。因此中、高剂量的榛子油对由高血脂引起的肾炎有较好的治疗作用。

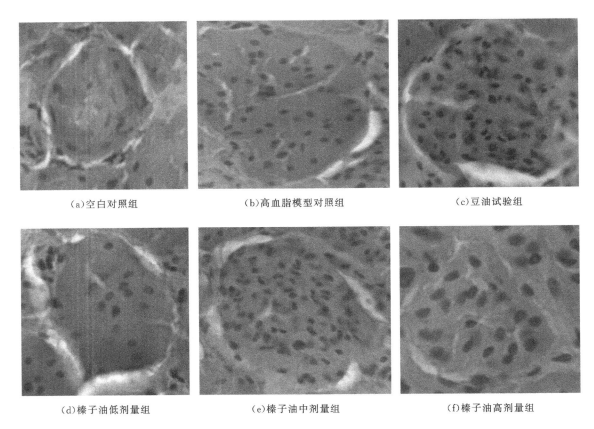

(a)空白对照组   (b)高血脂模型对照组   (c)豆油试验组

(d)榛子油低剂量组   (e)榛子油中剂量组   (f)榛子油高剂量组

图 3-23 不同实验组大鼠肾小球组织切片

3.3.3 结论

造模成功的大鼠用平欧榛子油不同剂量组灌胃 40 d 后,身体状况有了明显的改善。高血脂会引起大鼠肾脏组织病变,是因为高血脂症引起的机体肥胖增加肾脏的负担,另外高血脂会引起机体抗氧化功能减弱,进而引起肾炎等有关肾脏的代谢综合征疾病。经过两个多月饲喂榛子油后发现,榛子油对高脂血大鼠有关疾病有很好的治疗作用,其原因可能是由于榛子油具有很好的抗氧化功能。实验数据显示,其中,榛子油中剂量组[500 mg/(kg·d)]和高剂量组[1 000 mg/(kg·d)]对恢复高脂大鼠肾脏组织有明显作用,这是由于平欧榛子油含有丰富的多不饱和脂肪酸和生物活性物质,具有降低肾脏内甘油三酯的沉积,提高肾脏内与抗氧化系统有关酶(SOD、CAT)的活性,增强了机体抗氧化能力。因此,可推断平欧榛子油对患有高血脂症的人群有很好食疗作用。

3.4　榛子油对高血脂大鼠心脏的修复作用

3.4.1　材料与方法

同 3.3。

3.4.2　结果与分析

1. 平欧榛子油对大鼠心脏超氧化物歧化酶(SOD)活性的影响

由图 3-24 可知,高脂对照组大鼠心脏中 SOD 活性明显低于未处理组($p<0.01$),说明建模成功。与高脂对照组相比,饲喂豆油和榛子油低、中剂量的高脂血症大鼠的 SOD 活性均没有显著性的变化,而榛子油高剂量组的 SOD 活性则显著性升高,比高脂对照组提高了 12%($p<0.01$)。可见,对于大鼠心脏来说,榛子油的抗机体氧化能力与油脂剂量有关,高剂量组作用较明显。

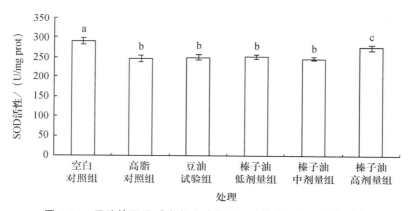

图 3-24　平欧榛子油对大鼠心脏超氧化物歧化酶(SOD)的影响

2. 榛子油对大鼠心脏丙二醛(MDA)含量的影响

由图 3-25 可知,高脂对照组 MDA 含量极显著高于空白对照组($p<0.01$),说明建模成功。豆油试验组、榛子油低、中剂量组与高脂对照组相比大鼠心脏 MDA 的含量无显著性变化($p>0.05$),但榛子油高剂量组与高脂对照组比较有显著的降低,降低了 30%($p<0.01$)。说明榛子油高剂量组在降低高脂大鼠心脏 MDA 含量上有显著效果。

3. 平欧榛子油对大鼠心脏甘油三酯(TG)含量的影响

由图 3-26 可知,高脂对照组 TG 含量极显著高于未处理组($p<0.01$),说明模型建立成功。豆油试验组及榛子油低、中、高剂量组降 TG 含量均有效果,降低了 8%、7%、32%、32%($p<0.01$)。豆油试验组与榛子油低剂量组的效果相似且不明显,榛子油中、高剂量组的效果相似且显著降低 TG 含量,因此,榛子油降低 TG 的效果与其使用剂量相关,其中,榛子油中剂量和高剂量与低剂量相比具有更好的效果。

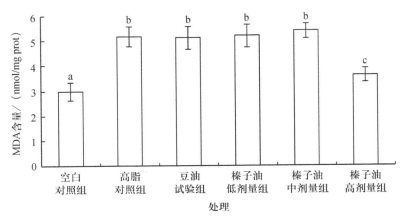

图 3-25 平欧榛子油对大鼠心脏丙二醛(MDA)的影响

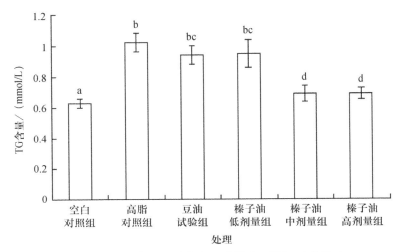

图 3-26 平欧榛子油对大鼠心脏甘油三酯(TG)的影响

4. 平欧榛子油对大鼠心脏谷丙转氨酶(GPT)含量的影响

由图 3-27 知,高脂对照组 GPT 含量极显著低于未处理组($p<0.01$),说明模型建立成功。与高脂对照组相比,饲喂豆油及 3 种剂量的榛子油均可显著提高高血脂大鼠的 GPT 含量,分别提高了 31%、34%、32%、21%。说明不同剂量榛子油在提高高血脂大鼠心脏 GPT 含量方面的效果差异不显著,可见,榛子油对 GPT 的影响与榛子油的剂量无关。

5. 榛子油对大鼠心脏病理变化的影响

对心脏心肌纵切面进行 H.E 染色的结果显示(图 3-28),光镜下观察大鼠心肌,空白对照组大鼠心肌纤维走行有序,结构正常,胞浆与胞核显色分明;高血脂模型组心肌纤维走行紊乱,肌束间界限模糊,发生了水肿,肌纤维出现了部分溶解、断裂现象,伊红着色变深,出现嗜伊红浓染现象,说明肌细胞发生了病变;豆油试验组与空白对照组相比心肌纤维走行不清,肌束间出现界限,但仍然存在嗜伊红浓染现象;榛子油低剂量组与高脂对照组和豆油组相比有明显的改善,肌纤维走向清晰,但肌束间空隙狭小,仍有水肿现象出现,嗜伊红浓染现象有所减轻;榛

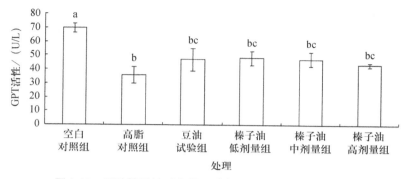

图 3-27　平欧榛子油对大鼠心脏谷丙转氨酶(GPT)的影响

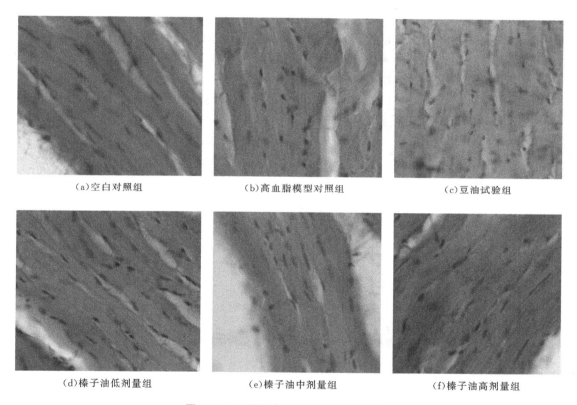

图 3-28　不同实验组大鼠心肌组织切片

子油中剂量组与高脂对照组和豆油试验组相比肌纤维走向清晰,肌束间空隙增加,水肿现象基本消失;榛子油高剂量组与空白对照组相比肌纤维走行基本恢复正常,水肿现象消失,肌束间界限清晰。

3.4.3　结　论

经过 40 d 喂养平欧榛子油的高血脂大鼠身体状况有所改善。心脏会受到高脂血症的影响而心肌肥大、功能紊乱,这是由于高脂血症引起动脉粥样硬化,继而引发高血脂综合征,最终导致心脏组织病变。经实验证明,中剂量[500 mg/(kg・d)]和高剂量榛子油[1 000 mg/(kg・d)]对其心脏组织的甘油三酯堆积和氧化衰老有明显的恢复作用,其原因是平欧榛子油降低了机体内胆固醇和甘油三酯的含量,高脂血症有所改善进而病变的心脏组织有所改善。因此,可推断榛子油对患高脂血症的人类心脏组织有很好的治疗和预防作用。

3.5 榛子油对高血脂大鼠骨骼肌的修复作用

3.5.1 材料与方法

同 3.3。

3.5.2 结果与分析

1. 榛子油对大鼠骨骼肌超氧化物歧化酶、丙二醛和谷胱甘肽过氧化物酶的影响

由图 3-29、图 3-30、图 3-31 可知,高脂对照组大鼠骨骼肌的 SOD、GSH-Px 水平显著低于未处理组($p < 0.01$),MDA 含量显著高于未处理组($p < 0.01$),说明建模成功。与高脂对照组相比,豆油组和 3 种榛子油剂量组的 SOD 活性均发生显著的变化($p < 0.01$),SOD 活性分别提高了 27%、41%、40%、54%;而 MDA 含量则分别降低了 10%、15%、14%、22%($p < 0.01$);GSH-Px 活性分别提高了 15%、16%、34%、56%($p < 0.01$)。可见,榛子油对调节高血脂大鼠骨骼肌的抗氧化能力具有明显的效果,榛子油高剂量组的效果尤为明显。

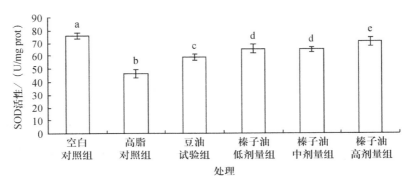

图 3-29 平欧榛子油对大鼠骨骼肌超氧化物歧化酶(SOD)的影响

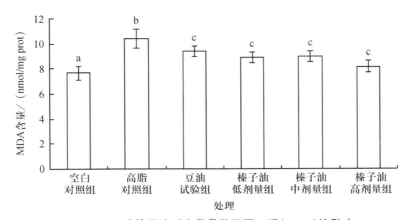

图 3-30 平欧榛子油对大鼠骨骼肌丙二醛(MDA)的影响

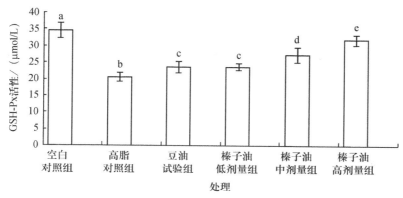

图 3-31　平欧榛子油对大鼠骨骼肌谷胱甘肽过氧化物酶(GSH-Px)的影响

2. 榛子油对大鼠骨骼肌总胆固醇(TC)的影响

由图 3-32 可知,高脂对照组的 TC 水平明显高于空白组($p < 0.01$),说明建模成功。与高脂对照组相比,豆油组和 3 种榛子油剂量组没有显著性差异,说明豆油和榛子油对高脂症大鼠骨骼肌中的 TC 均无明显作用。

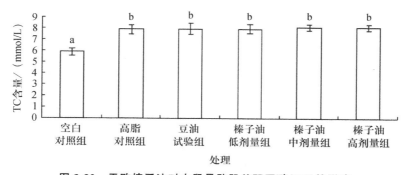

图 3-32　平欧榛子油对大鼠骨骼肌总胆固醇(TC)的影响

3. 平欧榛子油对大鼠骨骼肌甘油三酯(TG)的影响

由图 3-33 可知,高脂对照组的 TG 含量极显著高于空白组($p < 0.01$),说明建模成功。与

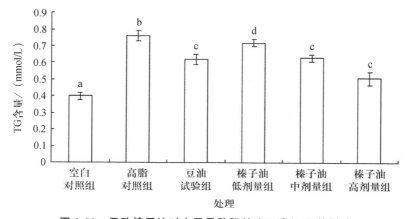

图 3-33　平欧榛子油对大鼠骨骼肌甘油三酯(TG)的影响

高脂对照组相比,豆油组与榛子油低、中、高组在降低高脂大鼠骨骼肌的 TG 水平上都有极显著作用,分别降低了 18%、5%、17%、33%($p<0.01$)。豆油组优于榛子油低剂量组,且与中剂量组的效果相似,但榛子油高剂量组降 TG 的效果最好。

4. 榛子油对大鼠骨骼肌病理变化的影响

(1)大鼠骨骼肌横切面

将各组大鼠麻醉解剖后肉眼观察大鼠骨骼肌形态,各组大鼠骨骼肌大小、形状正常,骨骼肌细胞外膜较光滑。

骨骼肌 H.E 染色结果显示(图 3-34),各组大鼠的骨骼肌的形态变化差异明显,空白对照组大鼠后骨骼肌肌束粗壮,肌丝排列紧密,肌细胞呈槟榔状,并且细胞核清晰正常,数量适中;高血脂模型对照组大鼠肌束呈萎缩状,明显细弱,肌丝排列稀松,肌束间隙变大,呈狭长状,形态异常;豆油试验组大鼠与高脂对照组相比骨骼肌仍呈狭长状,肌细胞间隙略微减小,但与空白对照组相比仍有很大的空隙;榛子油低剂量组与高脂对照组大鼠比较骨骼肌肌束间隙虽然有所缩减,但间隙与空白组仍然有差异,并且肌细胞仍呈狭长状,因此低剂量榛子油对恢复病态大鼠骨骼肌没有明显效果;榛子油中剂量组与高脂对照组比较肌丝排列紧密,但肌束细弱,形变没有完全恢复;榛子油高剂量组与高脂对照组大鼠相比骨骼肌肌束恢复粗壮,肌丝间隙基本消失,肌细胞形状接近槟榔状。从以上描述可知榛子油对高脂症大鼠骨骼肌具有一定保护作用,并与榛子油剂量选择有关,高剂量组效果较好。

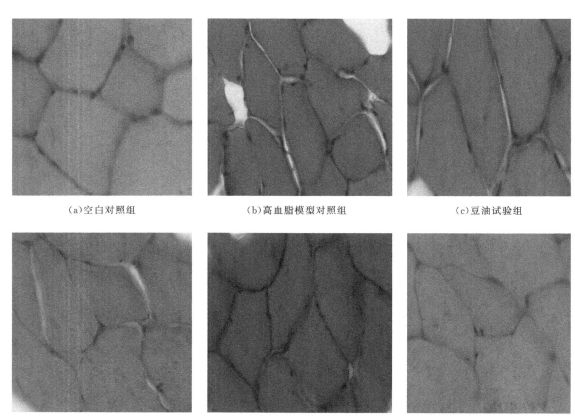

(a)空白对照组　　　　　　(b)高血脂模型对照组　　　　　　(c)豆油试验组

(d)榛子油低剂量组　　　　　　(e)榛子油中剂量组　　　　　　(f)榛子油高剂量组

图 3-34　不同实验组大鼠骨骼肌横切面组织切片

（2）榛子油对大鼠骨骼肌肌纤维纵切面的影响

骨骼肌 H. E 染色结果显示（图 3-35），光镜下观察骨骼肌的纵切面，空白对照组大鼠肌细胞表面光滑，排列紧密，肌束粗壮有序，细胞核结构正常；高血脂模型对照组大鼠肌纤维出现溶解、断裂现象，有较多碎片存在，肌丝排列疏松，形态异常；豆油试验组与空白对照组相比大鼠骨骼肌部分肌纤维溶解、断裂，与高脂对照组相比肌丝排列略微紧密，说明豆油对病态大鼠骨骼肌的恢复无显著作用；榛子油低剂量组与高脂对照组大鼠比较骨骼肌肌丝整齐，无断裂现象，但与空白对照组比较肌丝排列稀松；榛子油中剂量组与空白对照组相比骨骼肌丝形态基本恢复正常，肌丝排列紧密，但肌细胞表面粗糙；榛子油高剂量组与空白对照组相比骨骼肌细胞表面光滑，肌丝形态基本恢复正常，肌丝排列紧密，骨骼肌细胞、细胞核结构清晰。

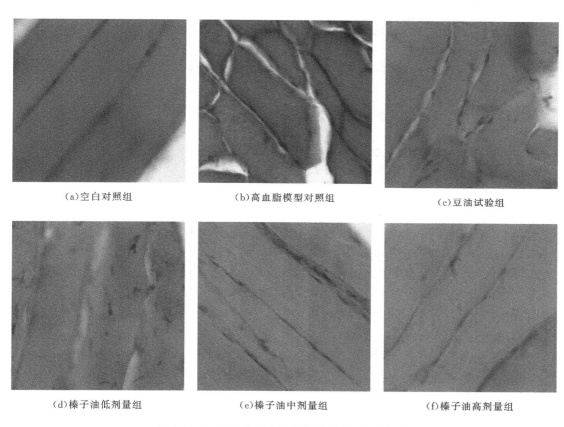

（a）空白对照组　　　　　　（b）高血脂模型对照组　　　　　　（c）豆油试验组

（d）榛子油低剂量组　　　　　（e）榛子油中剂量组　　　　　（f）榛子油高剂量组

图 3-35　不同实验组大鼠骨骼肌纵切面组织切片

3.5.3　结论

实验数据显示，高脂血症会引起大鼠骨骼肌组织病变，抗氧化能力减弱，出现肌瘦无力现象，其原因可能是大鼠骨骼肌中沉积过多的甘油三酯和胆固醇，甚至使大鼠肥胖并且骨骼肌受到氧化，最终导致肌瘦无力。经 40 d 的豆油和榛子油的喂养，与豆油相比平欧榛子油对高脂血症大鼠骨骼肌有很好的修复作用，大鼠体重有所恢复，通过观察，给予平欧榛子油的大鼠运动能力加强，状态良好，尤其榛子油中剂量组和高剂量组的效果更好，可以推测榛子油对患高脂血症的人类骨骼肌组织也有很好的修复作用。

参考文献

1. 包乐嫒，张业尼，钱磊，等. 大豆肽对高脂血症大鼠的降脂作用[J]. 大豆科学，2007，05：752-756.

2. 陈继承，卢晓凤，何国庆. 降血脂功效成分体外筛选方法研究进展[J]. 食品科学，2010，31（13）：287-291.

3. 李然，刘建勋，李磊，等. 不同饲料配方对大鼠 TC，LDL-C，Hcy 的影响[J]. 中国实验方剂学杂志，2013，19（09）：207-210.

4. 刘庆生，王加启，卜登攀，等. 多不饱和脂肪酸对动物血脂代谢与抗氧化性能影响研究进展[J]. 中国饲料，2009（08）：7-10.

5. 孙昊，钟进义. 苦瓜提取物对糖尿病大鼠血抗氧化酶和丙二醛含量的影响[J]. 中国误诊学杂志，2010，10（03）：535-536.

6. 施秀. 桑叶提取物对腹腔蛋黄致高血脂小鼠模型的影响研究[J]. 海峡药学，2011，01：27-29.

7. 王明玉，胡晓倩，任兵兴，等. 乳清酸诱导大鼠脂肪肝的机制研究[J]. 营养学报，2009，31（04）：330-333，338.

8. 张大雄，刘敏. 六味降脂口服液防治大鼠高脂血症的试验研究—大鼠 TG，LDL-C 的变化[J]. 上海畜牧兽医通讯，2013（04）：42-44.

9. 祝美云，田文翰，梁丽松，等. 不同种类榛子油脂脂肪酸组成及抗氧化活性[J]. 食品科学，2012，33（23）：47-50.

10. 冯任南，郭福川，李颖，等. 急性高血脂小鼠模型蛋黄乳及 Trition 法建立[J]. 中国公共卫生，2010，26（09）：1116-1117.

11. 戚世媛，熊正英. 榛子提取物对大鼠骨骼肌抗氧化作用和运动能力的影响[J]. 西安交通大学学报（医学版），2011，32（2）：188-189.

12. 杨青珍，王锋，李康，等. 超声波辅助提取榛子油的工艺条件优化[J]. 中国粮油学报，2011，26（8）：58-61.

13. Cesarettin A，Joana S A，Gulcin S，et al. Lipid characteristics and essential minerals of native Turkish hazelnut varieties (*Corylus avellana* L.). Food Chemistry [J]，2009，113 (4)：919-925.

14. Christopher D. B. Fatty liver：Role of inflammation and fatty acid nutrition.

15. Prostaglandins，Leukotrienes and Essential Fatty Acids (PLEFA)，2010，82 (4-6)：265-271.

16. Edgar U，Marcia J，Jaime O. Effect of pretreatment with microwaves on mechanical extraction yield and qality of vegetable oil form chilean hazelnuts [J]. Innovative Food Science&Emerging Technologies，2008，9 (4)：495-500.

17. Ferda S，Guner O，Sena S，et al. Chemical changes of three native Turkish hazelnut varieties (*Corylus avellana* L.) during fruit development [J]. Food Chemistry，2007，105 (2)：590-596.

18. Graziana L，Dlla S，Stefano D，et al. Cholesterol metabolism differs after statin therapy

according to the type of hyperlipemia [J]. Life Sciences，2012，90（21-22）：846-850.

19. Ismail K，Burhaneddin A. The effects of hazelnut oil usage on live weight，carcass，rumen，some blood parameter.

20. Byrne C D. Fatty liver：Role of inflammation and fatty acid nutrition [J]. Prostaglandins，Leukotrienes and Essential Fatty Acids，2010，82（4-6）：265-271.

21. Hou Y，Shao W F，Xiao R，et al. Pu-erh tea aqueous extracts lower atherosclerotic risk factors in rat hyperlipidemia model [J]. Experimental Gerontology，2009，44（6-7）：434-439.

22. Jung J H，Kim H S. The inhibitory effect of black soybean on hepatic cholesterol accumulation in high cholesterol and high fat diet-induced non-alcoholic fatty liver disease [J]. Food and Chemical Toxicology 2013，60：404-412.

23. Petta S，Muratore C，Craxi A. Non-alcoholic fatty liver disease pathogenesis：The present and the future [J]. Digestive and Liver Disease，2009，41（9）：615-625.

第4章 榛子油特征性营养成分及挥发性
成分指纹图谱的构建

　　榛子油属于高级食用油,含有油酸、亚油酸、亚麻酸和棕榈酸等,可以帮助人体调节血脂,有效地防止心血管疾病发生,是当前最好的有机健康食用油之一。由于丰富的营养价值以及独特的风味使其在世界高级食用油市场上很受欢迎,尤其在欧美及东南亚等地,享有极高的声誉,尽管价格昂贵,依旧备受推崇。为了保证榛子油的品质,有必要建立一套鉴别榛子油质量的方法。指纹图谱技术是快速发展起来的一种研究样品中复杂组分的技术方法,在酒类、烟草类、中药类等领域都有所应用,目前逐渐拓展到食品领域中食品原料的品质评价及产品加工工艺控制等方面,并显示了良好应用前景。

4.1　榛子脂肪酸 GC-MS 指纹图谱的建立及分析

4.1.1　材料与方法

1. 材料

　　供试榛子为平欧榛子,采用超声波辅助有机溶剂提取的方法进行平欧榛油的提取。样品具体包括北部栽培区(本溪)的辽榛 3 号、辽榛 7 号和达维;中部栽培区(锦州)的辽榛 3 号、辽榛 7 号和达维;中部栽培区(山西)的辽榛 3 号、辽榛 7 号和达维;干旱半干旱地带栽培区(新疆)的辽榛 7 号和达维;中部栽培区(营口)的辽榛 3 号、辽榛 7 号和达维(材料均直接取自不同地区的种植户,2014 年收获)。

2. 方法

(1)样品预处理

　　参考寇秀颖等(2005)的实验,准确称取平欧榛子油样 0.05 g,加入已经配好的 1‰硫酸-甲醇溶液 2 mL,于 70 ℃水浴中加热 1 h,每隔 10 min 震荡 1 次。加热后取出并加入 1 mL 正己烷(色谱纯),震荡后静置分层,取出上清溶剂,放入小瓶,再用 1 mL 正己烷(色谱纯)清洗剩余溶液,震荡后取上清并入小瓶待测。

(2)GC-MS 条件

　　非程序升温方法的色谱条件:进样口温度 150 ℃;载气为 He;柱温初始 80 ℃,然后 8 ℃/min 升到 240 ℃,保持 5 min,后运行 5 min;柱流速 1 mL/min;分流比 100∶1;进样量 1 μL。质谱条件:离子源 230 ℃;四级杆 150 ℃;接口 230 ℃;质量扫描范围 35～520 Amu;溶剂延迟 3 min。

　　程序升温方法的色谱条件:进样口温度 250 ℃;载气为 He;柱温初始 40 ℃,保持 1 min,然后 35 ℃/min 升到 195 ℃,保持 2 min,然后 2 ℃/min 升到 205 ℃,保持 2 min,然后 8 ℃/min 升

到 230 ℃,保持 1 min,后运行 5 min;柱流速 1 mL/min;分流比 50∶1;进样量 1 μL。质谱条件:离子源 230 ℃;四级杆 150 ℃;接口 230 ℃;质量扫描范围 50～600 Amu;溶剂延迟 5 min(Zhou et al.,2015)。

(3)平欧榛子脂肪酸指纹图谱的建立

以各色谱峰的保留时间及相对峰面积为依据来进行共有峰的标定,利用"中药色谱指纹图谱相似度评价系统 2004 A 版"(国家药典委员会)进行共有峰的匹配,选取参照谱,匹配共有峰并生成标准指纹图谱。标定的共有峰对应峰面积的 RSD 值应小于 40%,同时特征指纹峰的总面积应占总峰面积的 70% 以上(吴卫国等,2013)。

(4)数据分析

参照《中药注射液指纹图谱研究的技术要求(暂行)》对 14 种平欧榛子样品中脂肪酸进行 GC-MS 分析。利用"指纹图谱评价系统"软件,生成标准指纹图谱,并对样品及标准指纹图谱进行相似度分析。利用"SPSS 19.0"软件进行聚类分析,以相对峰面积为依据做树状图,进行聚类。

4.1.2　结果与分析

1. MS 条件的确定

由图 4-1 可知,非程序升温和程序升温两种方法都检测到三种主要脂肪酸,但采用程序升温法得到的图谱分离度更高,且用时较短。通过质谱库检索后发现非程序升温只能分离出棕榈酸甲酯、油酸甲酯和亚油酸甲酯,而采用程序升温的方法还可以分离出其他 10 种脂肪酸(表4-1)。后续试验选用程序升温的方法进行脂肪酸分析。

表 4-1　甲酯化后营口辽榛 7 号平欧榛子中脂肪酸甲酯组成

序号	保留时间/min	脂肪酸甲酯名称	峰面积	相对含量/%
1	7.733	十四烷酸甲酯	12 278	0.030
2	8.646	十二烷酸甲酯	5 392	0.013
3	9.816	棕榈酸甲酯	1 857 830	4.571
4	9.922	9-十六碳烯酸甲酯	89 565	0.220
5	11.330	十七烷酸甲酯	11 402	0.028
6	11.398	10-十七碳烯酸甲酯	25 600	0.063
7	13.287	油酸甲酯	32 453 146	79.843
8	13.375	9-十八碳烯酸甲酯(E)	745 715	1.835
9	13.632	亚油酸甲酯	5 232 814	12.874
10	14.313	亚麻酸甲酯	34 018	0.084
11	16.177	9,15-十八碳二烯酸甲酯	6 602	0.016
12	16.747	11,14-二十碳二烯酸甲酯	5 690	0.014
13	17.472	11-二十碳烯酸甲酯	84 351	0.208

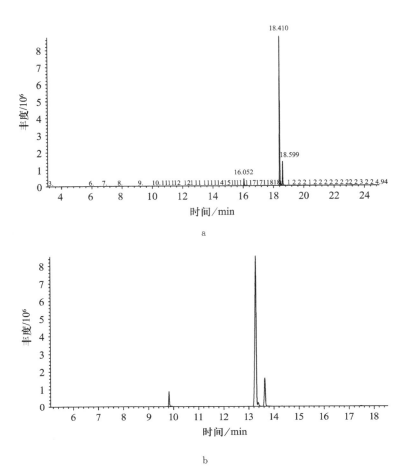

图 4-1　分别采用非程序升温(a)和程序升温(b)得到的结果

2. 指纹图谱分析方法评价

(1)精密度试验

样品中主要脂肪酸单峰保留时间的 RSD 值均在 1% 以下,单峰面积的 RSD 值均在 5% 以下(表 4-2,表 4-3),符合指纹图谱的建立要求。

表 4-2　保留时间精密度试验结果

脂肪酸甲酯名称	保留时间/min			RSD/%
	(1)	(2)	(3)	
十四烷酸甲酯	7.739	7.733	7.733	0.044 8
十二烷酸甲酯	8.640	8.652	8.646	0.069 4
棕榈酸甲酯	9.822	9.828	9.822	0.035 3
9-十六碳烯酸甲酯	9.928	9.935	9.929	0.038 1

续表 4-2

脂肪酸甲酯名称	保留时间/min			RSD/%
	(1)	(2)	(3)	
十七烷酸甲酯	11.330	11.336	11.323	0.057 4
10-十七烷酸甲酯	11.417	11.411	11.405	0.052 6
油酸甲酯	13.294	13.312	13.300	0.068 9
9-十八碳烯酸甲酯（E）	13.381	13.394	13.388	0.048 6
亚油酸甲酯	13.644	13.656	13.644	0.050 8
亚麻酸甲酯	14.326	14.332	14.326	0.024 2
11-二十碳烯酸甲酯	17.479	17.485	17.479	0.019 8

表 4-3 峰面积精密度试验结果

脂肪酸甲酯名称	峰面积			RSD/%
	(1)	(2)	(3)	
十四烷酸甲酯	11 361	10 605	11 685	4.94
十二烷酸甲酯	4 049	4 468	4 322	4.97
棕榈酸甲酯	2 264 203	2 341 977	2 184 078	3.49
9-十六碳烯酸甲酯	95 327	96 266	91 602	2.61
十七烷酸甲酯	12 094	12 334	13 123	4.30
10-十七烷酸甲酯	23 539	21 831	22 934	3.80
油酸甲酯	34 686 040	32 252 040	33 803 440	3.67
9-十八碳烯酸甲酯（E）	775 615	730 413	777 187	3.49
亚油酸甲酯	4 796 741	4 357 017	4 684 768	4.95
亚麻酸甲酯	29 655	27 779	30 023	4.13
11-二十碳烯酸甲酯	100 636	92 478	99 784	4.59

（2）稳定性试验

样品中主要脂肪酸单峰保留时间的 RSD 值均在 1% 以下，单峰面积的 RSD 值均在 5% 以下（表 4-4，表 4-5），说明样品及仪器在 8 h 内稳定，符合指纹图谱的建立要求。

表 4-4 保留时间稳定性试验结果

脂肪酸甲酯名称	保留时间/min					RSD/%
	0 h	2 h	4 h	6 h	8 h	
十四烷酸甲酯	7.733	7.733	7.739	7.739	7.733	0.042 5
十二烷酸甲酯	8.634	8.646	8.646	8.640	8.652	0.079 1
棕榈酸甲酯	9.822	9.822	9.828	9.822	9.828	0.033 5
9-十六碳烯酸甲酯	9.929	9.929	9.935	9.928	9.935	0.035 2
十七烷酸甲酯	11.323	11.323	11.336	11.330	11.336	0.057 4
10-十七烷酸甲酯	11.405	11.405	11.417	11.417	11.411	0.052 6
油酸甲酯	13.294	13.300	13.319	13.294	13.312	0.084 4
9-十八碳烯酸甲酯（E）	13.381	13.388	13.394	13.381	13.394	0.048 6
亚油酸甲酯	13.638	13.644	13.657	13.644	13.656	0.061 0
亚麻酸甲酯	14.307	14.326	14.326	14.326	14.332	0.066 5
11-二十碳烯酸甲酯	17.472	17.479	17.479	17.479	17.485	0.026 3

表 4-5 峰面积稳定性试验结果

脂肪酸甲酯名称	峰面积					RSD/%
	0 h	2 h	4 h	6 h	8 h	
十四烷酸甲酯	16 146	16 870	17 089	15 998	15 144	4.75
十二烷酸甲酯	5 450	5 793	5 880	5 768	5 656	2.90
棕榈酸甲酯	2 833 910	2 664 203	2 641 977	2 726 827	2 481 947	4.82
9-十六碳烯酸甲酯	113 866	105 327	106 266	110 003	99 705	4.96
十七烷酸甲酯	13 669	13 294	14 642	13 334	12 986	4.70
10-十七烷酸甲酯	33 539	31 534	33 176	31 048	29 963	4.69
油酸甲酯	37 396 973	36 686 040	37 472 240	39 252 040	41 296 520	4.86
9-十八碳烯酸甲酯（E）	775 615	825 534	830 413	883 117	827 124	4.59
亚油酸甲酯	4 919 710	4 796 741	5 200 548	4 557 017	4 888 671	4.76
亚麻酸甲酯	43 402	39 655	40 635	42 110	38 381	4.84
11-二十碳烯酸甲酯	125 239	110 707	118 636	120 240	113 653	4.83

（3）重现性试验

样品中主要脂肪酸单峰保留时间的 RSD 值均在 1% 以下，单峰面积的 RSD 值均在 5% 以下（表 4-6，表 4-7），符合要求。

表 4-6　保留时间重现性试验结果

脂肪酸甲酯名称	保留时间/min			RSD/%
	(1)	(2)	(3)	
十四烷酸甲酯	7.733	7.739	7.737	0.039 5
十四烷酸甲酯	7.733	7.739	7.737	0.039 5
十二烷酸甲酯	8.640	8.646	8.646	0.040 1
棕榈酸甲酯	9.822	9.828	9.826	0.031 1
9-十六碳烯酸甲酯	9.928	9.935	9.928	0.040 7
十七烷酸甲酯	11.323	11.336	11.322	0.069 0
10-十七烷酸甲酯	11.405	11.417	11.406	0.058 4
油酸甲酯	13.325	13.319	13.325	0.026 0
9-十八碳烯酸甲酯(E)	13.394	13.394	13.394	0.000 0
亚油酸甲酯	13.650	13.657	13.656	0.027 7
亚麻酸甲酯	14.320	14.326	14.320	0.024 2
11-二十碳烯酸甲酯	17.472	17.479	17.479	0.023 1

表 4-7　峰面积重现性试验结果

脂肪酸甲酯名称	峰面积			RSD/%
	(1)	(2)	(3)	
十四烷酸甲酯	16 146	15 598	15 636	1.94
十二烷酸甲酯	5 450	6 014	5 738	4.92
棕榈酸甲酯	3 133 910	2 926 827	3 046 752	3.42
9-十六碳烯酸甲酯	133 866	126 003	126 248	3.47
十七烷酸甲酯	17 073	15 604	16 525	4.53
10-十七烷酸甲酯	39 153	35 948	37 498	4.27
油酸甲酯	50 691 200	46 696 520	46 835 241	4.72
9-十八碳烯酸甲酯(E)	1 071 153	983 117	1 062 943	4.68
亚油酸甲酯	7 070 090	6 407 921	6 854 972	4.98
亚麻酸甲酯	53 402	50 110	48 479	4.95
11-二十碳烯酸甲酯	158 820	149 759	143 967	4.96

3. 平欧榛子脂肪酸指纹图谱的建立与分析

(1)平欧榛子样品脂肪酸组成

从图 4-2 和表 4-8 中可以看出,14 种平欧榛子样品均含有十四烷酸(肉豆蔻酸)、十二烷酸(月桂酸)、十六烷酸(棕榈酸)、9-十六碳烯酸、十七烷酸、10-十七碳烯酸、9-十八碳烯酸(油酸)、9-十八碳烯酸(E)、9,12-十八碳二烯酸(亚油酸)、9,12,15-十八碳三烯酸(亚麻酸)和11-二十碳烯酸(花生一烯酸)。此外,本溪辽榛3号、山西辽榛3号、山西辽榛7号、新疆达维、营口辽榛7号和营口达维均含有9,15-十八碳二烯酸;本溪辽榛3号、本溪辽榛7号、锦州辽榛3号、锦州达维、山西辽榛7号和营口辽榛7号含有11,14-二十碳二烯酸;而除山西达维、营口的辽榛3号、辽榛7号和达维外,其余样品均含有10-十一碳烯酸。

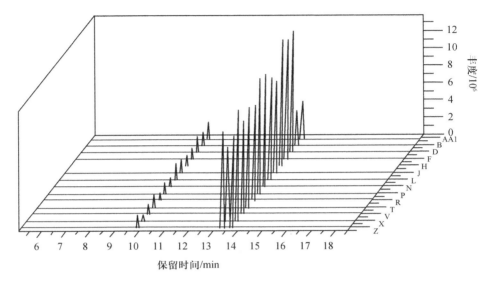

图4-2 平欧榛子14个样品甲酯化后脂肪酸甲酯GC-MS叠加图

在相对含量上,棕榈酸、油酸、亚油酸的相对含量与王瑞等(2007)的结果相似,在14种平欧榛子样品中,油酸含量均为最高,其次为亚油酸、棕榈酸,其余脂肪酸含量均较低。对于这几种常见的脂肪酸来说,不同地区的辽榛3号中棕榈酸含量较高;油酸为营口地区的3个品种含量最高;亚油酸为新疆地区的2个品种含量最高,而在其他地区均为辽榛3号和辽榛7号含量最高;亚麻酸同样为新疆地区的2个品种含量最高,而营口地区的3个品种含量最低,其他地区均为辽榛3号和辽榛7号含量最高;其余脂肪酸在各样品中的含量均存在差异。

(2)平欧榛子脂肪酸GC-MS标准指纹图谱的建立及分析

如图4-3所示,将14种平欧榛子脂肪酸指纹图谱同时导入"指纹图谱评价系统"软件,以本溪地区达维品种的脂肪酸色谱图为参照谱,油酸甲酯色谱峰为参照峰,匹配共有峰,并生成标准指纹图谱,14个样品色谱图中匹配并标定出11个共有峰,详细见表4-9。

表 4-8　平欧榛子 14 个样品相对含量

%

脂肪酸组成	本溪			锦州			山西			新疆		营口		
	辽榛3号	辽榛7号	达维	辽榛3号	辽榛7号	达维	辽榛3号	辽榛7号	达维	辽榛7号	达维	辽榛3号	辽榛7号	达维
十四烷酸(肉豆蔻酸)	0.033	0.033	0.025	0.039	0.027	0.063	0.049	0.048	0.029	0.053	0.035	0.051	0.030	0.026
十二烷酸(月桂酸)	0.011	0.017	0.012	0.014	0.014	0.028	0.018	0.021	0.011	0.033	0.017	0.024	0.013	0.009
十六烷酸(棕榈酸)	4.983	4.37	4.678	5.558	4.82	4.851	5.517	4.627	4.852	4.733	4.815	5.563	4.571	5.014
9-十六碳烯酸	0.24	0.202	0.231	0.246	0.218	0.258	0.261	0.222	0.254	0.186	0.228	0.267	0.22	0.214
10-十一碳烯酸	0.019	0.017	0.018	0.005	0.015	0.024	0.026	0.004	—	0.017	0.017	—	—	—
十七烷酸	0.027	0.029	0.026	0.029	0.03	0.032	0.031	0.027	0.023	0.032	0.035	0.031	0.028	0.027
10-十七碳烯酸	0.079	0.082	0.075	0.063	0.071	0.073	0.074	0.077	0.064	0.078	0.078	0.063	0.063	0.063
9-十八碳烯酸(油酸)	73.7	74.942	80.297	72.651	74.942	78.097	72.905	74.284	78.197	73.3	73.803	76.417	79.843	81.105
9-十八碳烯酸(E)	1.719	1.644	1.608	1.888	1.644	1.754	1.772	1.84	1.795	1.643	1.674	1.906	1.835	1.714
9,12-十八碳二烯酸(亚油酸)	18.7	18.055	12.516	18.884	18.055	13.563	18.619	17.99	14.302	18.855	18.727	14.725	12.874	11.312
9,12,15-十八碳三烯酸(亚麻酸)	0.126	0.125	0.116	0.107	0.108	0.093	0.116	0.113	0.112	0.154	0.134	0.083	0.084	0.085
9,15-十八碳二烯酸	0.017	—	—	—	—	—	0.022	0.015	—	—	0.029	—	0.016	0.03
11,14-二十碳二烯酸	0.019	0.001	—	0.035	—	0.009	—	0.2	—	—	—	—	0.014	—
11-二十碳烯酸	0.2	0.228	0.228	0.2	0.231	0.208	0.199	0.006	0.191	0.21	0.243	0.214	0.208	0.254

注:脂肪酸的相对含量采用面积归一化法分别计算(杨春英等,2013)。"—"表示不含有。

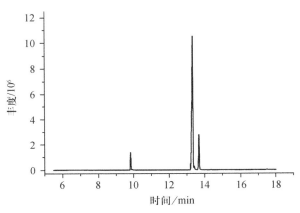

图 4-3 平欧榛子脂肪酸标准指纹图谱

表 4-9 脂肪酸标准指纹图谱信息

序号	脂肪酸	保留时间/min	峰面积	峰面积 RSD/%
1	十四烷酸	7.736	23 069.071	33.97
2	十二烷酸	8.644	10 300.214	38.56
3	棕榈酸	9.825	2 966 580.214	20.94
4	9-十六碳烯酸	9.932	140 207.929	23.48
5	十七烷酸	11.332	17 611.500	23.34
6	10-十七碳烯酸	11.410	43 722.214	27.82
7	油酸甲酯	13.319	45 843 694.714	21.76
8	9-十八碳烯酸(E)	13.396	1 050 366.714	17.65
9	亚油酸	13.662	9 843 070.643	27.74
10	亚麻酸	14.325	67 841.429	30.56
11	11-二十碳烯酸	17.481	130 674.643	24.95

(3)平欧榛子脂肪酸 GC-MS 指纹图谱的分析

如表 4-10 所示,14 种平欧榛子脂肪酸 GC-MS 图谱与标准指纹图谱间的相似度均高于 0.99,符合指纹图谱建立的技术要求(吴卫国等,2013;钟敬华等,2010),可以建立平欧榛子脂肪酸的共有模式。

通过比较不同样品间的相似度发现,不同样品间的相似度也均达 0.99 以上,甚至部分样品间的相似度达到 1.00,具有极高的整体相似性。进一步比较同一品种在不同地区样品间脂肪酸色谱图的相似度后发现,3 个品种显示了同样的特性,即 5 个地区中营口地区与其他地区间的相似度稍低;而对于同一地区各品种样品来说,除营口地区外,其他地区均为辽榛 3 号和辽榛 7 号更相似,说明了营口地区平欧榛子的差异性。

如图 4-4 所示,根据聚类分析,14 种平欧榛子样品中脂肪酸在刻度位置为 5 处聚为 2 类:本溪辽榛 7 号、锦州辽榛 7 号、山西辽榛 7 号、新疆辽榛 7 号和本溪辽榛 3 号、锦州辽榛 3 号、

表 4-10　14 种平欧榛子脂肪酸图谱与标准指纹图谱间的相似度

样品	本溪辽榛3号	锦州辽榛3号	山西辽榛3号	营口辽榛3号	本溪辽榛7号	锦州辽榛7号	山西辽榛7号	新疆辽榛7号	营口辽榛7号	本溪达维	锦州达维	山西达维	新疆达维	营口达维	标准指纹图谱
本溪辽榛3号	1	1	1	0.998	1	1	1	1	0.996	0.996	0.997	0.998	1	0.994	0.999
锦州辽榛3号	1	1	1	0.998	1	1	1	1	0.995	0.995	0.997	0.997	1	0.993	0.999
山西辽榛3号	1	1	1	0.998	1	1	1	1	0.996	0.995	0.997	0.998	1	0.994	0.999
营口辽榛3号	0.998	0.998	0.998	1	0.999	0.998	0.999	0.998	0.999	0.999	0.998	1	0.998	0.999	1
本溪辽榛7号	1	1	1	0.999	1	1	1	1	0.997	0.997	0.998	0.998	1	0.995	1
锦州辽榛7号	1	1	1	0.998	1	1	1	1	0.996	0.995	0.997	0.998	1	0.994	0.999
山西辽榛7号	1	1	1	0.999	1	1	1	1	0.997	0.997	0.998	0.998	1	0.995	1
新疆辽榛7号	1	1	1	0.998	1	1	1	1	0.996	0.995	0.997	0.997	1	0.994	0.999
营口辽榛7号	0.996	0.995	0.996	0.999	0.997	0.996	0.997	0.996	1	1	1	1	0.996	0.999	0.999
本溪达维	0.996	0.995	0.995	0.999	0.997	0.995	0.997	0.995	1	1	1	1	0.996	1	0.998
锦州达维	0.997	0.997	0.997	1	0.998	0.997	0.998	0.997	1	1	1	1	0.997	0.999	0.999
山西达维	0.998	0.997	0.998	1	0.998	0.998	0.998	0.997	1	1	1	1	0.998	0.999	1
新疆达维	1	1	1	0.998	1	1	1	1	0.996	0.996	0.997	0.998	1	0.994	0.999
营口达维	0.994	0.993	0.994	0.999	0.995	0.994	0.995	0.994	0.999	1	0.999	0.999	0.994	1	0.997
标准指纹图谱	0.999	0.999	0.999	1	1	0.999	1	0.999	0.999	0.998	0.999	1	0.999	0.997	1

山西辽榛 3 号以及新疆达维聚为一类;本溪达维、锦州达维、山西达维、营口达维和营口辽榛 7 号、营口辽榛 3 号聚为一类。由此可见,达维品种平欧榛子基本聚为一类,辽榛 3 号和辽榛 7 号聚为一类,而营口的辽榛 3 号和辽榛 7 号与达维品种聚为一类,说明营口的 3 个品种较为相似,品种的差别对营口地区平欧榛子中脂肪酸的影响不大,然而除营口外,其他地区根据品种的不同而聚出了类别,说明其他地区品种的差异对平欧榛子中脂肪酸影响更大。这与相似度分析结果相一致,即营口地区的平欧榛子具有差异性,这可能由于营口地区的地理气候、种植条件等因素对平欧榛子中的脂肪酸有更大影响。同时,辽榛 3 号和辽榛 7 号品种间的相似度更高,使得这两个品种脂肪酸相互区分不明显而聚为一类。

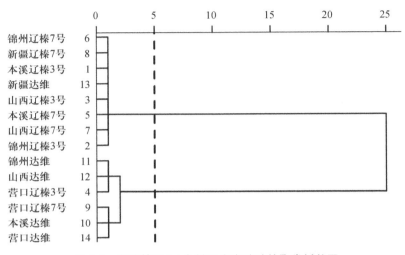

图 4-4　平欧榛子 14 个样品中脂肪酸的聚类树状图

4.1.3　结论

　　试验确定了 GC-MS 分析条件,并进行了分析方法评价。将具有典型性的两种 GC-MS 分析条件进行分析比较,最终确定选用程序升温的方法,这种方法不但用时短,而且分离效率高,适合对平欧榛子脂肪酸进行研究。以保留时间为依据的精密度、稳定性和重现性的 RSD 值均小于 1%,同时以峰面积为依据的 RSD 值均小于 5%,符合指纹图谱的建立要求,说明此套设备及方法可以应用于平欧榛子脂肪酸指纹图谱的建立。

　　试验主要采用 GC-MS 测定了 14 种平欧榛子样品的脂肪酸组成,构建出这 14 种平欧榛子样品脂肪酸的标准指纹图谱,并进行了样品的相似度分析,同时利用"SPSS 19.0"软件进行聚类分析。供试样品中脂肪酸的组成和含量略有差异,但 14 种样品中均为油酸含量最高,其次为亚油酸和棕榈酸。各样品脂肪酸与标准指纹图谱间的相似度均较高,同时各样品之间具有较高的相似性。进一步比较发现,营口地区的样品存在着较大的差异,说明营口地区平欧榛子的地区性较强。聚类分析结果表明,14 种平欧榛子样品基本可以根据品种的不同而聚为两大类,辽榛 3 号和辽榛 7 号相似度更高,相互之间区分不明显,因而聚为一类,达维品种聚为一类,这说明品种的差异更大程度上决定了平欧榛子中的脂肪酸含量的差异。营口地区的 3 个样品聚为一类,这显示出营口地区平欧榛子的特殊性,与相似度分析结果相一致。营口地区平欧榛子具有高油酸、低亚麻酸的特性。

4.2　榛子维生素 E HPLC 指纹图谱的建立及分析

4.2.1　材料与方法

1. 材料

试验材料同 4.1。

2. 方法

（1）样品预处理

根据崔亚娟等（2007）的处理方法，称取榛油 6.00 g，至 250 mL 三角瓶中，加入 60 mL 甲醇溶液和 10 mL 10％的抗坏血酸溶液摇匀，再加入 20 mL KOH 水溶液（1∶2，W/W）混匀，于沸水浴上皂化 50～60 min，待皂化完全取出立即冷却。将皂化液转移至分液漏斗，用蒸馏水分 2 次冲洗三角瓶，洗液倒入分液漏斗，再用 80 mL 乙醚和 80 mL 石油醚混合萃取皂化液，移出上层萃取液，用 50 mL 乙醚和 50 mL 石油醚混合进行 2 次萃取，移出并合并萃取液，用水洗至不显碱性。真空旋转蒸发脱除溶剂，用 3 mL 正己烷（色谱纯）溶出剩余物，过 0.22 μm 有机滤膜，倒入小瓶待测。

（2）高效液相色谱条件

选用 Waters 公司的 2695 型高效液相色谱仪。根据全波长扫描结果选定预备检测波长，通过选择不同的流速、流动相比例以及检测波长，确定最佳高效液相色谱条件。

将乙醚与石油醚按照不同比例混合，对皂化液进行萃取，对萃取出的维生素 E 进行 HPLC 分析。以 α-维生素 E 的相对含量为定量依据，选择能够萃取出最高 α-维生素 E 含量的乙醚与石油醚的混合比例。

（3）平欧榛子维生素 E 指纹图谱的建立

以各色谱峰单峰的保留时间和相对峰面积为依据，选取参照谱，匹配共有峰并生成标准指纹图谱。

4.2.2　结果与分析

1. HPLC 条件的确定

精确称取 0.01 g α-维生素 E 标准品，乙醇溶解，定溶于 100 mL 容量瓶，配制成 0.1 mg/mL 的标准溶液。温度为室温，在色谱柱为 Thermo ODS-2HYPERSIL（4.6 mm×250 mm×5 μm），流动相甲醇∶水为 98∶2；检测波长 292 nm，流速为 1.0 mL/min 的条件下，进样 20 μL，得 α-维生素 E 标准品的 HPLC 色谱图（图 4-5）。判定 11.947 min 的色谱峰为 α-维生素 E。

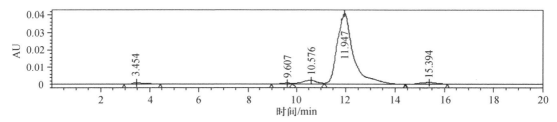

图 4-5　α-维生素 E 标准品的 HPLC 色谱图

（1）流速对 HPLC 结果的影响

根据图 4-6，流速为 1 mL/min 时 α-维生素 E 出峰时间在 12 min 左右，得到图 4-6a 中的主要色谱峰为 α-维生素 E，而图中的两种流速均仅得到一个主要色谱峰，同时考虑到流速降低会使组分出峰时间延后，因此判定图 4-6b 中的主要色谱峰为 α-维生素 E。就含量而言，1 mL/min 的流速得到 α-维生素 E 的相对含量为 89.35%，稍高于 0.8 mL/min 流速得到的 84.86%，且 1 mL/min 的流速可能检测出维生素 E 的其他活性形式，故本实验 HPLC 的流速选定为 1 mL/min。

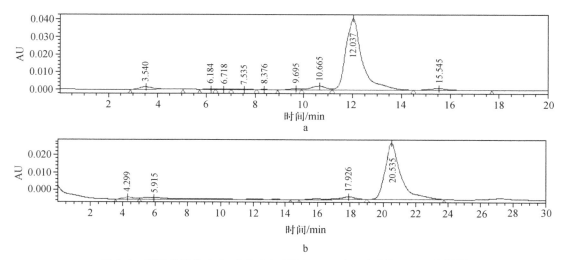

图 4-6　流速分别为 1.0 mL/min(a) 和 0.8 mL/min(b) 的 HPLC 色谱图

（2）检测波长对 HPLC 结果的影响

如图 4-7 所示，首先将 α-维生素 E 标准品进行全波长扫描以确定预备波长的范围，扫描范围为 190～500 nm。根据扫描分析报告，标准品分别在 285 nm、275 nm、230 nm、220 nm 和 209.9 nm 处有吸收峰，综合文献，维生素 E 的检测波长多为 290 nm 左右（王瑞英等，2003；黄宏南等，2000；崔亚娟等，2007），因此，选定 292 nm、285 nm 和 275 nm 作为 HPLC 的预备波长。

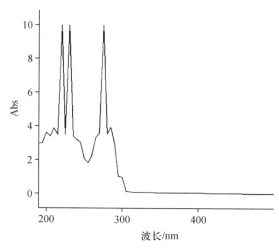

图 4-7　α-维生素 E 标准品的全波长扫描

根据图 4-8,检测波长为 285 nm 和 275 nm 的 α-维生素 E 的相对含量分别为 94.63% 和 94.68%,均高于 292 nm 的 85.13%。但 285 nm 的出峰时间不稳定且杂峰较多,275 nm 的疑似其他活性形式的峰的相对含量较低,292 nm 的整体峰型好,因此,选择 292 nm 作为 HPLC 的检测波长。

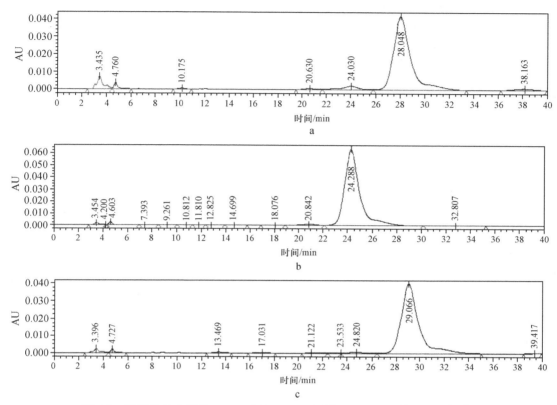

图 4-8　检测波长分别为 292 nm(a)、285 nm(b) 和 275 nm(c) 的 HPLC 色谱图

(3)流动相比例对 HPLC 结果的影响

流动相比例为 98∶2 的 HPLC 色谱图见图 4-6a,流动相比例为 95∶5 的 HPLC 色谱图见图 4-8a。两种流动相比例相比,98∶2 的 α-维生素 E 的相对含量比 95∶5 的略低,但 98∶2 能够检测出较多的峰,各峰之间都能得到较好的分离且运行时间短,因此,HPLC 的流动相比例选为 98∶2。

(4)萃取剂比例对 HPLC 结果的影响

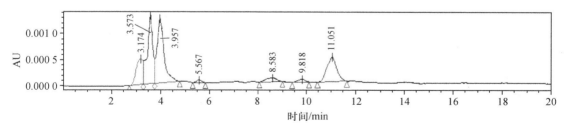

图 4-9　换柱后 α-维生素 E 标准品的 HPLC 色谱图

色谱柱改为 Waters WAT 052885(3.9 mm×150 mm×4 μm),得到新的 α-维生素 E 标准品的 HPLC 色谱图。判定 11.051 min 出的峰为 α-维生素 E。

准确称取 3.00 g 油样,改变萃取剂石油醚∶乙醚的比例分别为 1∶0、3∶1、1∶1、1∶3 和 0∶1,在检测波长 292 nm,流速 1.0 mL/min,进样量 20 μL 的条件下,流动相甲醇∶水为 98∶2,分别进行 HPLC 分析。从图 4-9 中 α-维生素 E 的保留时间可以判定,11 min 左右出的峰为 α-维生素 E,图 4-10a 中出现的一个峰保留时间为 14.609 min,考虑到没有其他峰的干扰以及存在误差,判定其为 α-维生素 E。

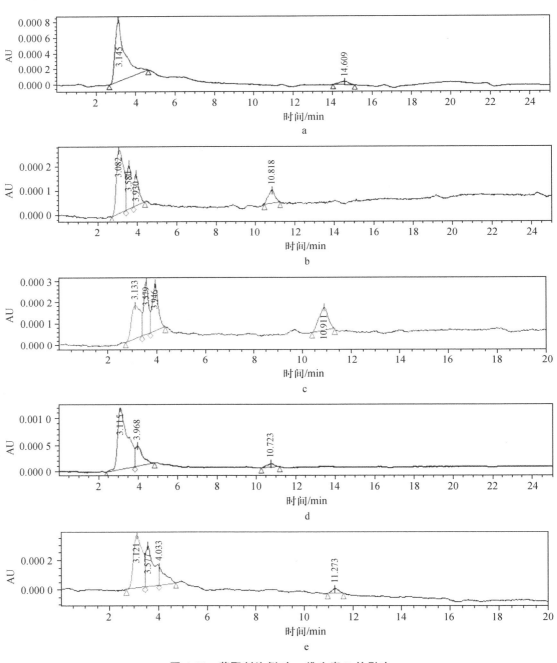

图 4-10　萃取剂比例对 α-维生素 E 的影响

(a. 1∶0;b. 3∶1;c. 1∶1;d. 1∶3;e. 0∶1)

以峰面积作为定量依据,石油醚∶乙醚为 1∶1 时,α-维生素 E 峰面积相对含量达到 20.04％,明显为最高,因此,选择石油醚∶乙醚为 1∶1 的比例进行萃取(图 4-11)。

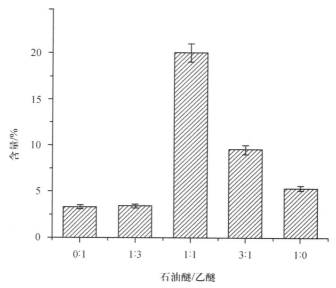

图 4-11　不同萃取剂比例得到的 α-维生素 E 相对含量

2. 指纹图谱分析方法评价

选用安捷伦 1100 型高效液相色谱仪,色谱柱为 Dikma Diamonsil C 18(4.6 mm×250 mm× 5 μm)。HPLC 条件为流动相甲醇∶水为 98∶2,检测波长 292 nm;流速为 1.0 mL/min,温度 40 ℃,进样量 20 μL。

(1)精密度试验

样品中维生素 E 单体单峰保留时间 RSD 值均小于 2％,单峰面积 RSD 值均小于 5％(表 4-11),根据国药监管局颁布的技术要求,本试验采用的分析方法符合指纹图谱的建立要求(王家明等,2007)。

表 4-11　14 种平欧榛子样品维生素 E 精密度试验结果

指标	维生素单体	(1)	(2)	(3)	RSD/％
保留时间/min	δ-维生素 E	15.969	15.450	15.594	1.71％
	α-维生素 E	19.121	18.544	18.789	1.54％
峰面积 (相对含量)/％	δ-维生素 E	7.84	7.95	8.22	2.47％
	α-维生素 E	71.75	75.85	75.35	3.01％

(2)稳定性试验

样品中维生素 E 单体单峰保留时间的 RSD 值均在 1％以下,单峰面积的 RSD 值均在 5％ 以下(表 4-12),说明样品和仪器在 8 h 内稳定,符合要求。

表 4-12　14 种平欧榛子样品维生素 E 稳定性试验结果

指标	维生素单体	0 h	2 h	4 h	6 h	8 h	RSD%
保留时间/min	δ-维生素 E	15.450	15.342	15.504	15.535	15.527	0.51%
	α-维生素 E	18.544	18.447	18.503	18.409	18.383	0.36%
峰面积（相对含量）/%	δ-维生素 E	7.84	8.22	8.00	7.80	7.80	2.28%
	α-维生素 E	71.75	75.35	73.50	70.11	72.03	2.72%

（3）重现性试验

样品中维生素 E 单体单峰保留时间的 RSD 值均在 1% 以下,单峰面积的 RSD 值均在 5% 以下(表 4-13),符合要求。

表 4-13　14 种平欧榛子样品维生素 E 重现性试验结果

指标	维生素单体	（1）	（2）	（3）	RSD/%
保留时间/min	δ-维生素 E	15.450	15.245	15.377	0.68%
	α-维生素 E	18.544	18.368	18.533	0.53%
峰面积（相对含量）/%	δ-维生素 E	7.84	8.31	7.76	3.77%
	α-维生素 E	71.75	74.35	72.86	1.79%

（4）平欧榛子样品维生素 E 组成

精确称取 0.03 g α-维生素 E 标准品,乙醇溶解,于 10 mL 容量瓶中定容,配制成 3 mg/mL 的标准溶液;精确称取 0.01 g γ-维生素 E 标准品,乙醇溶解,于 10 mL 容量瓶中定容,配制成 1 mg/mL 的标准溶液;精确称取 0.05 g δ-维生素 E 标准品,乙醇溶解,于 10 mL 容量瓶中定容,配制成 5 mg/mL 的标准溶液。分别吸取 1 mL α-维生素 E、γ-维生素 E 和 δ-维生素 E 标准容液混合后,再次进样,得维生素 E 标准品的 HPLC 色谱图。从图 4-12 可以看出,该方法可以较好地将维生素 E 的 3 种单体进行分离。

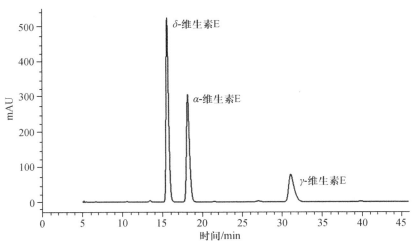

图 4-12　维生素 E 标准品的 HPLC 色谱图

如图 4-13 和表 4-14 所示，14 种平欧榛子中均含有 α-维生素 E 和 δ-维生素 E，但不含有 γ-维生素 E。同时有部分样品含有其他色谱峰，推测为生育三烯酚的单体（Ryynānen et al.，2004）。

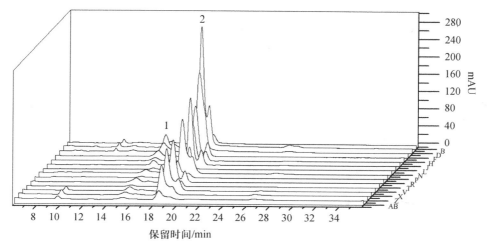

图 4-13　平欧榛子 14 个样品维生素 E 的 HPLC 色谱叠加图
（1. δ-维生素 E；2. α-维生素 E）

表 4-14　14 种平欧榛子维生素 E 单体相对含量　　　　　　　　　　%

样品	α-维生素 E 相对含量	γ-维生素 E 相对含量	δ-维生素 E 相对含量
本溪辽榛 3 号	85.81	—	8.04
本溪辽榛 7 号	65.87	—	6.89
本溪达维	89.24	—	9.01
锦州辽榛 3 号	73.38	—	9.07
锦州辽榛 7 号	77.25	—	6.90
锦州达维	76.77	—	5.59
山西辽榛 3 号	94.14	—	5.86
山西辽榛 7 号	77.29	—	4.66
山西达维	79.56	—	3.84
新疆辽榛 7 号	75.35	—	8.22
新疆达维	79.36	—	4.68
营口辽榛 3 号	73.35	—	5.70
营口辽榛 7 号	72.93	—	5.94
营口达维	81.02	—	8.08

注：维生素 E 的相对含量采用面积归一化法分别计算。"—"表示不含有。

3. 平欧榛子维生素 E HPLC 标准指纹图谱的建立及分析

(1)平欧榛子维生素 E HPLC 标准指纹图谱的建立

将 14 种平欧榛子维生素 E 指纹图谱分别导入"指纹图谱评价系统"软件,以本溪地区达维品种维生素 E 图谱为参照谱,α-维生素 E 色谱峰为参照峰,匹配共有峰,并生成标准指纹图谱。峰面积的 RSD 值较大,色谱图中只有 2 个匹配峰,与标准品比对,判定为 α-维生素 E 和 δ-维生素 E,列为标定的共有峰如图 4-14 所示。

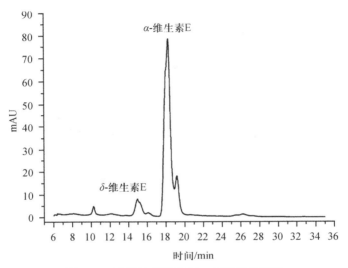

图 4-14　平欧榛子维生素 E 标准指纹图谱

(2)平欧榛子维生素 E HPLC 指纹图谱的分析

如表 4-15 所示,平欧榛子 14 个样品维生素 E HPLC 图谱与标准指纹图谱间的相似度均为 0.8 左右,符合建立要求。比较不同样品间的相似度,整体信息较为离散,存在着较大的个体差异。进一步比较同一品种在不同地区间和同一地区不同品种间维生素 E 色谱图的相似度,发现同一品种各地区之间的相似度具有较大差异;对于同一地区各品种样品,除锦州地区外,本溪、山西和营口的各个品种间的相似度均在 0.9 以上,显示了较好的相似性,这说明不同品种间的相似性要高于不同地区间的相似性,平欧榛子维生素 E 的相似性更大程度上取决于种植地区。

如图 4-15 所示,14 种平欧榛子样品中维生素 E 根据聚类分析聚为 4 类:本溪辽榛 3 号、本溪辽榛 7 号、本溪达维、锦州辽榛 7 号、新疆辽榛 7 号、营口达维聚为一类(类 1);锦州辽榛 3 号自成一类(类 2);营口辽榛 3 号、营口辽榛 7 号和锦州达维聚为一类(类 3);山西辽榛 3 号、山西辽榛 7 号、山西达维和新疆达维聚为一类(类 4)。由此可以看出,相同地区的样品基本聚为一类,类 3 和类 4 尤为明显,这种根据地区的不同而聚出类别,说明种植地区对平欧榛子中的维生素 E 有更大的影响,这与相似度分析的结果相一致。有不同地区样品归为一类,是由于部分种植地区的地理、气候条件较为接近,及品种本身的个体差异致使样品中维生素 E 的整体信息较为接近。

表4-15　14种平欧榛子维生素E图谱与标准指纹图谱间的相似度

样品	本溪辽榛3号	锦州辽榛3号	山西辽榛3号	营口辽榛3号	本溪辽榛7号	锦州辽榛7号	山西辽榛7号	新疆辽榛7号	营口辽榛7号	本溪达维	锦州达维	山西达维	新疆达维	营口达维	标准指纹图谱
本溪辽榛3号	1.000	0.975	0.000	0.003	0.952	0.008	0.000	0.010	0.006	0.998	0.000	0.000	0.005	0.009	0.585
锦州辽榛3号	0.975	1.000	0.000	0.047	0.932	0.052	0.047	0.053	0.042	0.978	0.044	0.042	0.048	0.000	0.607
山西辽榛3号	0.000	0.000	1.000	0.972	0.299	0.974	0.974	0.973	0.976	0.000	0.978	0.979	0.977	0.990	0.793
营口辽榛3号	0.003	0.047	0.972	1.000	0.292	0.992	0.999	0.989	0.999	0.000	0.999	0.998	0.994	0.970	0.810
本溪辽榛7号	0.952	0.932	0.299	0.292	1.000	0.300	0.291	0.301	0.293	0.953	0.292	0.293	0.297	0.299	0.795
锦州辽榛7号	0.008	0.052	0.974	0.992	0.300	1.000	0.994	0.992	0.990	0.009	0.994	0.995	0.996	0.962	0.814
山西辽榛7号	0.000	0.047	0.974	0.999	0.291	0.994	1.000	1.000	0.996	0.000	1.000	1.000	0.996	0.965	0.810
新疆辽榛7号	0.010	0.053	0.973	0.989	0.301	0.992	0.992	1.000	0.988	0.011	0.992	0.993	0.999	0.962	0.813
营口辽榛7号	0.006	0.042	0.976	0.999	0.293	0.990	0.996	0.988	1.000	0.001	0.997	0.996	0.992	0.977	0.809
本溪达维	0.998	0.978	0.000	0.000	0.953	0.009	0.000	0.011	0.001	1.000	0.000	0.000	0.006	0.001	0.585
锦州达维	0.000	0.044	0.978	0.999	0.292	0.994	1.000	0.992	0.997	0.000	1.000	1.000	0.996	0.969	0.810
山西达维	0.000	0.042	0.979	0.998	0.293	0.995	1.000	0.993	0.996	0.000	1.000	1.000	0.997	0.969	0.811
新疆达维	0.005	0.048	0.977	0.994	0.297	0.996	0.996	0.999	0.992	0.006	0.996	0.997	1.000	0.965	0.813
营口达维	0.009	0.000	0.990	0.970	0.299	0.962	0.965	0.962	0.977	0.001	0.969	0.969	0.965	1.000	0.788
标准指纹图谱	0.585	0.607	0.793	0.810	0.795	0.814	0.810	0.813	0.809	0.585	0.810	0.811	0.813	0.788	1.000

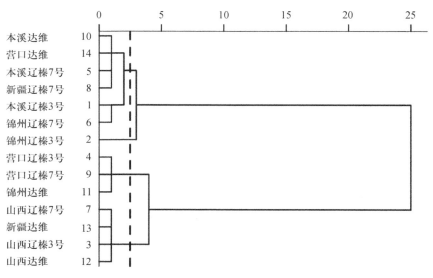

图 4-15　平欧榛子 14 种样品中维生素 E 的聚类树状图

4.2.3　结　论

本研究测定了 14 种平欧榛子的维生素 E 组成,构建出维生素 E HPLC 标准指纹图谱。14 种平欧榛子的维生素 E 组成相同,均为 α-维生素 E 和 δ-维生素 E,但含量差异较大。根据相似度分析,维生素 E 整体相似度较低,存在着个体差异,不同地区样品间维生素 E 的相似度同样较低,而不同品种样品中维生素 E 整体的相似度更为接近,且高于不同地区间的相似度,同时平欧榛子的维生素 E 可根据地区的不同聚类,这与相似度分析结果相似,说明种植地区对平欧榛子中的维生素 E 有更大影响。

4.3　榛子甾醇 GC-MS 指纹图谱的建立及分析

4.3.1　材料与方法

1. 材料

试验材料同 4.1。

2. 方法

(1)样品预处理

称取榛油 9.00 g,至 250 mL 三角瓶中,加入 60 mL 2.5 mol/mL KOH-乙醇溶液,于 80 ℃恒温水浴上皂化 80 min,待皂化完全取出后加入 200 mL 蒸馏水稀释。将稀释的皂化液移至分液漏斗,用 100 mL 乙醚和 50 mL 石油醚混合萃取不皂化物,移出上层萃取液,用 80 mL 乙醚和 40 mL 石油醚混合进行二次萃取,移出并合并萃取液,用水洗至不显碱性。真空旋转蒸发脱除溶剂,用 3 mL 正己烷(色谱纯)溶出剩余物,过 0.45 μm 有机滤膜,得甾醇粗品。

（2）甾醇的脱色处理

试验选用本溪达维品种平欧榛子为材料。经样品预处理得到的粗甾醇为橘黄色膏状,分别采用薄层层析法、活性炭脱色法和漂白土脱色法对等量的粗甾醇进行脱色。

①脱色方法的选择

薄层层析色谱分离:称取 0.1 g 粗甾醇,加入少许三氯甲烷溶解,在 G 型硅胶板上距底边 1 cm 处点样,以乙醚-石油醚(3∶7)为展开剂,在密闭的饱和层析缸中进行展开,展开完全后取出,室温晾干。配制 1%硫酸-甲醇溶液作为显色剂,均匀喷洒在展开后的硅胶板上,60 ℃显色,记录显紫红色条带位置(此薄层层析板为Ⅰ板)。重新称取 0.1 g 粗甾醇进行薄层层析分离,不进行显色(此薄层层析板为Ⅱ板),抠出记录的原紫红色条带区域,加入 5 mL 三氯甲烷浸泡,观察脱色效果。

活性炭脱色:称取 0.1 g 粗甾醇,加入 5 mL 乙醇溶解,加入 2%活性炭,80 ℃水浴脱色 2 min,观察脱色效果。

漂白土脱色:称取 0.1 g 粗甾醇,加入 5 mL 乙醇溶解,加入 2%漂白土,80 ℃水浴脱色 2 min,观察脱色效果。

②气相色谱分析　分别将 0.1 g 粗甾醇加入 5 mL 三氯甲烷溶解后的液体和脱色后的液体过 0.45 μm 有机滤膜,进气相色谱分析。

GC 条件:进样口温度 300 ℃;柱温初始 100 ℃;以 10 ℃/min 升到 275 ℃,保持 22 min;检测器 300 ℃(冯姝元等,2006)。

③甾醇脱色效果试验　称取 0.1 g 粗甾醇,5 mL 三氯甲烷溶解,浓度为 0.02 g/mL。选择脱色过程中活性炭的添加量、脱色时间和脱色温度作为因素,以脱色后甾醇在 210 nm 下紫外吸收值作为考察指标(许文林等,2003),每组试验结果为 3 次重复平均值。

（3）GC-MS 条件

色谱条件:参照杨春英等（2013）的方法。色谱柱为 HP-5ms(30 m×0.25 mm×0.25 μm);载气为 He;进样口温度 250 ℃;初始柱温 180 ℃,以 15 ℃/min 升到 280 ℃,保持 22 min;柱流速 1 mL/min;分流比 20∶1;进样量 1 μL。

质谱条件:离子源 230 ℃;四级杆 150 ℃;接口 280 ℃;质量扫描范围 30～550 Amu;溶剂延迟 3 min。

4.3.2　结果与分析

1. 甾醇的脱色处理

图 4-16 为甾醇显色后薄层层析板（Ⅰ板）。可以明显看出 4 个条带区域,在Ⅱ板上将对应的 4 个条带区域分别抠出(分别为条带 1、条带 2、条带 3 和条带 4),用 3 mL 三氯甲烷浸泡后呈无色透明液体。活性炭脱色后溶液为无色透明,漂白土脱色后溶液为金黄色。根据脱色效果,排除漂白土脱色方法。将采用薄层层析方法三氯甲烷浸泡后的液体和活性炭脱色后的液体过 0.45 μm 有机滤膜,进气相色谱分析。

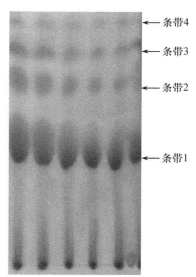

←条带4

←条带3

←条带2

←条带1

图 4-16　甾醇的薄层层析

　　根据冯姝元等（2006）的实验得到的标准品气相色谱图，在 20 min 左右出现了菜油甾醇，22 min 左右出现了豆甾醇，在 24 min 左右出现了 β-谷甾醇。图 4-17 为未经脱色的粗甾醇样品溶液气相色谱图，可以明显看出在 20 min、22 min 和 24 min 均出现了色谱峰，3 个色谱峰分别为菜油甾醇、豆甾醇和 β-谷甾醇。

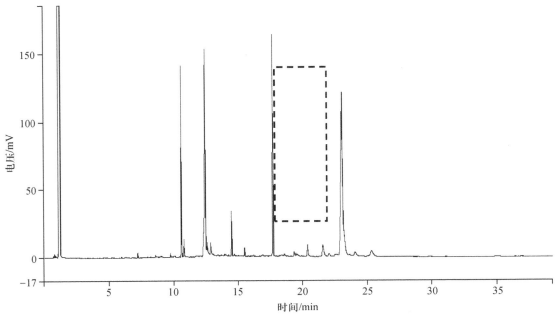

图 4-17　未脱色粗甾醇样品气相色谱图

　　图 4-18 为薄层层析方法脱色后样品与粗甾醇相比较的气相色谱图，结果表明，通过薄层

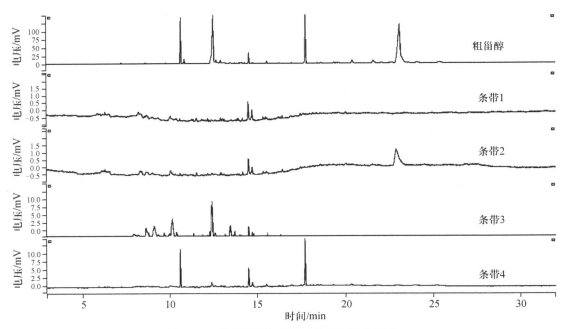

图 4-18　薄层层析处理后样品的气相色谱图

层析甾醇含量变少,此方法可以对粗甾醇进行分离,比较经薄层层析分离得到的 4 个条带和原粗甾醇,发现条带 2 能呈现原有粗甾醇所包含的 β-谷甾醇组分。

图 4-19 为经活性炭脱色得到甾醇的气相色谱图。经活性炭脱色的样品,β-谷甾醇含量较其他组分明显减少,说明活性炭对 β-谷甾醇具有较强的吸附性,虽然含量变少,但此方法仍保留了原粗甾醇的各个组分。对比薄层层析和活性炭脱色两种方法,脱色效果均能达到无色透明,虽然经脱色后甾醇含量均变少且接近,但活性炭脱色更省时且完整保留了原粗甾醇各组分,因此,选择活性炭脱色的方法对粗甾醇进行脱色。

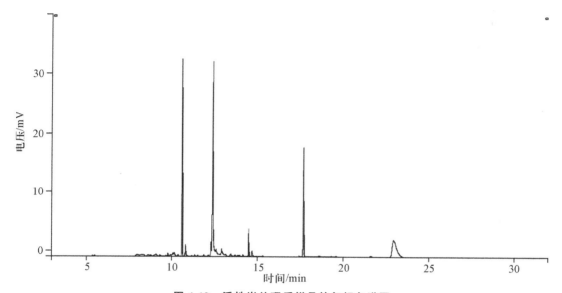

图 4-19　活性炭处理后样品的气相色谱图

2. 甾醇活性炭脱色效果单因素试验

(1)活性炭加量对甾醇含量的影响

脱色时间 2 min,脱色温度 60 ℃,不同活性炭添加量对甾醇含量的影响见图 4-20。随着

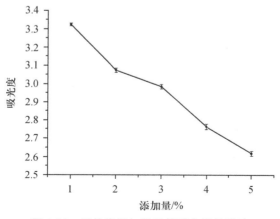

图 4-20　活性炭添加量对甾醇含量的影响

活性炭添加量的增加,甾醇含量降低,且下降趋势较为明显,这说明活性炭对甾醇具有较为明显的吸附效果。为了减少甾醇损失,1%的活性炭添加量为最佳。

(2)脱色时间对甾醇含量的影响

活性炭添加量为1%,脱色温度60 ℃,不同脱色时间对甾醇含量的影响见图4-21。随着脱色时间延长,甾醇含量逐渐降低,之后甾醇含量显著升高,这是由于随着时间的延长,在60 s范围之内,样品溶剂挥发较缓慢,样品总体积基本无变化,溶剂对样品浓度影响较小,此时甾醇含量降低可能由于部分甾醇随时间增加而氧化分解;超出此范围,样品溶剂挥发速率增大,样品总体积明显减小,致使甾醇样品浓度增大,此时溶剂对样品浓度具有较大影响,无法作为单因素试验的考察因子,因此,脱色时间选择在60 s的范围内。脱色10 s时,甾醇样品为浅黄色,为保证甾醇的脱色效果,以及最大的甾醇含量,20 s的脱色时间为最佳。

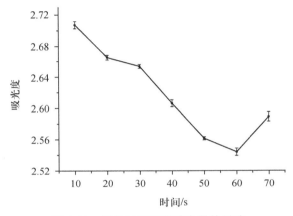

图 4-21 脱色时间对甾醇含量的影响

(3)脱色温度对甾醇含量的影响

活性炭添加量为1%,脱色时间2 min,不同脱色温度对甾醇含量的影响见图4-22。随脱色温度升高,甾醇含量呈下降趋势。这可能是由于温度升高,使部分甾醇氧化分解,致使甾醇含量下降,因此60 ℃为最佳脱色温度。

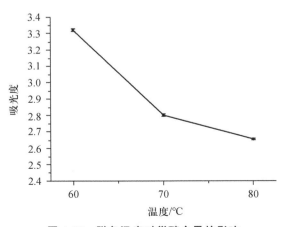

图 4-22 脱色温度对甾醇含量的影响

综上所述,采用活性炭脱色方法对粗甾醇样品进行脱色,条件为 1% 活性炭添加量,60 ℃水浴脱色 20 s。

3. 指纹图谱分析方法评价

(1)精密度试验

精密度试验结果表明:样品中甾醇单峰保留时间的 RSD 值均在 1% 以下,单峰面积的 RSD 值均在 5% 以下(表 4-16),符合要求。

表 4-16　14 种平欧榛子甾醇精密度试验结果

指标	甾醇名称	(1)	(2)	(3)	RSD/%
保留时间/min	菜油甾醇	15.671	15.666	15.672	0.02
	豆甾醇	16.346	16.342	16.349	0.02
	β-谷甾醇	17.822	17.815	17.823	0.02
	岩藻甾醇	18.156	18.142	18.154	0.04
	蒲公英甾醇	19.821	19.805	19.824	0.05
	α_1-谷甾醇	21.584	21.571	21.584	0.03
峰面积(相对含量)/%	菜油甾醇	1.545	1.561	1.524	1.20
	豆甾醇	0.483	0.480	0.450	3.87
	β-谷甾醇	27.151	27.382	27.036	0.65
	岩藻甾醇	2.263	2.164	2.232	2.28
	蒲公英甾醇	0.608	0.590	0.643	4.39
	α_1-谷甾醇	1.081	1.111	1.104	1.43

(2)稳定性试验

样品中各甾醇组分单峰保留时间和峰面积的 RSD 值均分别在 1% 和 5% 以下(表 4-17),说明在 8 h 内样品和仪器均稳定,符合指纹图谱的建立要求。

表 4-17　14 种平欧榛子甾醇稳定性试验结果

指标	甾醇名称	0 h	2 h	4 h	6 h	8 h	RSD/%
保留时间/min	菜油甾醇	15.671	15.655	15.657	15.672	15.666	0.05
	豆甾醇	16.346	16.331	16.332	16.349	16.342	0.05
	β-谷甾醇	17.822	17.749	17.771	17.803	17.785	0.16
	岩藻甾醇	18.156	18.12	18.127	18.151	18.142	0.08
	蒲公英甾醇	19.821	19.794	19.798	19.824	19.805	0.07
	α_1-谷甾醇	21.584	21.555	21.557	21.584	21.571	0.07
峰面积(相对含量)/%	菜油甾醇	1.545	1.524	1.559	1.584	1.625	2.48
	豆甾醇	0.483	0.450	0.470	0.491	0.473	3.27
	β-谷甾醇	27.151	27.036	27.397	28.404	28.64	2.68
	岩藻甾醇	2.263	2.232	2.201	2.354	2.462	4.60
	蒲公英甾醇	0.608	0.643	0.587	0.655	0.647	4.64
	α_1-谷甾醇	1.081	1.104	1.177	1.165	1.198	4.37

（3）重现性试验

样品中各甾醇组分单峰保留时间的 RSD 值均在 1% 以下，单峰面积的 RSD 值均在 5% 以下（表 4-18），符合要求。

表 4-18　14 种平欧榛子甾醇重现性试验结果

指标	甾醇名称	（1）	（2）	（3）	RSD/%
保留时间/min	菜油甾醇	15.677	15.681	15.655	0.09
	豆甾醇	16.351	16.365	16.372	0.07
	β-谷甾醇	17.727	17.732	17.683	0.15
	岩藻甾醇	18.135	18.143	18.104	0.11
	蒲公英甾醇	19.815	19.829	19.794	0.09
	α_1-谷甾醇	21.587	21.604	21.551	0.13
峰面积（相对含量）/%	菜油甾醇	1.545	1.563	1.585	1.28
	豆甾醇	0.483	0.47	0.51	4.18
	β-谷甾醇	27.151	27.364	27.426	0.53
	岩藻甾醇	2.263	2.264	2.274	0.27
	蒲公英甾醇	0.608	0.59	0.632	3.45
	α_1-谷甾醇	1.081	1.152	1.143	3.44

4. 平欧榛子甾醇组成

根据图 4-23 和表 4-19 可知，14 个样品中均检测出菜油甾醇、豆甾醇、β-谷甾醇、岩藻甾醇、蒲公英甾醇和 α_1-谷甾醇。14 种样品各甾醇含量有所差异，但含量最高的均为 β-谷甾醇，其次为岩藻甾醇。其中辽榛 3 号品种的菜油甾醇含量较低；锦州地区样品的豆甾醇含量最高而 β-谷甾醇含量最低；本溪的辽榛 3 号和辽榛 7 号以及营口的辽榛 3 号蒲公英甾醇的含量要高于菜油甾醇。

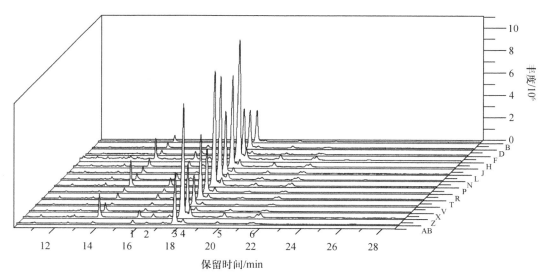

图 4-23　14 种平欧榛子甾醇 GC-MS 叠加图

1. 菜油甾醇　2. 豆甾醇　3. β-谷甾醇　4. 岩藻甾醇　5. 蒲公英甾醇　6. α_1-谷甾醇

表 4-19 14 个样品中甾醇组成及相对含量 %

甾醇组成	本溪			锦州			山西			新疆		营口		
	辽榛3号	辽榛7号	达维	辽榛3号	辽榛7号	达维	辽榛3号	辽榛7号	达维	辽榛7号	达维	辽榛3号	辽榛7号	达维
菜油甾醇	3.77	4.29	4.52	3.77	4.50	4.66	3.50	3.53	5.05	3.95	4.49	3.35	4.33	4.80
豆甾醇	0.91	1.42	1.02	1.72	2.12	2.47	1.10	1.23	1.51	1.24	1.52	1.33	2.03	1.49
β-谷甾醇	68.25	69.42	70.03	46.97	56.50	49.82	69.88	65.60	65.28	69.47	71.09	65.99	55.67	70.32
岩藻甾醇	4.92	4.49	6.06	4.40	5.33	5.96	5.22	5.01	7.61	5.79	7.09	5.51	5.95	6.95
蒲公英甾醇	4.34	4.49	3.34	2.15	4.38	3.47	1.87	1.87	2.52	1.56	2.52	3.82	3.78	3.57
α_1-谷甾醇	3.73	2.52	2.41	2.33	2.56	2.33	2.50	2.14	3.41	2.76	3.69	2.96	3.85	2.32

注:甾醇的相对含量采用面积归一化法分别计算。

5. 平欧榛子甾醇 GC-MS 标准指纹图谱的建立及分析

(1)平欧榛子甾醇 GC-MS 标准指纹图谱的建立

将 14 种平欧榛子甾醇 GC-MS 图谱同时导入"指纹图谱评价系统"软件,以本溪地区达维品种的甾醇色谱图为参照谱,β-谷甾醇色谱峰为参照峰,匹配共有峰,并生成标准指纹图谱(图 4-24)。14 个样品色谱图中匹配并标定出 6 个共有峰,参数具体见表 4-20。

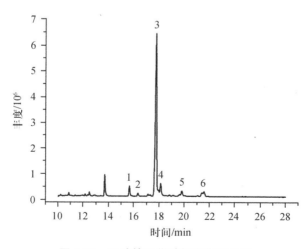

图 4-24 平欧榛子甾醇标准指纹图谱

1. 菜油甾醇;2. 豆甾醇;3. β-谷甾醇;4. 岩藻甾醇;5. 蒲公英甾醇;6. α_1-谷甾醇

表 4-20　甾醇标准指纹图谱信息

序号	保留时间/min	峰面积	峰面积 RSD/%
1	15.660	35 463 883.143	61.42
2	16.337	13 969 764.214	78.58
3	17.767	526 647 187.429	56.26
4	18.133	47 754 033.857	57.37
5	19.806	24 909 472.357	65.05
6	21.567	23 741 066.000	67.44

（2）平欧榛子甾醇 GC-MS 指纹图谱的分析

如表 4-21 所示，14 种平欧榛子甾醇 GC-MS 图谱与标准指纹图谱间的相似度均高于 0.99，根据国药监管局颁布的技术要求，可以建立平欧榛子甾醇的共有模式。通过比较不同样品间的相似度发现，不同样品间的相似度均达 0.98 以上，整体相似性较高。

如图 4-25 所示，14 种平欧榛子样品中甾醇根据聚类分析聚为 4 类：山西辽榛 7 号、新疆辽榛 7 号和山西辽榛 3 号聚为一类；本溪辽榛 3 号、营口辽榛 3 号和本溪辽榛 7 号聚为一类；本溪达维、营口达维、山西达维、新疆达维和锦州辽榛 3 号聚为一类；锦州辽榛 7 号、营口辽榛 7 号和锦州达维聚为一类。由此可见，同一品种的平欧榛子基本聚为一类，虽然有不同品种混合聚为一类，但在类内，同一品种更为接近，根据品种的不同而聚出类别，说明平欧榛子中的甾醇组成受品种的影响更大。不同品种样品归为一类，恰好也印证了相似度分析中平欧榛子样品甾醇整体较为相似，即平欧榛子品种决定其甾醇的相似性，同时也受地理气候等诸多因素的影响。

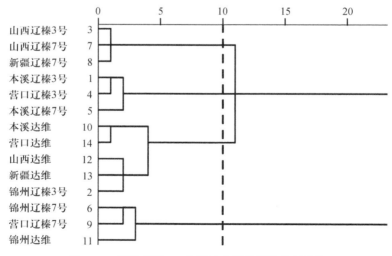

图 4-25　平欧榛子 14 个样品中甾醇的聚类树状图

表 4-21　14 种平欧榛子留醇图谱与标准指纹图谱间的相似度

样品	本溪辽榛3号	锦州辽榛3号	山西辽榛3号	营口辽榛3号	本溪辽榛7号	锦州辽榛7号	山西辽榛7号	新疆辽榛7号	营口辽榛7号	本溪达维	锦州达维	山西达维	新疆达维	营口达维	标准指纹图谱
本溪辽榛 3 号	1.000	0.990	0.994	0.999	0.999	0.994	0.998	0.996	0.996	0.996	0.989	0.996	0.995	0.993	0.998
锦州辽榛 3 号	0.990	1.000	0.988	0.991	0.990	0.994	0.992	0.989	0.993	0.988	0.995	0.990	0.987	0.986	0.995
山西辽榛 3 号	0.994	0.988	1.000	0.995	0.997	0.995	0.996	0.999	0.987	0.999	0.987	0.997	0.999	0.998	0.997
营口辽榛 3 号	0.999	0.991	0.995	1.000	0.999	0.995	0.999	0.997	0.996	0.997	0.990	0.997	0.996	0.994	0.999
本溪辽榛 7 号	0.999	0.990	0.997	0.999	1.000	0.996	0.998	0.998	0.993	0.999	0.989	0.998	0.997	0.997	0.998
锦州辽榛 7 号	0.994	0.994	0.995	0.995	0.996	1.000	0.995	0.995	0.994	0.996	0.995	0.996	0.995	0.995	0.998
山西辽榛 7 号	0.998	0.992	0.996	0.999	0.998	0.995	1.000	0.998	0.995	0.997	0.990	0.997	0.996	0.994	0.999
新疆辽榛 7 号	0.996	0.989	0.999	0.997	0.998	0.995	0.998	1.000	0.990	0.999	0.988	0.999	0.999	0.998	0.998
营口辽榛 7 号	0.996	0.993	0.987	0.996	0.993	0.994	0.995	0.990	1.000	0.990	0.993	0.992	0.989	0.986	0.996
本溪达维	0.996	0.988	0.999	0.997	0.999	0.996	0.997	0.999	0.990	1.000	0.989	0.999	0.999	0.999	0.998
锦州达维	0.989	0.995	0.987	0.990	0.989	0.995	0.990	0.988	0.993	0.989	1.000	0.990	0.988	0.987	0.994
山西达维	0.996	0.990	0.997	0.997	0.998	0.996	0.997	0.999	0.992	0.999	0.990	1.000	0.999	0.998	0.998
新疆达维	0.995	0.987	0.999	0.996	0.997	0.995	0.996	0.999	0.989	0.999	0.988	0.999	1.000	0.999	0.997
营口达维	0.993	0.986	0.998	0.994	0.997	0.995	0.994	0.998	0.986	0.999	0.987	0.998	0.999	1.000	0.996
标准指纹图谱	0.998	0.995	0.997	0.999	0.998	0.998	0.999	0.998	0.996	0.998	0.994	0.998	0.997	0.996	1.000

4.3.3 结论

14 种平欧榛子样品中均检测出菜油甾醇、豆甾醇、β-谷甾醇、岩藻甾醇、蒲公英甾醇和 α_1-谷甾醇,各种甾醇含量有所差异,其中含量最高的均为 β-谷甾醇,其次为岩藻甾醇。根据相似度分析,14 个样品中甾醇整体相似度较高;聚类分析结果表明,14 种平欧榛子样品中甾醇可根据品种的不同聚类,说明品种对平欧榛子中的甾醇有更大影响。与维生素 E 不同的聚类依据也反映出同样一种平欧榛子中活性成分的差异。

4.4 HS-SPME-GC/MS 分析榛子油挥发性成分的条件优化

4.4.1 材料与方法

1. 材料

供试榛子为本溪县的三阳大果榛子专业生产合作社所生产的平欧榛子,采用浸出法提取榛子油。

2. 方法

(1)样品制备

将平欧榛子的榛子仁进行去皮处理,用粉碎机进行粉碎,磨成榛子粉,用浸出法提取榛子油,将提取溶剂与榛子油的混合溶液放入旋转蒸发器中,进行旋转蒸发,除去榛子油中的提取溶剂,剩下提取出的榛子油,取 10 mL 放入容量为 20 mL 的顶空瓶中,用顶空固相微萃取的方法进行萃取,并对其中的挥发性物质进行 GC-MS 的分析、比较,最终得到 HS-SPME-GC/MS 提取、分析榛子油挥发性成分的最佳萃取条件。

(2)色谱与质谱条件

选用(30 m×0.25 mm i.d. ×0.25 μm df DB-WAX,美国 SUPELCO)的 HP-INNOWAX 色谱柱;载气为氦气,流速 1 mL/min,进样口温度 250 ℃;程序升温条件为:40 ℃ 保持 1 min,40~75 ℃ 为 8 ℃/min 保持 1 min,75~100 ℃ 为 4 ℃/min 保持 0 min,100~148 ℃ 为 3 ℃/min 保持 0 min,148~185 ℃ 为 4 ℃/min 保持 0 min,185~270 ℃ 为 5 ℃/min 保持 5 min,后运行 270 ℃ 温度下 3 min;离子源温度 200 ℃,四级杆温度 150 ℃,电子能量 70 eV,连接杆温度 28 ℃,质量扫描范围为 m/z 35~350,电子轰击离子源,传输线温度 250 ℃,倍增电压 1 200 eV。

(3)SPME 固相微萃取条件的选取

采用 50/30 μm DVB/CAR/PDMS 的萃取头,分别在萃取温度为 30 ℃、40 ℃、50 ℃、60 ℃、70 ℃;萃取时间为 20 min、30 min、40 min、50 min、60 min;解吸时间为 2 min、3 min、4 min、5 min、6 min 的条件下进行实验,选取总峰面积、主峰面积、主峰个数为考察指标,并确定这些条件的最佳参数,进而对 SPME 固相微萃取的条件进行优化。

4.4.2　结果与分析

1. SPME 萃取条件的选择

(1)萃取温度对萃取效果的影响

萃取过程中的萃取温度,是影响萃取效果的重要因素之一。若萃取温度过低,会导致榛子油中的挥发性物质无法从样品中挥发出来,影响萃取的效果;在温度逐渐升高的过程中,样品中的挥发性物质开始逐步加剧运动,慢慢挥发出来,便于萃取收集;而温度过高时,虽然会让榛子油中的挥发性物质运动剧烈,但会损伤萃取头,导致萃取头的吸附能力减弱,进而影响萃取效果(翁丽萍等,2012)。由图 4-26 可以看出,随着温度的升高,所萃取出的挥发性物质的主峰面积在逐渐增多,当萃取温度为 50 ℃时达到最高,50 ℃之后,随着萃取温度的上升,主峰面积开始减少。总峰面积和主峰个数在萃取温度的变化过程中,基本与主峰面积的变化一致,最佳萃取温度为 50 ℃。

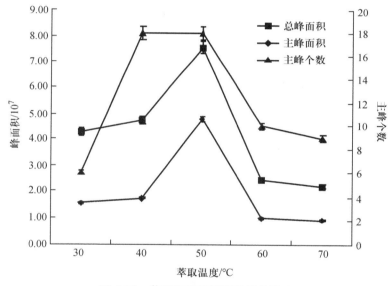

图 4-26　萃取温度对萃取效果的影响

(2)萃取时间对萃取效果的影响

萃取时间在萃取过程中主要是让样品中的挥发性物质尽可能多地挥发出来,萃取时间的长短,是样品溶液、顶空、纤维头这三者之间的平衡过程。若萃取时间过短,会导致这三相还未达到平衡,样品中的可挥发性物质无法充分地挥发出来,不利于萃取装置的萃取收集;但是萃取时间过长,会导致萃取头上已经收集到一些小分子脱落,从而影响萃取效果(余泽红等,2010)。由图 4-27 可以看出,随着萃取时间的增加,总峰面积和主峰面积逐渐增加,到 30 min 时达到最多,而总峰个数在 40 min 时达到最多,由此可见,萃取时间在 30~40 min 之间较为合适。

(3)解析时间对萃取效果的影响

解析时间是指在萃取出样品的挥发性物质之后,将萃取头中富集的挥发性物质进行 GC-MS 分析时,在 GC 进样口处进行解析的时间。若解析时间过短,不仅会导致萃取头上富

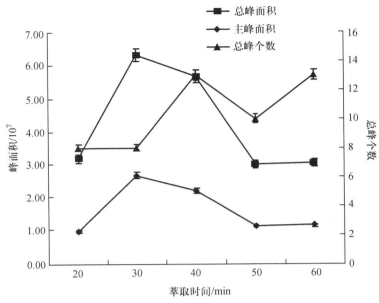

图 4-27　萃取时间对萃取效果的影响

集的挥发性物质不能完全洗脱,而且还会导致萃取出来的挥发性物质残留在萃取装置中,影响下次萃取装置的使用。若解析时间过长,已经解析完萃取头上所吸附的物质,还让萃取装置置于 GC 进样口中,会导致萃取头遭到损耗,从而影响萃取装置的使用寿命。由图 4-28 可以看出,随着解析时间的增加,总峰面积、主峰面积和主峰个数都在逐渐增多,在解析时间为 4 min 时达到最多,而 4 min 之后,总峰面积和主峰面积基本平稳不变,未见有大的波动。由此可见,解析时间为 4 min 是最佳的解析时间,萃取装置上需要解析的物质基本已解析完毕。

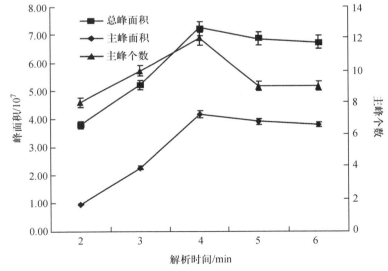

图 4-28　解析时间对萃取效果的影响

— 118 —

2. SPME 最佳萃取条件的确定

(1)响应面实验设计及结果

在上述单因素实验的基础上,选取在萃取过程中影响萃取效果的三个主要因子:萃取温度(X_1)、解析时间(X_2)、萃取时间(X_3),并确定适合的实验值进行响应面的实验,运用 Design Expert 8.0.6 软件,并采用中心组合试验设计 FCCD 法,根据 Box-Behnken 中心组合试验的设计原理(陈慧斌等,2011),以峰面积(Y)为响应值,进行 3 因素 3 水平的中心组合试验,并对结果进行分析,试验因素及水平编码值如表 4-22 所示。

表 4-22　中心组合试验因素水平表

因素	水平		
	−1	0	+1
萃取温度/℃	40	50	60
解析时间/min	3	4	5
萃取时间/min	20	30	40

通过响应面法中的 Box-Behnken 试验设计,对榛子油挥发性物质的萃取工艺进行优化。以峰面积为响应值,进行 3 因素 3 水平的 Box-Behnken 响应面优化试验。根据 Box-Behnken 设计,进行了 17 组试验,试验设计方案及数据处理结果如表 4-23 所示。

表 4-23　响应面分析试验设计及结果

序号	萃取温度(X_1)	解析时间(X_2)	萃取时间(X_3)	峰面积$(Y)/10^7$
1	0	0	0	6.79
2	−1	1	0	5.31
3	0	0	0	6.39
4	1	1	0	7.41
5	0	−1	−1	5.95
6	−1	−1	0	6.09
7	−1	0	−1	5.04
8	−1	0	1	6.29
9	0	0	0	8.55
10	1	0	1	7.94
11	0	1	−1	6.18
12	0	0	0	6.79
13	0	−1	1	7.61
14	0	1	1	7.95
15	0	0	0	6.79
16	1	0	−1	5.93
17	1	−1	0	7.37

（2）模型的建立及显著性分析

经过 Design-Expert V 8.05b 软件的参数评估，可以得出试验的响应值与这些被检因子变量之间所呈现出的逻辑关系。对以上这些通过试验所得出的数据，进行二次多元性回归性线性拟合，最终可以得出试验的响应值与待检因子之间的逻辑关系为：

$$Y = 8.10 + 0.78\,X_1 + 0.017\,X_2 + 0.84\,X_3 + 0.28\,X_1X_2 + 0.19\,X_1X_3 +$$

$$0.029\,X_2X_3 - 1.05\,X_1{}^2 - 0.43\,X_2{}^2 - 0.75\,X_3{}^2$$

在方程式中的 X_1、X_2、X_3 分别代表着萃取温度（X_1）、解析时间（X_2）、萃取时间（X_3）的编码值，Y 表示响应值峰面积。至此，需要对所建立模型的有效性进行检验，需要用分析软件对这些数据进行进一步的分析，从而去验证所建立模型的有效性。分析软件所产生显著性结果，以及多元回归模型的方差分析结果如表 4-24 所示。

表 4-24　回归方程模型系数的显著性检验

误差来源	自由度	平方和	均方	F 值	p 值	显著性
Model	9	19.47	2.16	15.52	0.000 8	***
X_1	1	4.85	4.85	34.80	0.000 6	***
X_2	1	0.02	0.02	0.017	0.899 2	
X_3	1	5.59	5.59	40.12	0.000 4	***
X_1X_2	1	0.31	0.31	2.25	0.017 7	*
X_1X_3	1	0.14	0.14	1.04	0.342 8	
X_2X_3	1	0.03	0.03	0.024	0.882 5	
X_1X_1	1	4.65	4.65	33.37	0.000 7	***
X_2X_2	1	0.78	0.78	5.57	0.050 3	
X_3X_3	1	2.35	2.35	16.89	0.004 5	**
残差	7	0.98	0.14			
失拟性	3	0.29	0.097	0.57	0.664 3	不显著
纯误差	4	0.68	0.17			
总和	16	20.44				

决定系数 $R^2 = 0.952\,3$，调整决定系数 adj-$R^2 = 0.890\,9$，CV$=1.30$，Adeq Precision$=11.279$

* 显著水平 0.05，** 显著水平 0.01，*** 显著水平 0.001。

通过表 4-24 可以看出，所选取的因子 X_1、X_3 均对于响应值 Y（峰面积）有极显著的影响作用，交互项 X_1X_2、X_1X_1、X_3X_3 对响应值 Y 也有显著的影响，因此，可以判断各个因子对于响应值的影响并非只有简单的线性关系（裴斐等，2017），各因子之间还具有一定的交互作用。从响应值的相关系数 $R^2 = 0.952\,3$ 可以推断出，所建立的模型拟合性良好，可以通过所建立的模型对实验进行预测。调整相关系数 R^2_{Adj} 为 0.890 9,说明该回归方程模型可以在 89.09% 的程度上解释试验结果,仅有 10.91% 不能用该模型来表示。回归模型项为极显著,模型失拟性为不显著,可见该模型拟合性良好,实验误差小,可用于实验的分析和预测。

（3）交互作用分析

图 4-29 是经过 Design-Expert 软件的实验数据分析所做出的三维响应面图,从图中可以看出,萃取时间与萃取温度具有一定的交互作用,当萃取时间一定时,随着萃取温度的逐渐升高,响应值峰面积变得逐步增多,但在增大到一定程度则呈减少的趋势,当萃取

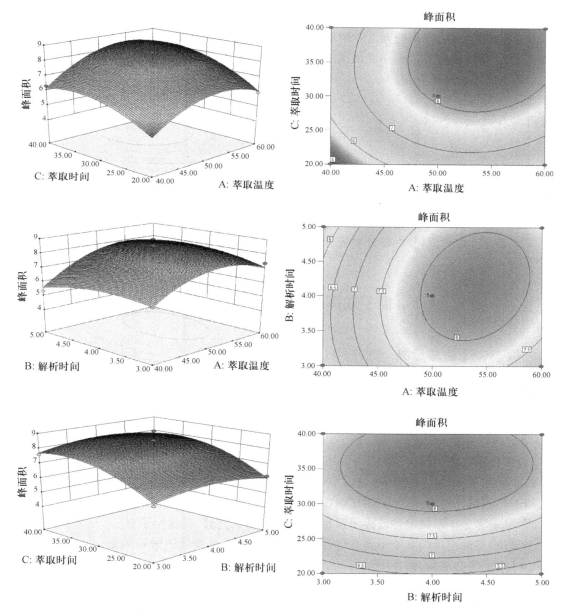

图 4-29　不同萃取因素交互作用条件下对榛子油挥发性物质萃取效果影响的响应面图

时间增加时,这一现象变得更加明显,与单因素的实验结果基本一致。在萃取温度和解析时间的响应面图中,可以看出当解析时间一定时,随着萃取温度的升高,响应值逐渐增加,之后趋于平稳,解析时间与萃取温度有一定的交互作用。通过解析时间与萃取时间的响应面图可以看出,在一定的解析时间下,随着萃取时间的逐渐增多,响应值也逐渐增加而后趋于平稳,解析时间与萃取时间之间有一定的交互作用,但交互作用并不是很明显。

(4)提取参数优化及模型验证

利用 Design Expert 软件的优化功能,在回归模型的基础上获得的最佳工艺为:萃取温度 54.51 ℃,解析时间 4.19 min,萃取时间 36.19 min,萃取温度、解析时间、萃取时间这 3 个因素对萃取效果的影响为:萃取时间>萃取温度>解析时间,考虑到实际的可行性和便利性,修正提取工艺为:萃取温度 55 ℃,解析时间 4 min,萃取时间 35 min,在此条件下,榛子油挥发性物质的总离子流图的峰面积预测值为 $8.534\,64 \times 10^7$。对此工艺进行 3 次平行验证实验,得到实际峰面积为 $(8.386\,75 \pm 0.150\,0) \times 10^7$,与优化方案的理论值相比,相对误差为 1.73%,说明模型可靠。

4.4.3 结论

本研究对萃取榛子油中挥发性物质的萃取条件进行了优化,单因素实验结合响应面法,确定萃取过程最佳工艺为:萃取温度 54.51 ℃,解析时间 4.19 min,萃取时间 36.19 min,萃取温度、解析时间、萃取时间这 3 个因素对萃取效果的影响为:萃取时间>萃取温度>解析时间,考虑到实际的可行性和便利性,最终修正萃取工艺为:萃取温度 55 ℃,解析时间 4 min,萃取时间 35 min。

4.5 榛子油挥发性物质指纹图谱的构建

4.5.1 材料与方法

1. 材料

供试榛子:欧洲榛子、平榛、平欧榛子。

2. 方法

(1)样品预处理

将欧洲榛子、平榛、平欧榛子这 3 个不同品种的榛子进行削皮处理,留下不带皮的榛子仁,并把榛子仁用粉碎机粉碎,分别用压榨法、水酶法和浸出法进行榛子油的制备。

压榨法:将 3 个不同品种的榛子原料分别进行压榨、过滤,得到榛子油。

水酶法:将处理好的 3 个不同品种的榛子分别在适宜的温度下进行酶解,并进行离心,吸出离心液中上层的油脂,即榛子油。

浸出法:将处理好的 3 个不同品种的榛子用溶剂浸提出油脂,并将油脂与溶剂的混合物进行旋转蒸发,使溶剂蒸发而出,最终留下榛子油进行实验。

将处理好的榛子油分别取出 10 mL,并放入顶空瓶中,在水浴温度为 55 ℃下萃取

35 min,用 GC-MS 解析 4 min,分析不同品种、不同提取工艺得到的榛子油中的挥发性物质色谱图,并建立标准的榛子油挥发性物质的标准指纹图谱。

（2）指纹图谱的建立方法与分析方法

①指纹图谱分析方法评价　用平欧榛子为原料,通过浸提法提取出的榛子油作为样品,对仪器进行精密性、稳定性和重现性实验,将萃取出的榛子油挥发性物质,在固定的 GC-MS 条件下,连续进样 3 次,并记录总离子流图的保留时间和总峰面积,通过计算相对标准偏差（RSD）值来检测仪器的精密性;将萃取出的榛子油挥发性物质,在固定的 GC-MS 条件下,在 0 h、2 h、4 h、6 h、8 h 不同的时间进行进样分析,并记录总离子流图的保留时间和总峰面积,通过计算相对标准偏差（RSD）值来检测仪器的稳定性;平行制备 3 个榛子油样品,萃取出的榛子油挥发性物质,在固定的 GC-MS 条件下,分别进样检测,并记录总离子流图的保留时间和总峰面积,通过计算相对标准偏差（RSD）值来检测仪器的重现性。

②指纹图谱共有峰的提取　由于榛子油香气中的挥发性成分比较多,通过 GC-MS 分析得到的总离子流图中,会有许多的色谱峰,而在构建标准指纹图谱的过程中,需要在众多的色谱峰中选取其中一个较为稳定的、重现性较好的色谱峰来作为建立指纹图谱的参考峰,经过 GC-MS 的分析结果可知,选取壬醛为建立指纹图谱的参考峰,将通过计算不同品种、不同提取方法的榛子油挥发性成分的色谱峰的相对保留时间 α 和相对峰面积 Sr,来找出样品中的各个共有峰,并作为样品的特征指纹峰。

相对峰面积计算公式和相对保留时间计算公式如下:

$$Sr = Srs/Sri$$

$$\alpha = trs/tri$$

式中:Sri 为待测峰的绝对峰面积;Srs 为参考峰的绝对峰面积;tri 为待测峰绝对保留时间;trs 为参考峰的绝对保留时间。

③指纹图谱的建立方法　根据中药指纹图谱的建立方法,用各个色谱峰的相对保留时间和相对峰面积来选取参考峰,并对参考峰进行匹配,选取参照谱,并与选出的共有峰进行匹配,从而建立一个标准的指纹图谱。所选取的共有峰对应的峰面积的 RSD 值应小于 40%,与此同时,还必须要满足所选的指纹特征峰的总面积可以占到色谱图总峰面积的 70% 以上才符合指纹图谱的建立要求。之后,要用到中药指纹图谱相似度评价的方法（韦建荣等,2007）,对建立的标准指纹图谱进行验证,采用相关系数法,以色谱峰的峰面积作为向量,计算相关系数,利用下面的公式计算出各个样品与标准指纹图谱之间的相似度（欧阳石光,2011）。

$$r = \frac{\sum\limits_{i=1}^{n}(x_i - \overline{x})(y_i - \overline{y})}{\sqrt{\sum\limits_{i=1}^{n}(x_i - \overline{x})^2 \sum\limits_{i=1}^{n}(y_i - \overline{y})^2}}$$

④指纹图谱的分析方法　对样品进行聚类分析,运用层次聚类分析法,先将每一个样品看作一类,然后逐渐合并,直至合并为一类为止,对榛子油挥发性物质的指纹图谱进行聚类分析,利用"SPSS 19.0"软件,以峰面积为依据做树状图,进行聚类分析。

4.5.2 结果与分析

1. 指纹图谱分析方法评价

（1）精密度试验

如表4-25和表4-26所示,样品中主要挥发性物质保留时间RSD值均在1%以下,峰面积的RSD值均在5%以下,符合指纹图谱的建立要求。

表4-25 保留时间精密度试验结果

名称	保留时间/min			RSD/%
	1	2	3	
八甲基环四硅氧烷	8.853	8.842	8.855	0.079 1
2-乙基-1-己醇	9.841	9.825	9.830	0.083 2
辛醇	11.299	11.285	11.280	0.087 3
壬醛	12.012	12.012	12.015	0.014 4
癸醛	15.464	15.471	15.468	0.022 7
十四烷	23.470	23.453	23.479	0.056 3
十五烷	26.505	26.495	26.533	0.074 3
二丁基羟基甲苯	27.167	27.171	27.152	0.036 9
棕榈酸	40.801	40.809	40.868	0.089 6
油酸	44.662	44.658	44.666	0.009 0

表4-26 峰面积精密度试验结果

名称	峰面积			RSD/%
	1	2	3	
八甲基环四硅氧烷	20 720 499	20 080 753	20 841 005	1.988 6
2-乙基-1-己醇	5 847 778	5 516 795	5 511 230	3.426 0
辛醇	1 179 730	1 294 703	1 205 950	4.911 5
壬醛	2 796 725	2 826 621	2 819 803	0.556 7
癸醛	312 187	298 971	330 217	4.998 4
十四烷	192 074	196 159	210 118	4.743 8
十五烷	79 852	76 766	76 452	2.418 5
二丁基羟基甲苯	5 021 355	5 019 793	5 467 477	4.991 2
棕榈酸	333 882	327 630	337 436	1.490 9
油酸	1 456 727	1 557 364	1 551 376	3.709 6

（2）稳定性试验

如表 4-27 和表 4-28 所示，样品中主要挥发性物质的保留时间的 RSD 值均在 1% 以下，峰面积的 RSD 值均在 5% 以下，说明样品及仪器在 8 h 内稳定，符合指纹图谱的建立要求。

表 4-27 保留时间稳定性试验结果

名称	保留时间/min					RSD/%
	0 h	2 h	4 h	6 h	8 h	
八甲基环四硅氧烷	8.865	8.855	8.842	8.855	8.853	0.092 4
2-乙基-1-己醇	9.843	9.830	9.829	9.841	9.846	0.079 2
辛醇	10.969	10.962	10.966	10.980	10.981	0.077 5
壬醛	12.023	12.011	12.019	12.015	12.011	0.043 4
癸醛	15.464	15.468	15.471	15.471	15.464	0.022 7
十四烷	23.476	23.480	23.496	23.489	23.469	0.045 4
十五烷	26.534	26.519	26.526	26.495	26.531	0.058 8
二丁基羟基甲苯	27.160	27.156	27.163	27.156	27.160	0.011 0
棕榈酸	40.832	40.813	40.842	40.819	40.827	0.027 6
油酸	44.565	44.565	44.662	44.572	44.561	0.097 0

表 4-28 峰面积稳定性试验结果

名称	峰面积					RSD/%
	0 h	2 h	4 h	6 h	8 h	
八甲基环四硅氧烷	21 854 758	21 964 896	21 975 468	22 043 575	21 864 578	0.364 3
2-乙基-1-己醇	5 849 639	5 693 689	5 582 367	5 927 596	5 859 642	2.437 3
辛醇	2 567 358	2 398 659	2 707 046	2 498 575	2 635 422	4.667 0
壬醛	2 274 625	2 432 393	2 593 516	2 386 467	2 394 668	4.768 0
癸醛	336 432	344 217	362 187	354 789	347 583	2.829 8
十四烷	205 805	208 546	193 252	210 246	189 798	4,639 1
十五烷	785 464	759 747	784 345	769 536	784 662	1.492 2
二丁基羟基甲苯	160 574	177 747	157 706	164 846	158 765	4.997 2
棕榈酸	7 663 198	8 038 827	7 124 308	7 587 534	7 254 766	4.786 9
油酸	1 991 180	1 918 033	2 066 120	1 962 542	1 877 819	3.664 9

（3）重现性试验

如表 4-29 和表 4-30 所示,样品中主要挥发性物质的保留时间的 RSD 值均在 1% 以下,峰面积的 RSD 值均在 5% 以下,符合指纹图谱的建立要求。

表 4-29　保留时间重现性试验结果

名称	保留时间/min			RSD/%
	1	2	3	
八甲基环四硅氧烷	8.854	8.865	8.853	0.075 2
2-乙基-1-己醇	9.824	9.842	9.833	0.091 5
辛醇	10.942	10.954	10.934	0.092 0
壬醛	12.011	12.011	12.011	0.000 0
癸醛	15.464	15.468	15.460	0.025 9
十四烷	23.498	23.479	23.497	0.045 5
十五烷	26.528	26.532	26.541	0.025 1
二丁基羟基甲苯	27.152	27.156	27.171	0.036 9
棕榈酸	40.838	40.837	40.832	0.007 9
油酸	44.568	44.561	44.557	0.012 5

表 4-30　峰面积重现性试验结果

名称	峰面积			RSD/%
	1	2	3	
八甲基环四硅氧烷	23 697 964	23 743 075	22 479 043	3.076 9
2-乙基-1-己醇	5 933 846	5 735 485	5 739 462	1.954 1
辛醇	2 684 648	2 945 785	2 854 956	4.687 0
壬醛	2 382 548	2 279 563	2 354 956	2.279 1
癸醛	358 454	382 528	362 936	3.479 3
十四烷	214 456	194 384	202 165	4.968 9
十五烷	776 548	769 364	754 856	1.440 8
二丁基羟基甲苯	154 384	154 568	155 435	0.362 6
棕榈酸	7 445 847	7 837 529	7 735 383	2.647 9
油酸	1 944 354	1 846 483	1 846 558	3.005 9

2. 榛子油挥发性物质指纹图谱的构建

（1）不同品种和提取方法制备的榛子油挥发性物质 GC-MS 分析

通过对不同品种和提取条件下制备的榛子油挥发性物质进行 GC-MS 分析，结果如图
4-30 所示。不同品种和提取方法所产生的榛子油挥发性成分大体一致，但由于榛子原料和提
取榛子油的方法不同，会导致榛子油挥发性成分的种类及含量上有所差别。

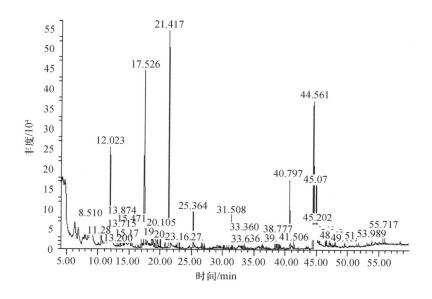

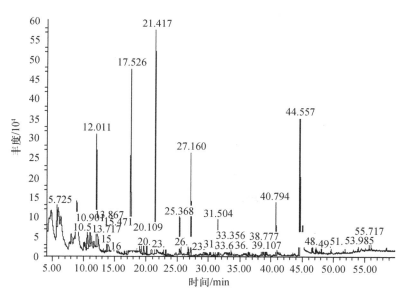

图 4-30　榛子油挥发性成分 GC-MS 总离子流图

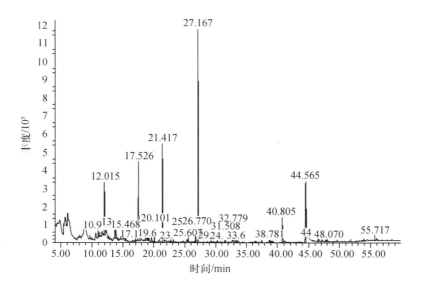

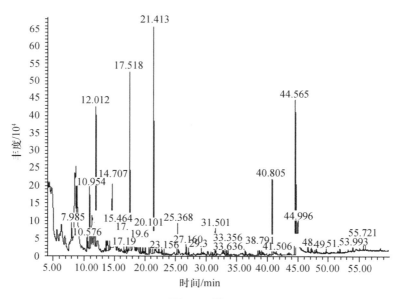

图 4-30(续)

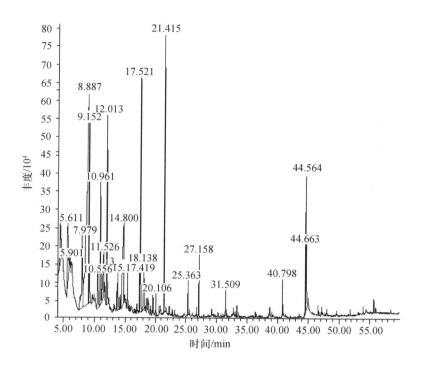

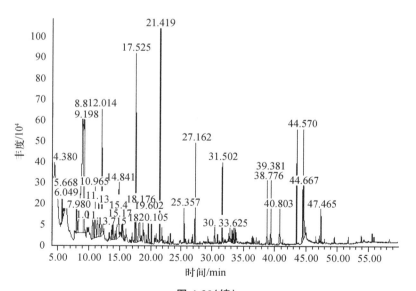

图 4-30（续）

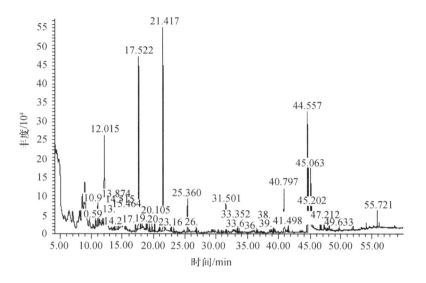

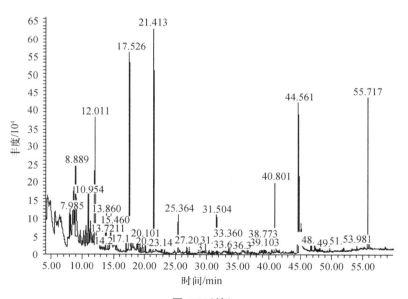

图 4-30(续)

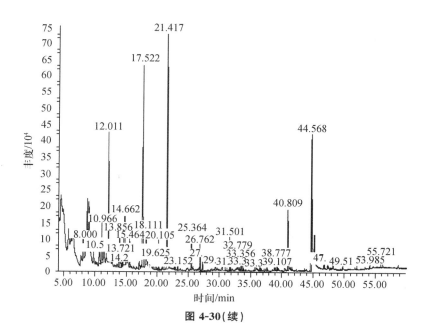

图 4-30(续)

不同品种的榛子采用不同提取方法制备的榛子油中检测到酯类 17 种,醇类 10 种,烷烃类 10 种,烯醛类 9 种,烯烃类 8 种,酸类 5 种,醛类 5 种,胺类 3 种,唑类 3 种,呋喃酮 1 种(表 4-31)。

表 4-31　GC-MS 分析结果汇总表

序号	保留时间/min	化合物英文名	化合物中文名	相对含量/%	CAS 编号
1	8	1-Heptanol	1-庚醇	2.08	000111-70-6
2	9.074	Hexanoic acid	己酸	20.21	000142-62-1
3	9.661	D-Limonene	D-苧烯	0.83	005989-27-5
4	10.561	2-Dodecenal, (E)-	反式-2-十二烯醛	1.69	020407-84-5
5	10.966	1-Octanol	1-辛醇	3.32	000111-87-5
6	11.281	Cyclotrisiloxane, hexamethyl-	六甲基环三硅氧烷	0.47	000541-05-9
7	11.541	Heptanoic acid	庚酸	3.08	000111-14-8
8	12.011	Nonanal	壬醛	11.51	000124-19-6
9	13.713	Benzeneethanamine, N-butyl-beta, 4-bis[(trimethylsilyl) oxy]-	n-丁基 β,4-双(三甲基硅)氧-苯乙苄胺	1.41	040629-66-1
10	13.721	4-Hydroxymandelic acid, ethyl ester, di-TMS	4-羟基扁桃酸乙酯	1.01	1000071-53-3
11	13.856	2-Nonenal, (E)-	反-2-壬烯醛	3.35	018829-56-6
12	13.874	1-Decene	1-癸烯	3.64	000872-05-9
13	14.268	Propanoic acid, 3-chloro-, decyl ester	丙酸氯癸基酯	0.25	074306-06-2
14	14.662	Octanoic acid	辛酸	6.74	000124-07-2
15	15.033	4-Ethylcyclohexanol	4-乙基环己醇	0.38	004534-74-1

续表 4-31

序号	保留时间/min	化合物英文名	化合物中文名	相对含量/%	CAS编号
16	15.464	Decanal	癸醛	1.79	000112-31-2
17	16.568	Cyclotetrasiloxane, octamethyl-	八甲基环四硅氧烷	0.34	000556-67-2
18	17.012	Cyclohexane, methyl-	环甲基己烷	0.73	000108-87-2
19	17.027	Cyclobutanecarboxylic acid, 2-ethylhexyl ester	2-己基丁烷酸己酯	0.81	1000282-22-0
20	17.432	2 (3H)-Furanone, 5-butyldihydro-	丁基双羟基呋喃酮	0.21	000104-50-7
21	17.526	2-Cyclohexen-1-ol	2-环己烯醇	15.6	000822-67-3
22	18.087	Nonanoic acid	壬酸	3.23	000112-05-0
23	18.741	2,4-Dodecadienal, (E, E)-	反-2,4-十二碳二烯醛	0.91	021662-16-8
24	19.239	Undecanal	十一醛	0.59	000112-44-7
25	19.242	Dodecanal	月桂醛	0.71	000112-54-9
26	19.625	2,4-Decadienal, (E, E)-	反-2,4-癸二烯醛	1.04	025152-84-5
27	20.66	3-Octyn-1-ol	辛炔醇	0.19	014916-80-4
28	20.862	4-(Prop-2-enoyloxy) octane	丙烯酰氧辛烷	0.67	042928-87-0
29	20.873	Cyclobutanecarboxylic acid, 2-ethylhexyl ester	2-己基丁烷酸己酯	0.94	1000282-22-0
30	21.417	2-Undecenal	十一烯醛	15.11	002463-77-6
31	22.62	N, N, N′, N′, -Tetramethyl-2-butene-1, 4-diamine	四甲基丁烯二胺	0.16	004559-79-9
32	22.778	Nonadecane	十九烷	0.45	000629-92-5
33	22.783	Undecane	十一烷	0.45	001120-21-4
34	22.785	1-Decanol, 2-ethyl-	2-乙基-1-正癸醇	0.39	021078-65-9
35	23.152	9-Octadecen-1-ol, (Z)-	1-醇-十八碳烯醛	0.41	000143-28-2
36	23.16	Tridecanal	十三醛	0.47	010486-19-8
37	25.364	1-(2-Hydroxyethyl)-1, 2, 4-triazole	1-(2-羟乙基)三唑	2.67	003273-14-1
38	25.365	2-Dodecenal	2-月桂烯醛	2.67	004826-62-4
39	26.762	5-(p-Aminophenyl)-4-(p-tolyl)-2-thiazolamine	对氨基苯基对甲苯基噻唑	1.53	094460-46-5
40	27.152	Butylated Hydroxytoluene	二丁基苯甲醇	0.79	000128-37-0
41	29.248	2-Methylene cyclopentanol	2-亚甲基环戊醇	0.63	020461-31-8
42	29.592	Bromoacetic acid, hexadecyl ester	溴乙酸十六烷基酯	0.24	005454-48-8
43	30.252	1-Decene, 3, 3, 4-trimethyl-	3,3,4-三甲基-1-癸烯	0.33	049622-17-5
44	30.785	1, 15-Pentadecanediol	十五烷二醇	0.18	014722-40-8
45	31.066	1H-Imidazole-4-carboxaldehyde	4-甲醛咪唑	0.21	003034-50-2
46	31.501	2, 6-Difluoro-3-methylbenzoic acid, tridecyl ester	二呋喃-3-甲基苯甲酸十三烷基酯	2.09	1000338-85-0
47	31.508	2, 6-Difluoro-3-methylbenzoic acid, tetradecyl ester	3-甲基苯甲酸二呋喃丙烯酸酯	2.57	1000338-85-1

续表 4-31

序号	保留时间/min	化合物英文名	化合物中文名	相对含量/%	CAS编号
48	32.779	Benzoic acid, 2, 4-dihydroxy-, (3-diethylamino-1-methyl) propyl ester	苯甲酸二羟基二氨基-1-甲基丙基酯	0.99	1000303-95-8
49	32.895	8-Heptadecene	十七烷烯	0.18	002579-04-6
50	33.109	Carbonic acid, tetradecyl 2, 2, 2-trichloroethyl ester	碳酸丙烯酸三氯乙酯	0.29	1000314-56-0
51	33.116	8-Heptadecene	8-十七烷烯	0.39	002579-04-6
52	33.619	Hexadecane	鲸蜡烷	0.35	000544-76-3
53	35.594	Tetradecanoic acid	肉豆蔻酸	0.61	000544-63-8
54	36.411	13-Octadecenal, (Z)-	顺-13-十八烯醛	0.32	058594-45-9
55	36.407	cis-11-Hexadecenal	顺-11-十六烯醛	0.36	053939-28-9
56	36.573	Oxalic acid, cyclobutyl pentadecyl ester	环丁基十五烷基草酸酯	0.15	1000309-70-5
57	37.491	[[5, 5-dimethyl-4-methylene-2-(trimethylsilyl)-1-Silane, cyclopenten-1-yl] methoxy] trimethyl-	[[二甲基-4-甲基-2-（三甲基硅)-1-环硅烷戊烯-1 基]甲氧基]三甲基-	0.21	095798-15-5
58	38.473	Phthalic acid, butyl isohexyl ester	邻苯二甲酸丁异己基酯	0.27	1000309-03-6
59	38.664	1, 2-Epoxyundecane	环氧十一烷	0.49	017322-97-3
60	38.777	Oxalic acid, monoamide, N-[3-(N-morpholinyl) propyl]-, butyl ester	对苯二甲酸-n-[3-(n-吗啉基) 丙基]-草酸丁酯	0.67	1000309-63-6
61	39.107	cis-11-Hexadecenal	顺-11-十六烯醛	0.41	053939-28-9
62	40.797	Dibutyl phthalate	邻苯二丁酯	5.21	000084-74-2
63	40.809	n-Hexadecanoic acid	n-棕榈酸	4.15	000057-10-3
64	41.506	Hexadecanoic acid, ethyl ester	棕榈酸乙酯	0.34	000628-97-7
65	44.568	Oleic acid	油酸	8.52	000112-80-1
66	45.202	Ethyl Oleate	油酸乙酯	3.89	000111-62-6
67	46.604	Pentadec-7-ene, 7-bromomethyl-	7-溴甲基-十五碳烯	0.52	1000259-58-5
68	46.608	1-Hexyl-2-nitrocyclohexane	1-己基 -2-硝基环己烷	0.33	118252-04-3
69	46.743	Bromoacetic acid, octadecyl ester	溴乙酸十八烷基酯	0.28	018992-03-5
70	47.219	9, 12-Octadecadienoic acid (Z, Z)-	顺-9, 12-十八烷二烯酸（亚油酸）	0.61	000060-33-3
71	49.633	3-Isopropoxy-1, 1, 1, 5, 5, 5-hexamethyl-3-(trimethylsiloxy) trisiloxane	异-六甲基-3-（硅氧基）三硅氧烷	0.23	072182-11-7
72	51.882	N-Benzyl-N-ethyl-p-isopropylbenzamide	n-苄基-n-乙基羟基异丙基苯甲酰胺	0.25	015089-22-2
73	53.989	Trimethylsilyl 3-methyl-4-[(trimethylsilyl) oxy]benzoate	三甲基硅 3-甲基-4-[（三甲基硅）氧]苯甲酸酯	0.24	1000378-73-2
74	55.721	Squalene	角鲨烯	0.45	000111-02-4

（2）榛子油挥发性物质标准指纹图谱的建立

通过图 4-30 数据分析可以得出，在不同品种和提取方法的榛子油色谱图中，壬醛所对应的色谱峰不仅是所有色谱峰中所共有的，而且分离度很好，峰强度也很稳定，所以选取壬醛所对应的色谱峰为参照峰，在此基础上进行计算，并选取 Sr＞1% 的共有峰进行比较，选出榛子油挥发性物质的共有峰。共有峰的选取结果如表 4-32 所示。

表 4-32　榛子油挥发性物质的共有峰

序号	保留时间/min	化合物英文名	化合物中文名	相对含量/%	CAS编号
1	9.074	Hexanoic acid	己酸	20.21	000142-62-1
2	10.968	1-Octanol	1-辛醇	5.28	000111-87-5
3	11.541	Heptanoic acid	庚酸	3.08	000111-14-8
4	12.014	Nonanal	壬醛	13.11	000124-19-6
5	14.705	Octanoic acid	辛酸	9.24	000124-07-2
6	15.465	Decanal	癸醛	2.11	000112-31-2
7	16.568	Cyclotetrasiloxane, octamethyl-	八甲基环四硅氧烷	0.34	000556-67-2
8	17.423	2 (3H)-Furanone, 5-butyldihydro-	丁基双羟基呋喃酮	0.85	000104-50-7
9	18.087	Nonanoic acid	壬酸	3.23	000112-05-0
10	19.243	Undecanal	十一醛	0.73	000112-44-7
11	19.828	2, 4-Decadienal, (E, E)-	反-2,4-癸二烯醛	1.21	025152-84-5
12	22.783	Undecane	十一烷	0.45	001120-21-4
13	25.365	2-Dodecenal	2-月桂烯醛	2.67	004826-62-4
14	33.093	8-Heptadecene	十七烷烯	0.41	002579-04-6
15	40.799	Dibutyl phthalate	邻苯二丁酯	5.46	000084-74-2
16	40.805	n-Hexadecanoic acid	n-棕榈酸	4.15	000057-10-3
17	41.503	Hexadecanoic acid, ethyl ester	棕榈酸乙酯	0.41	000628-97-7
18	44.563	Oleic Acid	油酸	10.48	000112-80-1
19	45.068	Ethyl Oleate	油酸乙酯	2.96	000111-62-6
20	47.221	9, 12-Octadecadienoic acid (Z, Z)-	顺-9,12-十八烷二烯酸	0.61	000060-33-3
21	55.719	Squalene	角鲨烯	0.89	000111-02-4

通过对榛子油挥发性物质共有峰的选择，共选出酸类 7 种，醛类 5 种，酯类 3 种，烯类 2 种，醇类 2 种，烷烃类 2 种，硅氧烷 1 种，呋喃酮 1 种，作为榛子油挥发性物质的共有峰。通过榛子油挥发性物质的共有峰选取参照谱，建立榛子油挥发性物质的标准指纹图谱（Benincasa et al.，2011），见图 4-31。

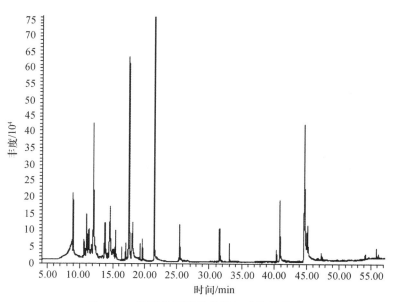

图 4-31　榛子油挥发性物质标准指纹图谱

榛子油挥发性物质标准指纹图谱的具体信息，如表 4-33 所示。

表 4-33　榛子油挥发性物质标准指纹图谱信息

序号	化合物中文名	保留时间/min	峰面积	峰面积 RSD/%
1	己酸	9.074	5 206 654	38.66
2	1-辛醇	10.968	5 193 802	22.05
3	庚酸	11.541	16 463 120	19.76
4	壬醛	12.014	9 438 737	23.75
5	辛酸	14.705	14 458 149	27.56
6	癸醛	15.465	1 563 461	35.42
7	八甲基环四硅氧烷	16.568	73 541	17.55
8	丁基双羟基呋喃酮	17.423	2 190 947	29.27
9	壬酸	18.087	726 250	20.01
10	十一醛	19.243	114 488	1.17
11	反-2,4-癸二烯醛	19.828	1 166 378	38.54
12	十一烷	22.783	113 160	24.33
13	2-月桂烯醛	25.365	4 205 602	19.88
14	十七烷烯	33.093	2 685 507	26.15
15	邻苯二丁酯	40,799	1 430 966	21.87
16	n-棕榈酸	40.805	134 676 734	3.23
17	棕榈酸乙酯	41.503	51 658	18.03
18	油酸	44.563	6 018 457	26.24
19	油酸乙酯	45.068	430 897	5.65
20	顺-9,12-十八烷二烯酸	47.221	104 348	19.34
21	角鲨烯	55.719	293 907	14.88

（3）榛子油挥发性物质标准指纹图谱的相似度评价

本实验主要采用相关系数法计算出不同品种和提取方法所得到的榛子油挥发性物质的图谱和榛子油标准指纹图谱之间的相似度，从而对建立的榛子油标准指纹图谱进行相似度的评价，如表 4-34 所示。

不同品种和提取方法的榛子油挥发性物质指纹图谱与之前建立的标准指纹图谱之间的相似度均高于 0.9，说明实验中选取的不同品种和提取方法的榛子油样品基本稳定，每批榛子油样品中，榛子油的挥发性物质与之前建立的榛子油挥发性物质的标准指纹图谱基本保持一致，拥有很高的相似度，这也和前述的 GC-MS 分析结果基本吻合，而且也符合指纹图谱对于相似度评价的要求，因此，建立的榛子油挥发性物质的标准指纹图谱成立。

（4）榛子油挥发性物质标准指纹图谱的聚类分析

对榛子油挥发性物质的指纹图谱进行聚类分析，图 4-32 是不同品种和提取方法的榛子油挥发性物质的聚类树状图。在刻度线为 5 处，可将不同品种和提取方法制备的榛子油的挥发性物质分为两大类，平欧有机溶剂法制备出的榛子油挥发性物质为一类，另一类为平榛水酶法、欧榛水酶法、平欧水酶法、平榛有机溶剂法、欧榛有机溶剂法、欧榛压榨法、平榛压榨法和平欧压榨法所制备出的榛子油中的挥发性物质可归为一类，其中平榛水酶法、欧榛水酶法、平欧水酶法、平榛有机溶剂法、欧榛有机溶剂法、欧榛压榨法、平榛压榨法所制备出的榛子油中的挥发性物质最为相近，这与榛子油挥发性物质的标准指纹图谱的相似度结果相一致。由此可知，平榛和欧榛的同品种不同方法制备的榛子油的挥发性物质大体相近，而平欧榛子用不同方法制备的榛子油的挥发性物质存在差异性，说明对于平欧榛子品种来说，不同制备方法，对平欧榛子油的挥发性物质存在一定的影响，而用水酶法制备的不同品种榛子油的挥发性物质却较为相似，可归为一类，说明用水酶法提取的不同品种榛子油的挥发性物质较为相似。

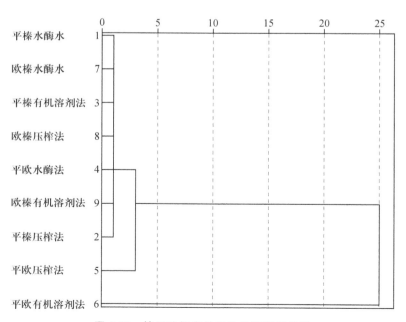

图 4-32　榛子油挥发性成分的聚类树状图

表 4-34　不同榛子油挥发性物质指纹图谱与标准指纹图谱的相似度

	样品1	样品2	样品3	样品4	样品5	样品6	样品7	样品8	样品9	标准指纹图谱
样品1	1	0.987	0.995	0.973	0.988	0.964	1	1	0.984	1
样品2	0.988	1	0.938	0.966	0.948	0.929	0.984	0.993	0.959	0.998
样品3	0.966	0.928	1	0.958	0.939	0.917	0.994	0.972	0.965	0.998
样品4	0.995	0.964	0.947	1	0.959	0.953	0.967	0.971	0.959	0.999
样品5	0.929	0.948	0.937	0.959	1	0.938	0.974	0.982	0.948	0.999
样品6	0.978	0.938	0.928	0.963	0.947	1	0.983	0.992	0.968	0.997
样品7	1	0.993	0.972	0.993	0.974	0.982	1	1	0.993	1
样品8	1	0.972	0.984	0.961	0.995	0.974	1	1	0.982	1
样品9	0.993	0.955	0.969	0.953	0.959	0.956	0.993	0.974	1	0.999
标准指纹图谱	1	0.998	0.998	0.999	0.999	0.997	1	1	0.999	1

注：样品 1 表示用水酶法提取出的平榛子油；样品 2 表示用压榨法提取的平榛子油；样品 3 表示用浸提法提取的平榛子油；样品 4 表示用水酶法提取出的平欧榛子油；样品 5 表示用压榨法提取的平欧榛子油；样品 6 表示用浸提法提取的平欧榛子油；样品 7 表示用压榨法提取的土耳其榛子油；样品 8 表示用水酶法提取出的土耳其榛子油；样品 9 表示用浸提法提取的平榛子油。

4.5.3 结论

通过以不同品种的榛子作为原料,采用不同的提取方法制备的榛子油作为样本,对这些样品进行 HS-SPME-GC-MS 分析,并建立榛子油挥发性物质的标准指纹图谱。用相关系数法对所建立的标准指纹图谱进行相似度评价,验证了所建立的榛子油挥发性物质标准指纹图谱的合理性,最终建立了榛子油挥发性物质的标准指纹图谱。同时对榛子油挥发性物质的指纹图谱进行了聚类分析,结果与相似度结果相一致,说明不同品种结合不同加工方法获得的榛子油挥发性物质较为相近;而对于平欧榛子品种来说,不同的制备方法,对平欧榛子油的挥发性物质存在一定的影响。

4.6 榛子油挥发性物质指纹图谱的应用

4.6.1 材料与方法

1. 材料

欧洲榛子,购于土耳其格罗黑公司;平榛,购于辽宁省开原市顺祥二期榛子街;平欧榛子,购于本溪县三阳大果榛子专业生产合作社;花生油,购于山东龙大植物油有限公司。

2. 方法

(1)样品预处理与 GC-MS 条件

同 4.5。

(2)建立榛子油-花生油的掺伪模型

为了更直观、准确地鉴别掺假榛子油,对掺入不同比例花生油的榛子油的 GC-MS 色谱图进行分析,通过 GC-MS 的分析结果,选取随着榛子油中掺假比例的变化呈线性变化的主要色谱峰的峰面积作为向量,计算夹角余弦,利用下面公式来计算每个不同比例的掺假榛子油与纯榛子油的相似度,从而建立榛子油-花生油的掺伪模型。

$$\cos\theta = \frac{X \cdot Y}{|X| \times |Y|} = \frac{\sum\limits_{i=1}^{n} X_i Y_i}{\sqrt{\sum\limits_{i=1}^{n} X_i^2} \sqrt{\sum\limits_{i=1}^{n} Y_i^2}}$$

4.6.2 结果与分析

1. 掺假榛子油的 GC-MS 分析

由图 4-33 可知,在以上所有的色谱图中,每个色谱图都会出现油酸所对应的色谱峰,而且强度几乎不变,可见油酸所对应的色谱峰,是榛子油和花生油中所共有的一种色谱峰,说明这种挥发性物质既存在于榛子油中,也存在于花生油中。同时随着榛子油掺假比例逐渐增大,即花生油的含量逐渐增多时,辛醇、壬醛、癸醛、壬酸等所对应的色谱峰开始慢慢减少,说明辛醇、壬醛和癸醛、壬酸等所对应的色谱峰是榛子油所独有的色谱峰,因此,可以通过这几种榛子油特有的色谱峰来鉴别榛子油的真伪。

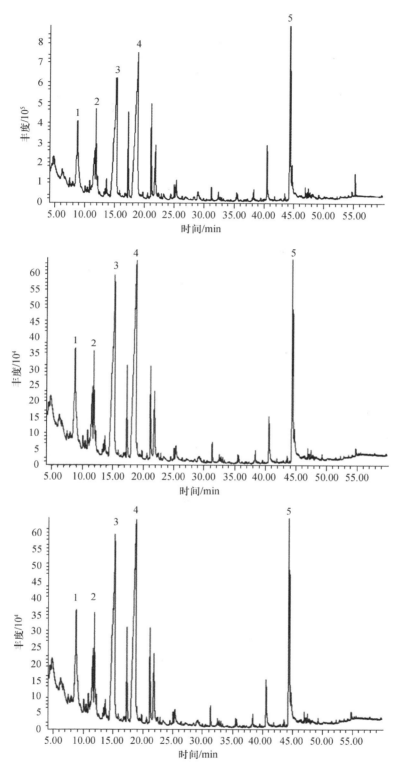

1 号色谱峰为辛醇，2 号色谱峰为壬醛，3 号色谱峰为癸醛，4 号色谱峰为壬酸，5 号色谱峰为油酸

图 4-33　不同比例掺假榛子油挥发性成分 GC-MS 总离子流图

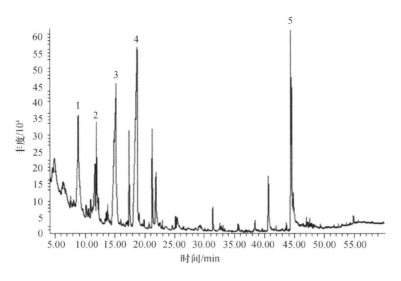

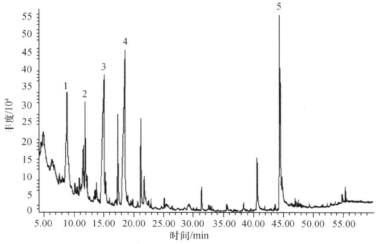

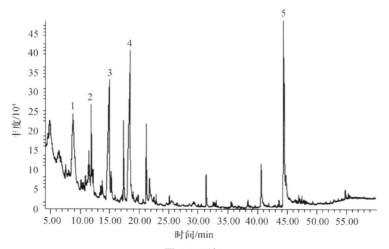

图 4-33（续）

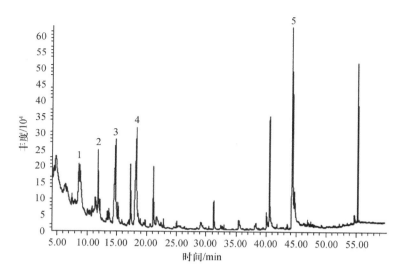

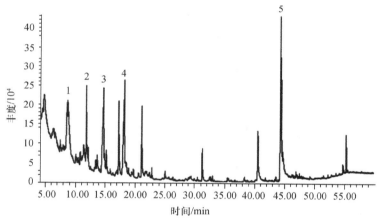

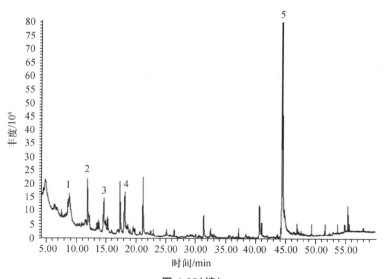

图 4-33(续)

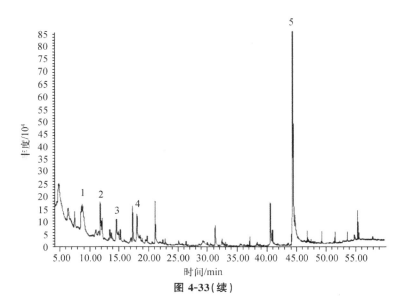

图 4-33(续)

2. 榛子油-花生油掺伪模型的建立

为了更直观、准确地鉴别榛子油,对图 4-33 中掺入不同比例花生油的榛子油的挥发性成分气相色谱图中的数据进行分析,可直观地发现一些主要的色谱峰,如辛醇、壬醛、癸醛、壬酸等,通过 GC-MS 的分析结果,得到这些色谱峰的峰面积,这些峰面积值随着榛子油中掺假比例的变化呈线性变化的趋势。因此,选取这些色谱峰的峰面积作为向量,通过计算夹角余弦来计算每个不同比例的掺假榛子油与纯榛子油的相似度,计算结果如表 4-35 所示。通过表 4-35可以看出,榛子油中掺假的比例越大,相似度就越小,二者呈线性递减曲线,所以利用曲线拟合的方法,探究掺伪榛子油的掺伪量与纯榛子油挥发性物质指纹图谱之间的相似程度,建立榛子

表 4-35　榛子油掺假花生油挥发性成分指纹图谱相似度与相对误差

实际掺假量/%	$\cos \theta$	相似度	计算掺假量/%	相对误差/%
9.086	0.712	71.2	7.726	14.97
20.245	0.703	70.3	20.153	0.45
30.078	0.694	69.4	31.679	5.32
38.695	0.686	68.6	41.168	6.39
49.976	0.678	67.8	49.943	0.07
62.044	0.667	66.7	60.842	1.94
71.315	0.659	65.9	67.919	4.76
77.923	0.645	64.5	78.58	0.84
92.314	0.612	61.2	95.006	2.92
100	0.597	59.7	98.419	1.58
		均值		3.924
		掺假量在 20%～100% 范围内均值		2.427

油-花生油的掺伪模型,通过图 4-34 可以得到榛子油-花生油的掺伪模型的线性方程式,该拟合线性方程式为 $Y=12\ 818\ X^3-31\ 286\ X^2+23\ 678\ X-5\ 615.9$,其中的 Y 代表榛子油中的花生油的掺假比例,而 X 代表 $\cos\theta$,即夹角余弦值。榛子油-花生油的掺伪模型的线性拟合方程的决定系数 $R^2=0.996$,说明所建立的模型拟合性良好。

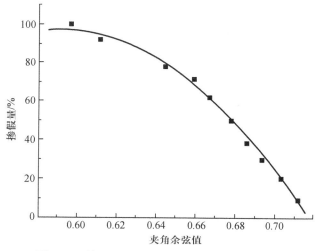

图 4-34 榛子油-花生油掺伪模型的拟合曲线图

通过线性拟合方程式来计算掺假量,再与实验中实际的掺入花生油的量进行比较,并计算它们之间的相对误差,由表 4-35 可知,其相对误差平均值为 3.924%;而掺假量在 20%~100%范围内时,相对误差平均值为 2.427%,与此同时,该掺假范围内的相对误差均小于10%,这表明了当掺假量越大的时候,所对应的相对误差就越小,模型就越准确。同时也说明了建立的榛子油-花生油掺伪模型是可靠的,该模型可以用于榛子油中掺假花生油的检验,且掺假比例为 20%~100%的时候,模型最为可靠。

4.6.3 小结

本研究对建立的榛子油挥发性物质标准指纹图谱进行了应用。在榛子油中按一定的比例掺入花生油来进行 GC-MS 分析,得到的分析结果可以明显观察出一些色谱峰,且随着掺伪比例的增加而减少。为了进一步证明该结论的准确性,采用夹角余弦的方法,将按一定比例掺入花生油的榛子油的挥发性物质图谱与榛子油挥发性物质的标准指纹图谱进行对比,并计算其相似度,并通过对相似度和实际掺伪量的线性拟合,建立一个榛子油-花生油的掺伪模型,并通过相对误差的计算,最终得到在榛子油中掺假花生油的掺假比例为 20%~100%的时模型最为可靠。

参考文献

1. 崔亚娟,徐响,高彦祥. 高效液相色谱法检测沙棘籽油中维生素 E 含量[J]. 食品科技,2007 (7): 208-212.
2. 陈慧斌,王梅英,陈绍军,等. 响应面法优化牡蛎复合酶水解工艺研究[J]. 西南大学学报(自然科学版),2011,33 (11): 146-151.

3. 邓晓雨. 焙烤平欧榛子挥发性成分分析及酶法生香工艺初探[D]. 沈阳农业大学，2017.

4. 冯姝元，韩军花，刘成梅. 常见精炼油中植物甾醇测定方法的建立及含量分析[J]. 中国食品卫生杂志，2006，18（3）：197-201.

5. 黄宏南，陈宏靖. 特殊植物油中维生素 E 的 HPLC 分析[J]. 食品科学，2000，21（8）：36-37.

6. 寇秀颖，于国萍. 脂肪和脂肪酸甲酯化方法的研究[J]. 食品研究与开发，2005，26（2）：46-47.

7. 翁丽萍，王宏海，卢春霞，等. SPME-GC-MS 法鉴定养殖大黄鱼主要挥发性风味物质的条件优化[J]. 中国食品学报，2012，12（9）：209-214.

8. 欧阳石光. 茶叶香气指纹图谱及特征识别的初步研究[D]. 山东农业大学，2011.

9. 裴斐，陶虹伶，蔡丽娟，等. 辣木叶多酚超声辅助提取工艺响应面法优化及抗氧化活性研究[J]. 食品科学，2016，37（20）：1-11.

10. 王家明，王智民，高慧敏，等. 预知子指纹图谱的初步研究[J]. 中国药学杂志，2007，42（13）：978-980.

11. 韦建荣，马银海. Excel 与中药色谱指纹图谱相似度[J]. 计算昆明师范高等专科学校学报，2007，29（4）：110-112.

12. 王瑞英，汤静，张丽静. 高效液相色谱法测定各种植物油中维生素 E 含量[J]. 新疆大学学报(自然科学版)，2003，20（4）：393-395.

13. 吴卫国，彭思敏，唐芳，等. 类食用植物油标准指纹图谱的建立及其相似度分析[J]. 中国粮油学报，2013，28（6）：101-105.

14. 许文林，沙鸥，钱俊红. 混合植物甾醇中豆甾醇和 β-谷甾醇的高效液相色谱分析[J]. 分析测试学报，2003，22（6）：98-101.

15. 杨春英，刘学铭，陈智毅，等. 气相色谱-质谱联用法测定 14 种食用植物油中的植物甾醇[J]. 中国粮油学报，2013，28（2）：123-128.

16. 余泽红，贺小贤，丁勇，等. 固相微萃取在食品挥发性组分测定方面研究进展[J]. 粮食与油脂，2010（07）：44-46.

17. 钟敬华，侯晓蓉，范骁辉. 化学指纹图谱类别相似性计算方法研究[J]. 中国中药杂志，2010，35（4）：477-480.

18. Benincasa C，Russo A，Romano E. Chemical and sensory analysis of some Egyptian virgin olive oils [J]. International Journal of Food Sciences and Nutrition，2011（01）：1427-1436.

19. Kadam S U，Tiwari B K，Smyth T J，et al. Optimization of ultrasound assisted extraction of bioactive components from brown seaweed Ascophyllum nodosum using response surface methodology [J]. Ultrasonics Sonochemistry，2015，23：308-316.

20. Ryynänen，M，Lampi A M，Salo V P. A small-scale sample preparation method with HPLC analysis for determination of tocopherols and tocotrienols in cereals [J]. Journal of Food Composition and Analysis，2004，17（6）：749-765.

21. Zhou X，Dong L，Zhou Q，et al. Effects of intermittent warming on aroma-related esters of 1-methylcyclopropene-treated 'Nanguo' pears during ripening atroom temperature [J]. Scientia Horticulturae，2015，185：82-89.

第5章 焙烤榛子挥发性成分及酶法生香机理研究

焙烤对榛子油脂香气具有重要的影响,使榛仁获得特有的风味。焙烤产生的特征性香气物质不仅可作为榛仁的重要品质指标,还可作为烘焙过程中的生物安全标记物用于风险评估和质量管控,通过客观和可衡量的指标监控焙烤过程,进而能获得产品所需的感官性状。本章以平欧榛子为试材,结合多种挥发性香气成分检测、分析技术,明确平欧榛子的特征挥发性香气物质,研究香气前体物质在焙烤过程中的生化变化及其与焙烤香气形成的关系,以及明确平欧榛子固有香气成分的化学本质及其在加工过程中的变化规律,为烘焙榛仁生产标准化程序的完善和品质判别等提供理论依据。

5.1 微波焙烤榛子的挥发性成分分析

5.1.1 榛子挥发性成分固相微萃取条件的优化

1. 材料与方法

(1)材料

供试材料:营口达维榛子。

试剂:2,4,6-三甲基吡啶(色谱纯 CAS 号,108-75-8 aladdin 公司);甲醇(色谱纯,天津市大茂化学试剂厂);50 μm/30 mm DVB/CAR/PDMS 固相微萃取萃取头和萃取装置(美国 Supelco 公司);7890-5975 气相色谱-质谱联用仪(美国 Agilent 公司)。

(2)方法

样品制备:原料去壳去皮,取 3 g 磨碎原料于 20 mL 顶空萃取瓶中,加入内标物 2,4,6-三甲基吡啶 3 μL(4.585 μg/mL)。

GC 条件:HP-INNOWAX 色谱柱(30 m×0.25 mm,0.25 μm);升温程序:40 ℃ 保持 1 min,40～60 ℃ 为 4 ℃/min 保持 1 min,60～170 ℃ 为 5 ℃/min 保持 0 min,170～260 ℃ 为 12 ℃/min 保持 10 min,后运行 260 ℃ 温度下 3 min;载气(He)流速 1.0 mL/min;传输线温度 250 ℃。

MS 条件:连接杆温度 280 ℃;电子轰击离子源:电子能量 70 eV;传输线温度 250 ℃;离子源温度 200 ℃;四级杆温度 150 ℃;倍增电压 1 200 eV;质量扫描范围 m/z 35～350。

挥发性成分定性定量:通过检索 NIST2011 标准谱库数据,结合质谱裂解规律确定其化学成分,仅对能予以定性的物质(SI 和 RSI 值大于 800)进行探讨,利用 2,4,6-三甲基吡啶作为内标物定量。计算公式参照周鑫等(2015)的方法。

挥发性成分各组分含量=[各组分峰面积/内标的峰面积×内标质量浓度(mg/mL)×体积(mL)×1 000]/样品量(kg)。

2. 结果与分析

(1)萃取温度的确定

升温程序条件:40 ℃保持 1 min,40～60 ℃为 4 ℃/min 保持 1 min,60～170 ℃为 5 ℃/min 保持 0 min,170～260 ℃为 12 ℃/min 保持 10 min,后运行 260 ℃保持 3 min。

采用 50 μm/30 mmDVB/CAR/PDMS 萃取头,分别在 30 ℃、40 ℃、50 ℃、60 ℃、70 ℃、80 ℃温度条件下进行生榛子挥发性成分的固相微萃取,萃取时间为 30 min,经过 MS 分析获得不同处理样品的挥发性成分总峰面积,结果见图 5-1,挥发性组分峰面积从 30～60 ℃之间在增加,之后随着温度的上升峰面积在减少,60 ℃左右是最佳的吸附温度。

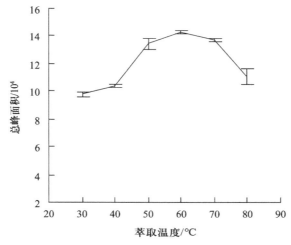

图 5-1 萃取温度对榛子挥发性成分萃取效果的影响

(2)最佳吸附时间的确定

采用 50 μm/30 mm 的 DVB/CAR/PDMS 萃取头,萃取时间分别为 20 min、30 min、40 min、50 min、60 min,萃取温度为 60 ℃。经过 GC 分析获得不同萃取时间下样品的挥发性成分总峰面积,结果见图 5-2。平欧榛子中挥发性组分总峰面积在 30 min 时最大,30 min 之后总峰面积与时间呈现负相关。可见,本实验中固相微萃取最佳时长为 30 min 左右。

(3)解析时间的确定

采用 50 μm/30 mmDVB/CAR/PDMS 萃取头,萃取条件为:水浴温度 60 ℃,萃取时间为 30 min。进样口解析温度为 260 ℃,解析时间分别为 1 min、2 min、3 min、4 min、5 min。经过 GC 分析获得不同处理样品的挥发性成分总峰面积,结果见图 5-3。解析 3 min 左右平欧榛子中

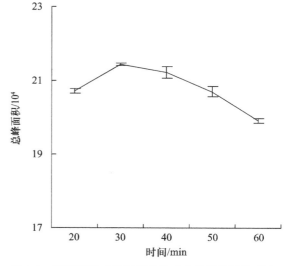

图 5-2 萃取时间对榛子挥发性成分萃取效果的影响

挥发性成分总峰面积最大。

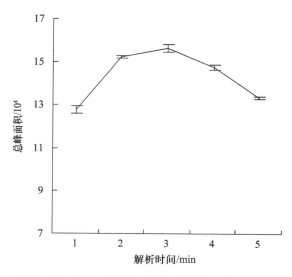

图 5-3　解析时间对榛子挥发性成分萃取效果的影响

（4）正交法优化固相微萃取条件

根据前面得到的萃取较优的条件萃取温度 60 ℃、萃取时间 30 min、解析时间 3 min，在不考虑交互作用条件下设计正交试验，如表 5-1 所示。

表 5-1　正交试验结果

组别	萃取温度（A）	萃取时间（B）	解析时间（C）	挥发性成分/（μg/kg）
第一组	1(55 ℃)	1(25 min)	1(2.5 min)	4.13
第二组	1	2(30 min)	2(3 min)	3.99
第三组	1	3(35 min)	3(3.5 min)	3.85
第四组	2(60 ℃)	1	2	4.27
第五组	2	2	3	4.57
第六组	2	3	1	4.20
第七组	3(65 ℃)	1	3	3.91
第八组	3	2	1	3.39
第九组	3	3	2	4.22
K_1	11.97	12.31	11.73	
K_2	13.05	11.94	12.48	
K_3	11.52	12.27	12.33	
$\overline{K_1}$	3.99	4.10	3.91	
$\overline{K_2}$	4.35	3.98	4.16	
$\overline{K_3}$	3.84	4.09	4.11	
R	0.51	0.12	0.25	

在 9 组不同组合实验中,检测到的挥发性成分含量最多的是第五组 $A_2B_2C_3$,即萃取时间 30 min、萃取温度 60 ℃、解析时间 3.5 min 条件下,萃取后检测到的挥发性成分含量最高,为 4.51 μg/kg。而理论最优组合是 $A_2B_1C_2$,通过验证实验该组合检测到挥发性成分含量为 4.48 μg/kg。极差分析表明,三个因素对挥发性成分影响依次是萃取温度＞解析时间＞萃取时间,而单因素实验中最优萃取条件检测到平欧榛子中挥发性成分含量为 4.22 μg/kg。综上,最优的萃取条件为:萃取时间 30 min,萃取温度 60 ℃,解析时间 3.5 min。在此萃取条件下,共检测并确定出 22 种天然存在于平欧榛子中挥发性成分,生榛子本身气味很淡,壬醛和 3-甲基-2-环己烯酮是生平欧榛子中唯一检测到的醛类和酮类,推测生榛子呈现特殊的气味可能与这两种物质有关。

3. 小结

平欧榛子挥发性成分固相微萃取最优萃取条件为萃取时间 30 min,萃取温度 60 ℃,解析时间 3.5 min,在此条件下检测到平欧榛子中挥发性成分含量为 4.48 μg/kg。

5.1.2 微波焙烤榛子的挥发性成分分析

1. 材料与方法

(1)材料

供试材料:营口达维榛子。

(2)方法

样品制备:原料去壳去皮,微波处理,取 3 g 磨碎原料于 20 mL 顶空萃取瓶中,加入内标物 2,4,6-三甲基吡啶 3 μL(4.585 μg/mL),60 ℃水浴条件平衡 10 min,然后萃取 30 min,进样气质仪中,进样口温度 260 ℃,解析 3.5 min。

微波炉焙烤功率:1 号:低火 140 W,4 min;2 号:中低火 280 W,4 min;3 号:中火 350 W,4 min。

固相微萃取条件:使用 GC-MS-SPM 经过前期单因素和正交实验,确定了最佳的萃取条件是 60 ℃水浴平衡 10 min,萃取 30 min,解析 3.5 min(前期预实验得出最优萃取条件)。

GC 条件:HP-INNOWAX 色谱柱(30 m×0.25 mm×0.25 μm);升温程序:40 ℃保持 1 min,40~60 ℃为 4 ℃/min 保持 1 min,60~170 ℃为 5 ℃/min 保持 0 min,170~260 ℃为 12 ℃/min 保持 10 min,后运行 260 ℃温度下 3 min;载气(He)流速 1.0 mL/min,传输线温度 250 ℃。

MS 条件:连接杆温度 280 ℃;电子轰击离子源:电子能量 70 eV;传输线温度 250 ℃;离子源温度 200 ℃;四级杆温度 150 ℃;倍增电压 1 200 eV;质量扫描范围 m/z 35~350。

挥发性成分定性定量:通过检索 NIST2011 标准谱库数据,结合质谱裂解规律确定其化学成分,仅对能予以定性的物质(SI 和 RSI 值大于 800)进行探讨;利用 2,4,6-三甲基吡啶作为内标物定量,计算公式参照周鑫等(2015)的方法。

$$挥发性成分各组分含量(μg/kg) = \frac{各组组分峰面积}{内标物峰面积×内标物质量浓度×体积×1\ 000} × \frac{1}{样品量}$$

主成分分析法:主成分分析操作在 SPSS 22 软件中完成。

OAV 计算(黄梅丽与王俊卿,2008):$OVA = \dfrac{物质含量}{物质阈值}$

排序检验法:使用 Friedmar 检验,对 5 组不同焙烤条件下榛仁口感是否存在差异做出判断。

$$F = \frac{12}{JP(P+1)}(R_1^2 + R_2^2 + \cdots + R_p^2) - 3J(P+1)$$

式中:J 为评价员数;P 为样品数;R 为秩和。

2. 结果与分析

(1)微波炉焙烤平欧榛子功率确定

本试验确定了 1 号、2 号、3 号三种烤制程度。在预实验中发现低火(140 W)16 min、中低火(280 W)4 min、中火(350 W)3.5 min、中高火(560 W)3 min、高火(700 W)2 min 这 5 种不同的焙烤功率和时间条件下均可以获得烤熟口感的榛子,并且选取 7 名感官鉴评人员进行品尝和喜爱程度打分,喜爱程度最高为 5 分,依次降低,喜爱程度最低为 1 分(表 5-2)。查阅评分表 $F_{临}=9.49$,经过计算感官鉴评人员评分 F 值为 8.29,可见这五组焙烤条件下的榛子口感并不存在显著性差异。然而,对该五组焙烤后的榛子进行提取榛子油并且测定其过氧化值,发现中低火(280 W)4 min 这组的榛子油的过氧化值最低。分析认为,虽然五组焙烤条件下得到了相似的口感,但是温度过高和焙烤的时间过长都会导致榛子中油脂的氧化程度加深,最终确认熟榛子的焙烤条件是中低火(280 W)4 min。

表 5-2　不同焙烤条件下熟榛子品尝评分

人员	低火 (140 W)16 min	中低火 (280 W)4 min	中火 (350 W)3.5 min	中高火 (560 W)3 min	高火 (700 W)2 min
人员 1	2	4	3	5	1
人员 2	4	2	3	1	5
人员 3	3	1	5	2	4
人员 4	2	3	1	4	5
人员 5	2	3	4	1	5
人员 6	1	3	4	2	5
人员 7	1	2	4	3	5
秩和	15	18	24	18	30

(2)不同熟制程度的平欧榛子挥发性成分总离子流色谱图

使用优化的 HS-SPEM 萃取条件吸附焙烤平欧榛子中挥发性成分并进行 GC-MS 分析。微波处理之后不同熟制程度平欧榛子的总离子流色谱图见图 5-4 至图 5-7。图 5-4 是生榛子的总离子流色谱图,通过 GC-MS 分析和检索 NIST 标准谱库,共检测出挥发性成分 22 种,其中烷烃和烯烃类共 6 种(5.73%),酸类 6 种(76.21%),醇类 3 种(7.27%),酯类 3 种(4.18%),酮、醛类各 1 种(3.53%)、其他成分 2 种(3.08%)。

图 5-5 是 1 号处理的榛子总离子流色谱图,通过 GC-MS 分析和检索 NIST 标准谱库,共检测出挥发性成分 29 种,其中烃类 2 种(3.11%)、酸类 6 种(51.14%)、醇类 3 种(4.25%)、有

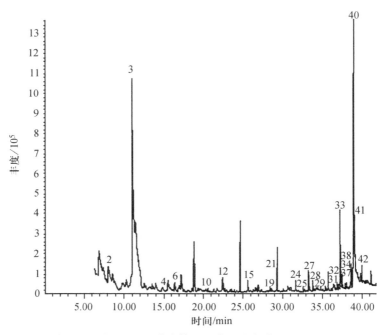

图 5-4　平欧生榛子总离子流色谱图

机酸酯类 3 种（7.89%）、醛酮类共 5 种（13.96%）、吡嗪类 3 种（5.08%）、其他成分有 7 种（14.57%）。

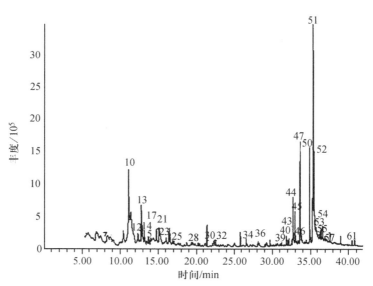

图 5-5　1 号榛子总离子流色谱图

图 5-6 是 2 号处理的榛子总离子流色谱图，通过 GC-MS 分析和检索 NIST 标准谱库，共检测出挥发性成分 30 种，其中烃类 4 种（1.05%）、酸类 4 种（23.38%）、醇类 2 种（5.19%）、有机酸酯类 1 种（0.32%）、酮类和醛类 9 种（44.61%）、吡嗪类 6 种（23.76%）、其他成分共计 4 种（1.68%）。

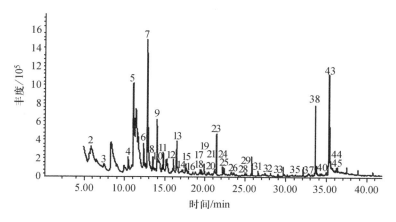

图 5-6 2 号平欧榛子总离子流色谱图

图 5-7 是 3 号处理的榛子总离子流色谱图,通过 GC-MS 分析和检索 NIST 标准谱库,共检测出挥发性成分 47 种,其中烷烃和烯烃类 3 种(0.93%)、酸类 4 种(1.88%)、醇类 2 种(16.75%)、有机酸酯类 3 种(3.01%)、醛类和酮类 17 种(38.93%)、吡嗪类 7 种(26.71%),其他成分 11 种(11.79%)。

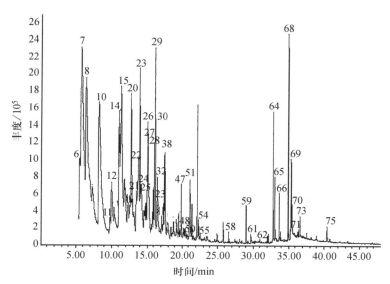

图 5-7 3 号平欧的榛子总离子流色谱图

(3)微波炉不同处理条件下平欧榛子挥发性成分差异性分析

①不同焙烤程度平欧榛子中挥发性成分种类和含量变化 从表 5-3 可以看出,随着微波炉对平欧榛子焙烤程度的增加,挥发性成分的种类和总含量都有很明显的增加。有的挥发性成分在生的平欧榛子中并不存在,而随着焙烤程度的增加该类挥发性成分会呈倍数增加。从生榛子焙烤至糊榛子过程中吡嗪类和醛酮类挥发性成分变化最大,其中 3 号榛子中吡嗪类和醛酮类挥发性成分的种类高达 24 种,而生的榛子中仅 2 种;除了上述 2 种挥发性成分外,其他的挥发性成分从种类和含量上变化均不明显。可见,平欧榛子在焙烤过程中产生特殊焙烤香

气的物质,可能是由于吡嗪类和醛酮类挥发性成分起的效果。

表 5-3　不同处理条件下平欧榛子中挥发性成分种类和含量　　　　　　μg/kg

项目	生的榛子		1 号		2 号		3 号	
吡嗪类种类和含量	—	—	3 种	0.67	6 种	6.77	7 种	39.09
醛酮类种类和含量	2 种	0.16	5 种	1.84	9 种	12.71	17 种	56.97
醇类种类和含量	3 种	0.3	3 种	0.56	2 种	1.48	2 种	24.51
酯类种类和含量	3 种	0.19	3 种	1.04	1 种	0.09	3 种	4.40
酸类种类和含量	6 种	3.46	6 种	6.74	4 种	6.66	4 种	2.75
烃类种类和含量	6 种	0.26	2 种	0.41	4 种	0.30	3 种	1.36
其他种类和含量	2 种	0.14	7 种	1.92	4 种	0.48	11 种	18.53
合计种类和含量	22 种	4.51	29 种	13.18	30 种	28.49	47 种	147.61

②不同焙烤程度平欧榛子中吡嗪类和醛酮类挥发性成分的变化　由表 5-4 可以看出,随着焙烤程度的增加,吡嗪类化合物的种类和含量在增加。生平欧榛子中并没有吡嗪类化合物,吡嗪被认为是典型的焙烤坚果风味化合物的成分。焙烤欧洲榛和花生中都检测到了 2,5-二甲基吡嗪(Cesarettin et al.,2003;Braddock et al.,1995),2,5-二甲基吡嗪是甘氨酸参与的美拉德反应和甘氨酸自动降解的产物(Abul and Haider Shipar,2004),平欧榛子烤制过程中也检测到 2,5-二甲基吡嗪。有报道,烤制的欧洲榛中具有烧烤味的 2-乙基-3,5-二甲基吡嗪(Cesarettin et al.,2003),在本试验中,烤制之后的平欧榛子中也检测到 2-乙基-3,5-二甲基吡嗪,且在 3 号处理中含量最多。在 2 号和 3 号的榛子中检测到甲基吡嗪,甲基吡嗪是一种食品添加剂,具有可可巧克力香味和坚果仁香味。烤制之后的榛子中都检测到了苯乙醛,它是对榛子风味影响非常重要的醛类,在生榛子中并未检测到苯乙醛,推测它可能是榛子中的脂肪类化合物在微波炉焙烤过程中发生了热氧化降解产生的。在生榛子和烤制之后榛子中均检测出来了壬醛,壬醛具有强烈的油脂气味和甜橙气息,也是平欧生榛子中检测出来的唯一一种醛类,是生平欧榛子香气的重要组成成分。α-亚乙基-苯乙醛在 2 号和 3 号榛子中被检测出来,具有花香、蜜糖、可可似的香气。烤制的榛子中检测到的十六醛也被称为草莓醛,该醛具有甜香和果香味。很多酮类具有特殊的香气,5-甲基-4-庚酮和 2-甲氧基吡嗪等被认为是意大利生榛子中重要气味成分(Burdack-Freitag et al.,2010)。生平欧榛子中检测到了一种酮类物质是 3-甲基-2-环己烯酮,它天然存在于榛子、咖啡、蛤肉中,具有甜坚果香气和杏仁气味,推测其对生的平欧榛子的香气成分组成有很大贡献。2 号和 3 号榛子中检测到的 HDMF(又称为菠萝酮),其天然存在于菠萝和牛肉汤中,具有水果香以及焦糖香气。在烤制过的榛子中均检测到 DDMP,其具有焦甜以及熔融黄油的香味(陈永宽等,2003;Preininger et al.,2009)。3 号的榛子中检测出呋喃它酮,并且这种酮类物质含量较高,无臭味苦,具有致癌性。随着榛子炒制程度的增加,吡嗪类和醛酮类挥发性成分的种类和含量呈总体增加的趋势,虽然当榛子被炒制糊的时候,挥发性成分的种类和含量均最多,但是其中却含有一些致癌的物质,食用后对身体健康有害。

表 5-4　不同焙烤程度平欧榛子的吡嗪类和醛酮类挥发性成分　　　　　　　　　μg/kg

种类	化学名称	生榛子（峰号）	1 号榛子（峰号）	2 号榛子（峰号）	3 号榛子（峰号）
吡嗪类	甲基吡嗪	—	—	0.10(2)	4.36(6)
	2,5-二甲基吡嗪	—	0.52(7)	0.72(3)	20.08(10)
	3-乙基-2,5-二甲基吡嗪	—	—	—	4.72(24)
	2-乙基-3,5-二甲基吡嗪	—	0.10(17)	2.80(9)	4.11(25)
	2-甲基-3(2-丙烯基)-吡嗪	—	—	0.17(10)	—
	2-甲基-3,5-二乙基吡嗪	—	—	2.43(13)	3.10(33)
	2-甲基-5-(1-丙烯基)-吡嗪	—	—	0.55(15)	1.64(38)
	5-甲基-2-羟甲基吡嗪	—	0.05(20)	—	—
	(1-甲基乙基)-吡嗪	—	—	—	1.08(27)
醛酮类	壬醛	0.11(6)	—	0.75(11)	—
	苯乙醛	—	1.18(13)	9.41(7)	7.34(20)
	2-辛基-环丙烷辛醛	—	0.23(53)	—	—
	α-亚乙基-苯乙醛	—	—	0.36(19)	0.94(47)
	2,4-癸二烯醛	—	—	0.09(21)	—
	2-月桂烯醛	—	—	0.22(25)	—
	糠醛	—	—	—	23.62(7)
	5-甲基-2-呋喃甲醛	—	—	—	3.87(12)
	1-甲基-1H-吡咯-2-甲醛	—	—	—	0.76(30)
	2,3-二氢-1H-茚-4-甲醛	—	—	—	0.17(50)
	十六醛	—	0.07(40)	—	0.07(62)
	3-甲基-2-环己烯酮	0.05(4)	0.24(14)	—	1.96(21)
	1-(1H-吡咯-2-基)-乙酮	—	—	—	1.80(22)
	4-己烯-3-酮	—	—	0.32(4)	—
	2,5-二甲基-4-羟基 3(2H)-呋喃酮(HDMF)	—	—	0.68(8)	6.03(23)
	2-甲基-1,3-环己二酮	—	—	—	2.04(26)
	2,3-二氢-3,5-二羟基-6-甲基-4H-吡喃-4-酮(DDMP)	—	0.12(23)	0.67(12)	5.94(32)
	1-(2,4-二乙基苯基)-乙酮	—	—	—	0.38(41)
	5,6-二氢-6-戊基-2H-吡喃酮	—	—	—	0.14(46)
	4-氢-6-丙基-2H-吡喃-2-酮	—	—	—	0.29(48)
	呋喃它酮	—	—	—	1.34(64)
	二乙胺苯酮	—	—	—	0.28(73)
	2-氨基-2,4,6-环庚三烯-1-酮	—	—	0.21(22)	—

注:"—"表示小于方法检出限。

③不同焙烤程度平欧榛子中醇类、酯类和酸类挥发性成分的变化　醇类与烃类一样,被认为对风味的贡献很小,醇类物质多数的来源是脂肪酸分解或者醛类物质降解产生的(Burdack-

Freitag et al.，2010）。从表5-5看出，在1号和2号榛子中检测出来的2-乙基-1-己醇具有甜味和淡花香味。3号榛子中检测出2-呋喃甲醇，其是一种对人体有害的物质，在其他不同烤制程度的榛子中没有检测到2-呋喃甲醇，推测可能是由于3号榛子在炒制过程中生成了较多的呋喃，而作为内标物溶剂的甲醇加入到样品中与生成的呋喃发生了反应，合成了较多的2-呋喃甲醇。生榛子和1号榛子中检测到十四烷酸和9-十六碳烯酸可以作为其他香气成分的前体物质，随着微波炉炒制功率的增强，两种物质可能发生了化学反应，生成了其他香气成分。随着焙烤程度的增加，脂肪酸含量先增加后减少，呈现这种变化的原因可能是榛子仁中高级脂肪酸在焙烤过程中先分解为低级脂肪酸，低级脂肪酸进一步发生裂解等反应，生成醛酮类挥发性成分等。酸类物质本身对香气成分的贡献不大，但可能发生复杂的化学反应，生成其他香气成分。

表5-5　微波炉不同处理条件下平欧榛子醇类、酯类和酸类挥发性成分变化　　　　μg/kg

种类	化学名称	生榛子（峰号）	1号榛子（峰号）	2号榛子（峰号）	3号榛子（峰号）
醇类	2-癸烯-1-醇	0.03(10)	—	—	—
	3,6-二甲氧基-9-(苯乙炔基)-芴醇	0.18(12)	—	—	—
	2-亚甲基环戊醇	0.12(15)	0.08(28)	0.07(28)	—
	2-乙基-1-己醇	—	0.37(12)	1.41(6)	—
	正辛醇	—	0.11(15)	—	—
	2-呋喃甲醇	—	—	—	23.17(8)
	5-甲基-2-呋喃甲醇	—	—	—	1.34(11)
酯类	邻苯二甲酸-异丁基十八烷基酯	—	0.04(43)	—	—
	10-羟基-11-吗啉-4-基-十一烷酸丙酯	—	0.76(50)	—	—
	10-羟基-11-吗啉-4-基-十一烷酸异丙酯	—	0.24(57)	—	1.82(68)
	棕榈酸甲酯	0.04(32)	—	—	—
	(Z)9-十八碳烯酸甲酯	0.09(37)	—	—	—
	(E)9-十八碳烯酸甲酯	0.06(38)	—	—	—
	(Z)13-十八碳烯酸甲酯	—	—	0.09(40)	—
	泛酸内酯	—	—	—	1.66(19)
	2-吡啶甲酸甲酯	—	—	—	0.92(36)
酸类	十四烷酸(肉豆蔻酸)	0.04(29)	0.04(39)	—	—
	9-十六碳烯酸	0.05(33)	0.08(46)	—	—
	十六烷酸(棕榈酸)	0.39(34)	1.39(47)	1.52(38)	0.52(66)
	油酸	1.69(40)	3.96(51)	3.20(43)	1.70(69)
	十八烷酸	—	0.97(52)	0.96(44)	0.42(70)
	13-十八烯酸	0.36(42)	0.30(55)	—	—
	异油酸	0.93(41)	—	0.98(42)	—
	2-十二烯酸	—	—	—	—
	十九烯酸	—	—	—	0.11(71)

注："—"表示小于方法检出限。

④不同焙烤程度平欧榛子中烷烃、烯烃和其他类挥发性成分的变化　一般情况下,烃类对香味贡献不大。由表 5-6 可以看出,榛子在烤制之后,其中的呋喃类物质含量会比生的时候增加,某些呋喃类物质会有香甜味、苦涩味、焦煳味、肉味以及椰子肉味(Waller and Feather,1983)。呋喃是低分子量五环化合物,是无色的液体,具有较高的挥发性,沸点为31 ℃。呋喃形成的前体物主要有以下三个方面来源:分别是抗坏血酸及其相关化合物、美拉德反应体系中氨基酸的存在,以及缺少糖的情况下和多不饱和脂肪酸、甘油三酯的氧化(Locas and Yaylayan,2004;Becalski and Seaman,2005;Mark et al.,2006;Senyuva and Vgokmen,2007)。羟甲基呋喃的形成也被看作是美拉德反应的一个标志,其含量在150 ℃条件下加热 30 min 由 9.9 mg/kg 增长到了 39.8 mg/kg(Senyuva and Vgokmen,2007)。在缺少糖的情况下,一些氨基酸如丝氨酸和半胱氨酸可能会形成呋喃类物质,这些氨基酸在榛子中含量是微量的(Locas and Yaylayan,2004)。3 号榛子中检测出 2-甲氧基-二苯并呋喃以及大量的呋喃甲醇,这些大量呋喃类物质的存在,可能是 3 号榛子呈煳味、烧焦味、苦味的原因。吡咯、吡啶和吲哚类的挥发性成分也在经过焙烤的坚果中被检测出来,它们是通过美拉德反应生成且具有浓郁的类似烧烤的气味。3 号榛子中检测出来的 1-(2-呋喃甲基)-1H-吡咯是一种食品用香料,其具有榛子和咖啡的香气,天然品存在于咖啡和炒榛子中。吡啶类物质在高浓度时具有刺激性气味,但是在较低浓度时具有令人有食欲的烧焦味道(Shuichi,1989)。在 1 号和 3 号榛子中检测到的麦芽酚也是酮类的一种,具有焦香奶油糖的香气,是一种广用的香味增效剂,对改善食品风味起着显著的作用。

表 5-6　微波炉不同处理条件下平欧榛子烷烃、烯烃和其他类挥发性成分变化　　　　μg/kg

种类		化学名称	生榛子 (峰号)	1 号榛子 (峰号)	2 号榛子 (峰号)	3 号榛子 (峰号)
烷烃与烯烃类	十五烷		0.03(21)	—	—	—
	十六烷		0.07(24)	—	0.07(32)	—
	十七烷		0.06(27)	—	—	—
	2,6,11,15-四甲基-十六烷		0.03(28)	—	—	—
	环十六烷		0.04(31)	—	—	—
	十四烷		—	—	0.10(26)	—
	环十四烷		—	—	0.07(37)	—
	环癸烷		—	—	—	0.42(54)
	2-甲氧基-2-庚烯		—	—	—	0.56(29)
	角鲨烯		—	0.37(61)	—	0.38(75)
	壬烯		—	0.04(25)	—	—
	癸烯		—	—	0.06(29)	—
	十三烯		0.03(19)	—	—	—
其他类	甲氧基-苯基-肟		0.10(2)	—	—	—

续表 5-6

种类	化学名称	生榛子（峰号）	1号榛子（峰号）	2号榛子（峰号）	3号榛子（峰号）
其他	2,6-二(1,1-二甲基)-4-(1-氧代丙基)苯酚	0.04(25)	0.11(36)	0.09(33)	0.60(59)
	1,2,4-三甲氧基苯	—	0.06(32)	—	0.25(55)
	五氟代甲氧基苯	—	0.07(34)	0.16(31)	—
	十八烷基吗啉	—	0.51(44)	—	—
	二甲基棕榈基胺	—	0.37(45)	—	0.93(65)
	双 4,4-(1-甲基亚甲基)-苯酚	—	0.45(54)	—	—
	1-酰基-1,2,3,4-四氢吡啶	—	—	0.14(14)	1.57(37)
	N-(2-三氟代甲基苯基)-吡啶甲酰胺肟	—	—	0.09(45)	—
	2-(4-甲基-5-2-苯基-1,3-唑烷-2-基)-吡咯	—	—	—	2.22(15)
	2-乙基-1H-吡咯	—	—	—	2.38(18)
	麦芽酚	—	0.35(21)	—	7.29(28)
	1-(2-呋喃甲基)-1H-吡咯	—	—	—	0.38(35)
	N-苯基-甲酰胺	—	—	—	1.37(51)
	2-甲氧基-二苯并呋喃	—	—	—	0.16(58)
	N-甲基-N 亚硝基-丙胺	—	—	—	1.38(31)

注:"—"表示小于方法检出限。

（4）微波炉焙烤平欧榛子香气主成分分析

有研究表明,甲基吡嗪、2,5-二甲基吡嗪、3-乙基-2,5-二甲基吡嗪、2-乙基-3,5-二甲基吡嗪、壬醛、苯乙醛、2,4-癸二烯醛、糠醛、2,5-二甲基-4-羟基 3(2H)-呋喃酮、2-乙基-1-己醇、辛醇以及麦芽酚的阈值分别是 1.9 $\mu g/kg$、0.02 $\mu g/kg$、0.24 $\mu g/kg$、0.24 $\mu g/kg$、1、4 $\mu g/kg$、0.07 $\mu g/kg$、5 $\mu g/kg$、0.03 $\mu g/kg$、1.28 $\mu g/kg$、110 $\mu g/kg$、7.1 $\mu g/kg$（Leffingwell et al.，1991；Van Gemert,2003；Maga and Sizer,1973；Chen et al.,2009；罗玉龙等,2015；Varlet et al.，2006；Fors,1983）,通过 OAV 的计算公式,上述物质除了辛醇和壬醛之外,OAV 值均大于 1,个别成分的 OVA 值较大,如 2,5-二甲基吡嗪的 OVA 值达到了 1 004。一般认为 OVA 值大于 1 对香气成分有贡献,大于 10 被认为是重要的香气物质。2,3-二氢-3,5-二羟基-6-甲基-4H-吡喃-4-酮在烤制过的榛子中均被检测到,是美拉德反应低温时主要挥发性产物,未找到其气味阈值,虽然其本身不具有气味,但将其加入到卷烟中会产生甜味、坚果味和烤烟风味（周志磊,2014）,这里将 2,3-二氢-3,5-二羟基-6-甲基-4H-吡喃-4-酮也作为主要挥发性成分进行分析。后文中分别用 X_1、X_2、X_3、X_4、X_5、X_6、X_7、X_8、X_9、X_{10}、X_{11} 来表示甲基吡嗪、2,5-二甲基吡嗪、3-乙基-2,5-二甲基吡嗪、2-乙基-3,5-二甲基吡嗪、苯乙醛、2,4-癸二烯醛、糠醛、HDMF、2-乙基-1-己醇、麦芽酚、DDMP。OAV 值依次是：2.29、1 004、197、171、2.35、1.29、4.72、201、1.1、1.07、未知。

表 5-7　因子总方差解释结果

成分	合计	方差/%	累计/%
1	8.080	73.456	73.456
2	2.887	26.249	99.705
3	0.032	0.295	100.000
4	2.837E-16	2.579E-15	100.000
5	1.229E-16	1.118E-15	100.000
6	8.103E-17	7.366E-16	100.000
7	−5.807E-17	−5.279E-16	100.000
8	−1.454E-16	−1.321E-15	100.000
9	−2.978E-16	−2.707E-15	100.000
10	−3.188E-16	−2.898E-15	100.000
11	−4.386E-16	−3.987E-15	100.000

　　如表 5-7 和图 5-8 所示，第一主成分特征值为 8.080，累积贡献率为 73.456%；第二主成分特征值为 2.887，累积贡献率为 99.705%。能够较好地代表原始数据所反映的信息，故提取这两个因子来反映微波炉焙烤过程中生成具有代表性的 11 种香气成分的原始信息。由表 5-7 可知，主成分经过旋转之后与旋转之前所代表的原变量的种类未发生变化，第一主成分代表 DDMP、HDMF、甲基吡嗪、2,5-二甲基吡嗪、糠醛、3-乙基-2,5-二甲基吡嗪、麦芽酚、2-乙基-3,5-二甲基吡嗪这 8 种香气成分的影响作用，第二种成分代表 2,4-癸二烯醛、2-乙基-1-己醇、苯乙醛这 3 种香气成分影响作用。

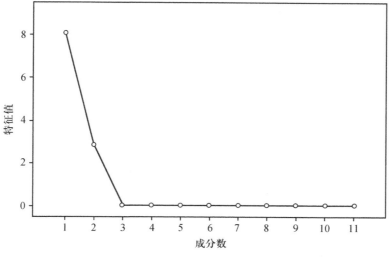

图 5-8　主成分分析碎石图

主成分贡献率多少可以用主成分矩阵来衡量,其绝对值的大小代表了该变量对这一主成分的贡献多少,由表 5-8 旋转后主成分矩阵可知,第一主成分包含 8 种香气物质,其贡献率的大小依次是:DDMP＝HDMF＞甲基吡嗪＝2,5-二甲基吡嗪＞糠醛＝3-乙基-2,5-二甲基吡嗪＞麦芽酚＞2-乙基-3,5-二甲基吡嗪;第二主成分中 3 种香气成分贡献率大小依次是:2,4-癸二烯醛＞2-乙基-1-己醇＞苯乙醛。

表 5-8　各变量旋转成分矩阵

变量	旋转前主成分		旋转后主成分	
	1	2	1	2
X_{11}(2,3-二氢-2,3-二羟基-6-甲基-4H-吡喃-4-酮)	1	0.25	1	−0.005
X_8(2,5-二甲基-4-羟基-3(2H)-呋喃酮)	0.999	0.033	1	0.002
X_1(甲基吡嗪)	0.998	−0.055	0.996	−0.083
X_2(2,5-二甲基吡嗪)	0.998	−0.053	0.996	−0.086
X_7(糠醛)	0.997	−0.077	0.994	−0.107
X_3(3-乙基-2,5-二甲基吡嗪)	0.997	−0.077	0.994	−0.107
X_{10}(麦芽酚)	0.995	−0.095	0.991	−0.126
X_4(2-乙基-3,5-二甲基吡嗪)	0.818	0.574	0.835	0.548
X_6(2,4-癸二烯醛)	−0.260	0.960	−0.231	0.968
X_9(2-乙基-1-己醇)	−0.376	0.917	−0.348	0.928
X_5(苯乙醛)	0.483	0.876	0.510	0.860

由图 5-9 可知,第一主成分中的 8 种香气成分在旋转空间成分图中聚为 2 簇,DDMP、HDMP、甲基吡嗪、2,5-二甲基吡嗪、糠醛、3-乙基-2,5-二甲基吡嗪、麦芽酚聚为一簇,2-乙基-3,5-二甲基吡嗪单独一簇。第二主成分中 2,4-癸二烯醛、2-乙基-1-己醇聚为一簇,苯乙醛单独聚为一簇。在第一主成分中所包含的 8 种香气成分,它们对炒制榛子的风味整体影响作用分为两类,同样在第二主成分中所包含的 3 种香气成分,其对炒制后榛子风味整体影响也可以分为两类。通过主成分分析,可知 11 种香气成分对炒制榛子香气的影响可分为 4 类,这 4 类香气成分共同作用构成了炒制榛子香气的成分特征,以区别于其他坚果。

依据主成分分析 F 值可以来评价微波烤制平欧榛子的香气质量。由表 5-9 可知,前两个主成分累积贡献率 99.705%,基本保留了原变量的信息。第一主成分 $F_1 = 0.123X_1 + 0.123X_2 + 0.123X_3 + 0.107X_4 + 0.069X_5 - 0.022X_6 + 0.123X_7 + 0.124X_8 - 0.037X_9 + 0.122X_{10} + 0.124X_{11}$,其代表变量是 X_8 和 X_{11},即 HDMP 和 DDMP;第二主成分 $F_2 = -0.023X_1 - 0.022X_2 - 0.030X_3 + 0.195X_4 + 0.301X_5 + 0.333X_6 - 0.030X_7 + 0.007X_8 + 0.319X_9 - 0.037X_{10} + 0.005X_{11}$,其代表变量是 X_6 和 X_9,即 2,4-癸二烯醛和 2-乙基-1-己醇。经计算不同微波焙烤工艺下榛子的 F 值依次是 0.27、1.87 和 7.58,但是高火(350 W,4 min)

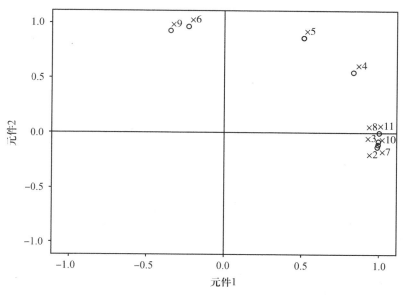

图 5-9　旋转空间中成分图

处理的平欧榛子虽然其 F 值最高,同时却检测出了致癌物质- N-甲基-N 亚硝基-丙胺,因此确定中低火焙烤条件下平欧榛子香气质量最佳。

表 5-9　各变量特征向量

变量	F_1	F_2
X_1	0.123	-0.023
X_2	0.123	-0.022
X_3	0.123	-0.030
X_4	0.107	0.195
X_5	0.069	0.301
X_6	-0.022	0.333
X_7	0.123	-0.030
X_8	0.124	0.007
X_9	-0.037	0.319
X_{10}	0.122	-0.037
X_{11}	0.124	0.005

3. 小结

香气风味是评价坚果类食品品质的重要指标之一,生的坚果类食品一般很少具有强烈的风味,只有在加工之后才会呈现出特有的风味。本试验通过对生的平欧榛子和不同微波焙烤功率下处理的榛子的挥发性成分进行差异性分析,发现平欧榛子经过焙烤之后挥发性成分种类和含量较生的平欧榛子均有所增加,特别是香气成分的种类和含量的增加使得焙烤榛子具有浓郁的气味。生的平欧榛子中共包含 22 种挥发性成分,而不同焙烤程度 1 号、2 号、3 号的平欧榛子中分别包含 29 种、30 种和 47 种挥发性成分,并且经过焙烤的平欧榛子中检测到了大量的吡嗪类、醛酮类以及其他的杂环类物质,吡嗪类化合物在许多焙烤坚果中都被检测到,其对坚果焙烤香气有很大的贡献,吡嗪类化合物是典型的美拉德反应的产物,醛酮类来源可能是脂肪的热降解,也可能是美拉德反应中期产物。通过主成分分析出第一主成分和第二主成分的特征值为 8.080 和 2.887,其累积贡献率达 73.456% 和 99.705%,能够较好地代表原始数据所反映的信息,焙烤榛子的主要香气来源于吡嗪类、醛酮类物质。利用 F 值评价微波焙烤榛子香气质量,中低火(280 W,4 min)焙烤条件下平欧榛子香气质量最佳,同时该焙烤条件下,榛子中油脂的过氧化值也是最低的。

5.2　微波炉焙烤平欧榛子关键香气前体物质确定

1. 材料与方法
(1)材料
供试材料:营口达维榛子。
(2)方法
氨基酸分析:取 1.5 g 不同焙烤程度榛子粉,加入 0.1 mol/L 盐酸 30 mL,100 W 超声波处理 30 min,抽滤后,取 10 mL 加入 10% 磺基水杨酸 10 mL,离心机 12 000 r/min 离心 20 min,取上清液过 0.2 μm 滤膜,上机待测。

总糖和还原糖采用国标第二方法,即滴定法,用酒石酸铜进行滴定。首先使用葡萄糖标准溶液和转化糖标准溶液对酒石酸铜进行标定测得 F 值,测得葡萄糖和转化糖对应的 F 值分别是 10.68 和 5.48。

总糖测定:取脱脂榛子粉 5 g 于 250 mL 容量瓶中,依次加入 50 mL 水和 5 mL 乙酸锌亚铁氰化钾溶液,定容静置 30 min,过滤取滤液。取 50 mL 滤液加入 6 mol/L 的盐酸 5 mL,在 70 ℃ 条件下水解 15 min,立即冷却后定容至 100 mL,使用酒石酸甲乙混合液进行标定,测得榛子粉中总糖含量(这里的总糖包括葡萄糖、果糖、乳糖、麦芽糖以及蔗糖)。

还原糖测定:取上述滤液 10 mL,加入到酒石酸混合液中,不加水,再用标准溶液进行滴定至终点。

蔗糖含量:(总糖含量－还原糖含量)×0.95

模式美拉德反应:每一组称取还原糖 3 g 于装有 100 mL 磷酸缓冲液的 250 mL 烧杯中,分别加入 1 g 对应的氨基酸,搅拌溶解,调节体系 pH 为 7.0 左右。在油浴锅中 120 ℃ 条件下,反应时间 2 h,对反应产物进行 GC-MS 分析。

抗氧化性研究:将上述美拉德反应产物与适量甘油混合,再以 1% 的浓度加入到榛子提取的油脂中,并且在 40 ℃ 条件下存放 20 d,期间考察过氧化值变化情况。

过氧化值(POV):测定按 GB/T 5009.37—2003。

榛子粕酶解液制备:取一定量脱脂榛子粕(过 40 目筛)与蒸馏水混合,加入一定量碱性蛋白酶,调节体系 pH 和温度,控制反应时间;然后 100 ℃ 恒温水浴锅灭酶 10 min,降温至 50 ℃ 以下,之后加入一定量的风味蛋白酶,酶解最佳时间后沸水浴灭活 20 min;冷却后用 4 000 r/min 离心 15 min,上清液即为榛子粕酶解液。取酶解上清液 0.5 mL 定容至 50 mL,再取

0.4 mL 稀释液加入 1.6 mL 蒸馏水中,溶液中加入 1 mL 茚三酮显色剂,沸水浴 15 min,同时做空白组,冷却后加入 40% 乙醇溶液 5 mL,放置 15 min 后测定吸光度,计算水解度。

酶解液水解度:DH(%)=游离氨基氮(g/L)×100%/可溶性蛋白氮含量(g/L)

可溶性氮含量=酶解产物上清液含氮量/榛子粕总含氮量×100%(张水华等,2006)

Maillard 生香香精制备:经过大量预实验,初步确定榛子特征香气模式美拉德反应参数如下:称取 3 g 榛子粕粉,加入 100 mL 蒸馏水,调节体系 pH,加入 3% 碱性蛋白酶水解,灭活,再加入 3% 风味蛋白酶水解,灭活。取水解上清液加入葡萄糖、果糖各 1 g 于具塞锥形瓶中,调节体系 pH 为 7.0,油浴 120 ℃ 温度下反应 2 h,冷却后,上机待测。

2. 结果与分析

(1)微波炉焙烤平欧榛子关键香气前体物质确定

①微波炉焙烤过程中游离氨基酸含量变化 榛子仁在焙烤过程中游离氨基酸变化见图 5-10 和表 5-10。在不同焙烤功率下,榛子仁中总游离氨基酸含量从 3.87 mg/kg 降至 0.67 mg/kg。在榛子游离氨基酸含量计算中,含量大于 1 mg/g 的是 Glu;含量大于 0.5 mg/g 小于 1 mg/g 的是 Ala;大于 0.1 mg/g 小于 0.5 mg/g 的有 Asp、Thr、Val、Ile、Leu、Phe、Arg、Tyr;含量小于 0.1 mg/g 的有 Gly、Lys、His、Ser。这些榛子仁中游离氨基酸在焙烤过程中可能涉及美拉德反应、斯克勒特降解反应以及脱羧或脱氨等反应。

表 5-10 不同焙烤功率下榛子仁中游离氨基酸变化 mg/g

氨基酸名称	生的榛子质量	1 号榛子质量	2 号榛子质量	3 号榛子质量
Asp 天冬氨酸	0.12	0.18	0.10	0.02
Thr 苏氨酸	0.14	0.15	0.07	0.02
Ser 丝氨酸	0.06	0.05	0.02	0.01
Glu 谷氨酸	1.39	1.26	0.53	0.12
Gly 甘氨酸	0.09	0.08	0.04	0.02
Ala 丙氨酸	0.84	0.51	0.25	0.07
Val 缬氨酸	0.11	0.08	0.02	0
Ile 异亮氨酸	0.22	0.18	0.07	0.04
Leu 亮氨酸	0.19	0.15	0.05	0.04
Tyr 酪氨酸	0.11	0.08	0.05	0.08
Phe 苯丙氨酸	0.18	0.09	0.05	0.10
Lys 赖氨酸	0.03	0.04	0.01	0.03
NH$_3$ 游离氨基	0.04	0.03	0.04	0.06
His 组氨酸	0.04	0.02	0.01	0.01
Arg 精氨酸	0.31	0.11	0.06	0.04
总计	3.87	3.01	1.37	0.66

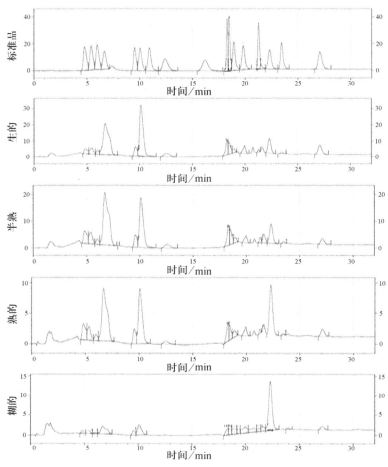

图 5-10 不同焙烤功率下榛子仁中游离氨基酸的变化

表 5-11 中，对比 2 号榛子和生榛子中游离氨基酸比率变化中可以看出，比率小于 0.3 的有 Val、Phe、Arg、Leu、His；大于 0.3 而小于 0.5 的有 Ser、Gly、Ile、Lys、Glu、Ala、Tyr；比率大于 0.5 而小于 1 的有 Asp、Thr。

综上，榛子炒制过程主要参与反应生成香气成分的氨基酸是 Glu、Ala、Val、Ile、Leu、Arg。

表 5-11 不同焙烤功率下榛子仁中游离氨基酸比率

氨基酸名称	生的榛子比率	1 号榛子比率	2 号榛子比率	3 号榛子比率
Asp 天冬氨酸	1	1.48	0.84	0.20
Thr 苏氨酸	1	1.06	0.52	0.17
Ser 丝氨酸	1	0.86	0.45	0.14
Glu 谷氨酸	1	0.91	0.39	0.09
Gly 甘氨酸	1	0.83	0.42	0.20
Ala 丙氨酸	1	0.61	0.30	0.08

续表 5-11

氨基酸名称	生的榛子比率	1 号榛子比率	2 号榛子比率	3 号榛子比率
Val 缬氨酸	1	0.69	0.22	0.00
Ile 异亮氨酸	1	0.81	0.34	0.19
Leu 亮氨酸	1	0.72	0.26	0.21
Tyr 酪氨酸	1	0.76	0.44	0.75
Phe 苯丙氨酸	1	0.55	0.28	0.56
Lys 赖氨酸	1	1.48	0.41	0.99
NH₃ 游离氨基	1	0.83	0.91	1.50
His 组氨酸	1	0.57	0.21	0.20
Arg 精氨酸	1	0.35	0.20	0.14

注:游离氨基酸比率＝焙烤后平欧榛子中游离氨基酸含量/生平欧榛子中游离氨基酸含量。

②游离氨基酸与主成分相关性分析　为了进一步验证榛子在焙烤过程中生成的香气物质的前体氨基酸,采用 PLSR 方法对不同焙烤程度榛子中游离氨基酸与 5.1 节分析数据得到的 11 种香气物质主成分的数据进行相关性分析。所建立的 PLSR 模型中一共包含了 2 个主成分,并且其交叉验证解释方差为 83.7％,结果见图 5-11。焙烤榛子中游离氨基酸均位于载荷图的右侧,而与之相对应的香气成分除了 2-乙基-1-己醇之外全部位于载荷图左侧;并且位于载荷图左侧的香气成分中除了麦芽酚之外,其他均属于吡嗪和醛酮类挥发性成分,这说明了氨基酸的变化与焙烤榛子中特征香气的形成具有相关性。

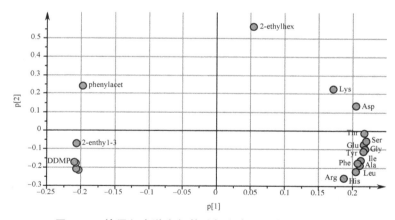

图 5-11　榛子仁中游离氨基酸与主成分分布相关性分析

③微波炉焙烤过程中游离糖含量变化　平欧榛子仁焙烤过程中总糖、蔗糖和还原糖含量变化见表 5-12。平欧榛子在焙烤过程中,榛子粕中总糖含量在逐渐下降,而还原糖含量先增加后减少,蔗糖含量逐渐下降。还原糖含量的变化可能是由于加热过程中美拉德反应不断消耗还原糖,而蔗糖在加热过程中不断水解为还原糖以参与反应,可见,蔗糖分解成的单糖是榛

子焙烤过程中发生美拉德反应的碳源。

表 5-12　平欧榛子焙烤过程中可溶性糖含量变化 mg/g

糖含量	生榛子	1号榛子	2号榛子	3号榛子
总糖	140.68±0.64	133.27±0.36	129.48±0.23	99.66±0.31
还原糖	1.81±0.02	4.99±0.05	3.59±0.11	2.61±0.09
蔗糖	131.93	121.87	119.60	92.20

（2）模拟美拉德反应建立及应用于榛子油脂抗氧化研究

有研究发现，模拟美拉德反应的产物应用于食品中具有抗氧化性（双杨等，2013）。榛子在焙烤过程中不仅可以产生浓郁的香气，还会生成一些具有抗氧化活性的产物。本试验通过氨基酸与果糖和葡萄糖进行一一配对，油浴锅120℃条件下反应2h，反应产物加入到生榛子油中进行抗氧化性能研究。

①模拟美拉德反应　选取6种氨基酸Glu（谷氨酸）、Ala（丙氨酸）、Val（缬氨酸）、Ile（异亮氨酸）、Leu（亮氨酸）、Arg（精氨酸）和2种糖类（葡萄糖和果糖），分别进行模拟美拉德反应。

由表5-13可知，榛子粕中游离氨基酸在加热条件下与葡萄糖和果糖发生美拉德反应，会生成大量的挥发性物质。

表 5-13　模拟美拉德反应产物

序号	化合物名称	来源
1	甲氧基-苯基-肟（DDMP）	1-12
2	壬醛	1-12
3	月桂烯醛	1/2/10/12
4	十四烷	1/3/4/5/7/10/11/12
5	棕榈酸	1/2/9/12
6	异油酸	1/6/10
7	油酸	2/3/4/10
8	正辛醇	4
9	2,3-二氢-3,5-二羟基-6-甲基-4H-吡喃-4-酮	3/5/6/7/9/10/11/12
10	十五烷	3/4/5/12
11	棕榈酸甲酯	3/4/6/10/11
12	环十四烷	4
13	十六烷	9/12
14	2,6,11,15-四甲基-十六烷	8/10
15	十六醛	9
16	壬烯	10
17	癸烯	11

注：不同美拉德反应体系，1~6为果糖与精氨酸、丙氨酸、谷氨酸、缬氨酸、亮氨酸和异亮氨酸组合；7~12为葡萄糖与精氨酸、丙氨酸、谷氨酸、缬氨酸、亮氨酸和异亮氨酸组合。

表 5-13 中的 17 种化学物质是在模拟美拉德反应和焙烤后榛子中均检测到的。酮类化合物的来源可能是美拉德反应产物，也可能是脂肪氧化产物，DDMP 在葡萄糖、果糖与氨基酸模式反应中均有检测到，其具有焦甜及熔融黄油香味。醛类物质的形成也与美拉德反应过程中发生的降解反应有关，在 12 组模拟反应中，均检测到了壬醛，其具有玫瑰、柑橘及强烈油脂气味；十六醛在葡萄糖与谷氨酸模拟体系中检测出来，也被称为草莓醛，是一种香精香料；月桂烯醛在果糖与精氨酸、果糖与丙氨酸、葡萄糖与缬氨酸、葡萄与异亮氨酸模式美拉德反应组合中被检测出来，其是一种工业用香料。果糖与缬氨酸的模拟体系中检测出来的辛醇具有香草味、杏仁味和油脂味。

此外，在每组的模拟美拉德反应中还生成了许多在焙烤榛子中未检测到的挥发性成分；在果糖与精氨酸、果糖与亮氨酸、葡萄糖与亮氨酸反应体系中均检测到了吡嗪类挥发性成分，并且糖类与亮氨酸的组合中检测到了 9 种吡嗪类挥发性成分，随着焙烤程度，平欧榛子中游离亮氨酸含量由 0.19 mg/g 减少到 0.04 mg/g，推断亮氨酸在焙烤平欧榛子过程中对吡嗪类物质的形成有着极其重要的作用，对焙烤榛子香气物质也有很大的贡献。

②模拟美拉德反应产物应用于油脂抗氧化研究　美拉德反应产物不但使食品具有香气、颜色，还令食品具有一定抗氧化的性能。焙烤食品，如饼干和面包在焙烤过程中不但使含水量降低有利于保藏，同时表皮经过焙烤发生美拉德反应产生了令人有食欲的颜色，更有利于食品的保存。

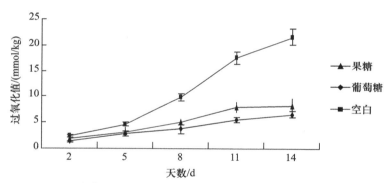

图 5-12　葡萄糖和果糖美拉德反应产物对榛子油过氧化值的影响

美拉德反应底物对榛子油抗氧化的影响：由图 5-12 可以看出，不同还原糖的美拉德反应产物对榛子油的抗氧化效果有明显的影响，随着保存时间的延长，抗氧化效果愈加明显，其中，葡萄糖与氨基酸发生美拉德反应的产物比果糖与氨基酸反应的产物的抗氧化性好。美拉德反应产物一般具有颜色，然而经过脱色处理的美拉德反应产物抗氧化能力却会下降（Yimaz and Toledo，2005；毛善勇等，2003），由此可见，产物中的色素物质是抗氧化能力的关键所在。

不同模拟体系对榛子油抗氧化影响：由于不同糖类与不同氨基酸反应的产物不同，继而会导致其产物的抗氧化性的不同。由图 5-13 可以看出，在 20 d 时，除了"葡萄糖＋谷氨酸"模拟体系外，其余葡萄糖与氨基酸模拟体系抗氧化作用都优于果糖与氨基酸模拟体系。其中，"葡萄糖与亮氨酸"体系抗氧化作用最优，加入该体系产物的油脂的过氧化值最低。该反应模式生成物中醛类和吡嗪类化合物都较多，吡嗪和醛类化合物不但赋予了体系香味，更在油脂中起到了一定的抗氧化作用，可以在一定程度上将榛子油的货架期延长。

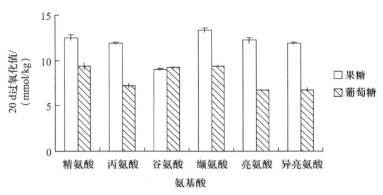

图 5-13　不同模拟体系对榛子油过氧化值的影响

（3）美拉德反应制备榛子香气物质工艺初步探究

①酶制剂的选择　采用碱性蛋白酶和风味蛋白酶对榛子粕进行水解。碱性蛋白酶是内切酶，其切割位点是从肽链两端开始；风味蛋白酶是一种混合酶，具有双重切割位点，它可以在碱性蛋白酶作用之后继续作用于蛋白质或者多肽。有研究者利用碱性蛋白酶和风味蛋白酶复合使用得到的核桃粕水解产物制备出浓香型核桃油香气物质（李进伟等，2013）。

②碱性蛋白酶酶解参数的优化

碱性蛋白酶酶解时间的确定：控制底物浓度为 3%，水解温度 50 ℃，pH 为 9.5，酶添加量为 3%，分别在酶解 2 h、3 h、4 h、5 h、6 h 后测其水解度以及可溶性氮含量，结果见图 5-14 所示。

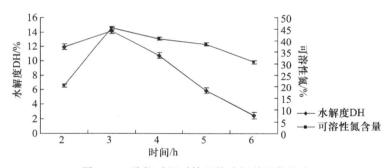

图 5-14　酶解时间对榛子粕酶解效果的影响

如图 5-15 可知，水解度在酶解时间 3 h 时最大，随后逐渐下降，水解度越高，说明水解液中游离氨基酸和小肽分子越多；随着酶解时间的增加，可溶性氮含量同样呈现先增加后趋于平缓的趋势，综合两个指标考虑，酶解 3 h 左右为最佳水解时间。

碱性蛋白酶酶解温度的确定：不同酶解温度对碱性蛋白酶效果见图 5-15。控制酶解时间为 3 h，pH 为 9.5，碱性蛋白酶添加量为 3%。随着酶解温度的上升，榛子蛋白的水解度和可溶性氮含量均呈现先增加后减小的趋势，碱性蛋白酶水解榛子蛋白最佳水解温度为 50 ℃左右。

碱性蛋白酶酶解 pH 的确定：不同的 pH 对碱性蛋白酶的影响见图 5-16。酶解 pH 从 8.5 至 9.5 时水解度有所升高，酶解 pH 为 9.5 至 10.5 水解度略有下降；可溶性氮含量从 pH 为 8.5 至 10.0 时先上升后下降。综合考虑选定最佳酶解 pH 为 10.0 左右。

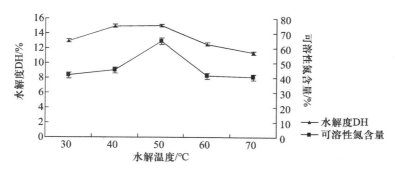

图 5-15　酶解温度对榛子粕酶解效果的影响

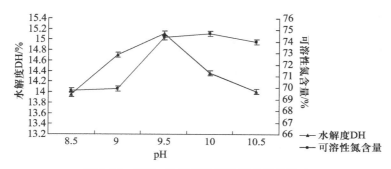

图 5-16　酶解 pH 对榛子粕酶解效果的影响

碱性蛋白酶加酶量的确定:一般来说,当加入的酶的浓度较低,底物浓度高于酶的浓度时,酶的浓度与反应速率呈现正比关系;但是当底物浓度一定时,加入水解酶的浓度增加到一定值之后,反应速度不会增加。由图 5-17 可知,碱解蛋白加酶量为 3% 时,水解度最高,可溶性氮也呈同样的趋势,选定最佳加酶量为 3%。

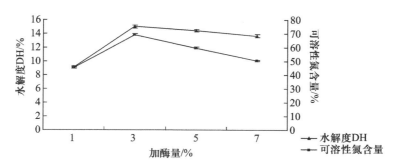

图 5-17　酶解加酶量对榛子粕酶解效果的影响

响应面优化碱性蛋白酶水解条件:通过单因素实验确定的碱性蛋白酶水解较优条件:温度 50 ℃、pH 10.0、加酶量 3%、水解时间 3 h。在此条件基础上,以水解温度、时间、pH 以及加酶量为自变量,以水解度(DH)为响应值,进行响应面分析实验,响应面分析因素水平编码见表 5-14,结果见表 5-15,方差分析结果见表 5-16。4 个因素均达到了极显著的水平,pH 与加酶量交互作用也达到了显著水平,整体模型 $p < 0.01$,二次方程达到了极显著水平,失拟项 $p > 0.05$,R^2 为 0.979 0,说明方程拟合性较好,4 个因子拟合得到的方程为：

$$Y=15.66+0.6\times A+0.62\times B+0.18\times C+0.44\times D+0.2\times A\times B+0.2\times A\times D+0.17\times B\times C+0.44\times B\times D-0.21\times C\times D-0.71\times A\times A-1.53\times B\times B-0.28\times C\times C-0.66\times D\times D$$

水解榛子蛋白过程中水解温度、pH和加酶量一次项均达到了极显著的水平,水解时间达到了显著水平;二次项也都达到了显著水平。其中pH和加酶量的交互作用显著。整体模型 $p<0.01$,并且失拟项不显著,说明上述方程对数据进行了较好的拟合。

表 5-14 响应面分析因素水平编码表

水平	酶解时间/h	酶解温度/℃	酶解 pH	加酶量/%
−1	2.5	45	9.5	2.5
0	3.0	50	10.0	3.0
1	3.5	55	10.5	3.5

表 5-15 响应面分析方案及实验结果

实验号	温度/℃	时间/h	pH	加酶量/%	水解度(DH)/%
1	−1	0	0	1	13.99
2	0	0	0	0	15.5
3	0	−1	0	−1	13.9
4	1	−1	0	0	15.16
5	1	0	−1	0	13.3
6	0	0	−1	−1	12.9
7	−1	0	−1	0	12.4
8	−1	−1	0	0	14.01
9	0	−1	0	1	15.24
10	0	0	0	0	15.90
11	0	1	0	−1	14.68
12	−1	0	0	−1	13.40
13	1	0	0	−1	14.11
14	0	0	−1	1	12.80
15	1	0	1	0	14.80
16	0	−1	1	0	14.10
17	0	0	1	1	14.99
18	0	−1	−1	0	13.10
19	−1	0	1	0	13.10
20	0	1	−1	0	13.20

续表 5-15

实验号	温度/℃	时间/h	pH	加酶量/%	水解度(DH)/%
21	1	1	0	0	15.40
22	0	0	0	0	15.40
23	−1	1	0	0	14.25
24	0	0	0	0	15.80
25	0	1	0	1	15.10
26	0	0	1	−1	13.31
27	0	0	0	0	15.10
28	1	0	0	1	15.52
29	0	1	1	0	14.89

表 5-16　回归模型方差分析

方差来源	平方和	自由度	均方和	F 值	p 值
A:温度	4.25	1	4.25	91.64	<0.000 1
B:pH	4.68	1	4.68	100.85	<0.000 1
C:时间	0.37	1	0.37	8.00	0.013 4
D:加酶量	2.29	1	2.29	49.36	<0.000 1
AB	0.16	1	0.16	3.45	0.084 4
AC	0	1	0	0	1.000
AD	0.17	1	0.17	3.63	0.077 6
BC	0.12	1	0.12	2.57	0.131 4
BD	0.79	1	0.79	17.09	0.001 0
CD	0.17	1	0.21	3.63	0.077 6
A^2	3.31	1	3.31	71.45	<0.000 1
B^2	15.25	1	15.25	328.97	<0.000 1
C^2	0.50	1	0.50	10.84	0.005 3
D^2	2.86	1	2.86	61.80	<0.000 1
模型	30.21	14	2.16	46.54	<0.000 1
残差	0.65	14	0.046		
失拟项	0.12	10	0.012	0.088	0.999 0
纯误差	0.53	4	0.13		
总离差	30.86	28			

由图 5-18 可知,在加酶量为 2.5%～3%,pH 9.5～10 之间时,二者存在显著的协同增强效应,榛子蛋白水解度随二者的增加而增加。而在加酶为 3%～3.5%,pH 10～10.5 之间时,随二者的增加水解度反而下降。加酶量和 pH 两个因素之间具有显著的交互作用。由响应面分析得出最佳水解条件为:水解温度 55 ℃、pH 10.0、水解时间 2.5 h 和加酶量 3%,预测计算得到的水解度为 15.10%,验证实验得到的水解度为 15.24%,单因素最优条件水解度为 15.02%,与预测值相比,响应面分析得到的优化模型是可靠的。

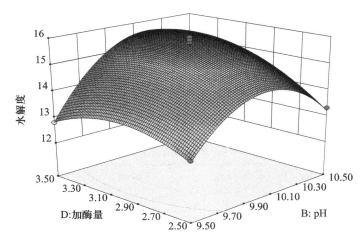

图 5-18　加酶量和 pH 交互作用响应面图

③风味蛋白酶酶解参数的优化

风味蛋白酶酶解时间的确定:由图 5-19 可知,使用风味蛋白酶水解榛子蛋白过程中,随着水解时间的延长,水解度和可溶性氮含量均呈现先增加后减小的趋势,酶解 4 h 为最佳水解时间。

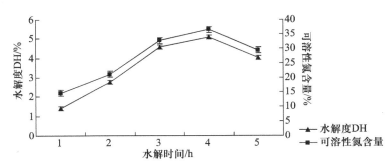

图 5-19　酶解时间对榛子粕酶解效果的影响

风味蛋白酶酶解温度的确定:由图 5-20 可知,当酶解温度低时,酶活力低,而酶解温度过高,酶也因高温而引起蛋白质变性而活性丧失。风味蛋白酶在水解榛子粕蛋白过程中,当酶解温度为 30～50 ℃时水解度和可溶性氮含量均处于增加的趋势,而当酶解温度高于 50 ℃之后,水解度和可溶性氮含量在下降。因此,风味蛋白酶水解榛子粕蛋白实验最佳酶解温度为 50 ℃。

风味蛋白酶酶解 pH 的确定:由图 5-21 可知,风味蛋白酶适应的反应 pH 为 5～8,酶解 pH 为 6.5 时水解度和可溶性蛋白氮含量最高,选定风味蛋白酶最佳水解 pH 为 6.5。

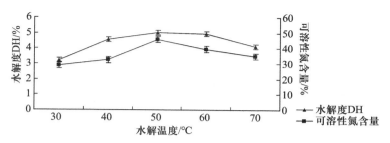

图 5-20　酶解温度对榛子粕酶解效果的影响

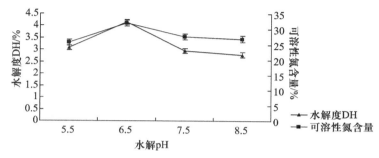

图 5-21　酶解 pH 对榛子粕酶解效果的影响

风味蛋白酶加酶量的确定：风味蛋白酶具有内切和外切双重作用，少量的酶具有催化作用，但催化作用不完全，而过量的酶也会导致底物被包裹，从而降低了催化效率。由图 5-22 可知，风味蛋白酶水解榛子蛋白过程中，随着加酶量的增加水解度出现先增加后减少的趋势，加酶量为 3% 时水解度最大；而可溶性氮含量在加酶量为 3% 后趋于平缓，故选定加酶量 3% 为最佳添加量。

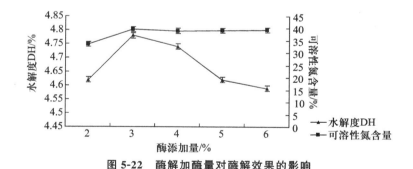

图 5-22　酶解加酶量对酶解效果的影响

响应面优化风味蛋白酶酶解条件：通过单因素实验确定的风味蛋白酶酶解较优条件是：温度 50 ℃、pH 6.0、加酶量 3%、酶解时间 4 h。在此条件基础上，以酶解温度、酶解时间、pH 以及加酶量为自变量，以水解度（DH）为响应值，进行响应面分析实验，响应面分析因素水平编码见表 5-17，结果见表 5-18，方差分析结果见表 5-19。由表可知 4 个因素均达到了显著的水平（$p < 0.05$），水解温度与时间、温度与加酶量、时间与 pH 的交互作用也都达到了显著水平，并且整体模型 $p < 0.01$，二次方程达到了极显著水平，失拟项 $p > 0.05$，R^2 为 0.971 8 说明方程拟合性较好，4 个因子拟合得到的方程为：

$Y=6.03+0.062\times A+0.045\times B+0.064\times C+0.093\times D-0.11\times A\times B-0.045\times A\times C+0.13\times A\times D+0.1\times B\times C+0.045\times B\times D+0.033\times C\times D-0.21\times A\times A-0.34\times B\times B-0.36\times C\times C-0.34\times D\times D$

表 5-17 响应面分析因素水平表

水平	酶解时间/h	酶解温度/℃	酶解 pH	加酶量/%
−1	3.5	48	6.3	2.5
0	4.0	50	6.5	3.0
1	4.5	52	6.7	3.5

表 5-18 响应面分析结果

实验号	温度/℃	时间/h	pH	加酶量/%	水解度(DH)/%
1	−1	0	0	1	5.50
2	−1	0	1	0	5.41
3	0	−1	1	0	5.25
4	0	0	0	0	6.03
5	0	−1	0	−1	5.27
6	1	1	0	0	5.45
7	0	0	0	0	5.99
8	1	0	1	0	5.55
9	0	0	1	1	5.48
10	0	0	0	0	6.06
11	−1	0	0	−1	5.44
12	1	−1	0	0	5.58
13	−1	1	0	0	5.56
14	0	0	1	−1	5.31
15	0	0	0	0	6.10
16	0	1	1	0	5.56
17	0	1	−1	0	5.22
18	0	−1	−1	0	5.31
19	1	0	0	1	5.78
20	1	0	0	−1	5.22
21	0	1	0	−1	5.25
22	0	1	0	1	5.48
23	0	−1	0	1	5.32
24	0	0	−1	−1	5.21
25	−1	0	−1	0	5.24
26	0	0	−1	1	5.25
27	1	0	−1	0	5.56
28	−1	−1	0	0	5.25
29	0	0	0	0	5.95

表 5-19　回归模型方差分析结果

方差来源	平方和	自由度	均方和	F 值	p 值
A:温度	0.046	1	0.046	9.71	0.007 6
B:时间	0.024	1	0.024	5.17	0.039 3
C:pH	0.049	1	0.049	10.51	0.005 9
D:加酶量	0.10	1	0.10	21.84	0.000 5
AB	0.048	1	0.048	10.29	0.006 3
AC	8.100E-003	1	8.100E-003	1.72	0.210 5
AD	0.063	1	0.063	13.29	0.002 6
BC	0.040	1	0.040	8.51	0.011 3
BD	8.100E-003	1	8.100E-003	1.72	0.210 5
CD	4.225E-003	1	4.225E-003	0.90	0.359 2
A^2	0.30	1	0.30	63.32	<0.000 1
B^2	0.77	1	0.77	163.48	<0.000 1
C^2	0.85	1	0.85	181.78	<0.000 1
D^2	0.76	1	0.76	162.30	<0.000 1
模型	2.16	14	0.15	32.81	<0.000 1
残差	0.066	14	4.702E-003		
失拟项	0.052	10	5.211E-003	1.52	0.365 3
纯误差	0.014	4	3.430E-003		
总离差	2.23	28			

　　上述方程对数据进行了较好的拟合。酶解时间与酶解温度、加酶量与酶解温度、酶解时间和 pH 之间均具有显著的交互作用,且 p 值均小于 0.01。通过响应面分析得到最佳水解方案为:酶解温度 48 ℃、酶解时间 4 h、pH 6.3、加酶量 3%;方程预测计算得到的水解度为5.29%,验证实验得到的水解度为 5.33%,单因素实验最优条件水解度为 5.01%,与预测值相比,响应面分析得到的优化模型是可靠的。交互作用响应面图见图 5-23。

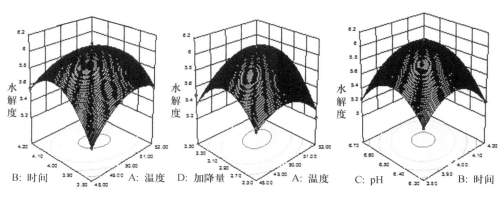

图 5-23　具有交互作用响应面图

④酶解方案的确定　结合上述试验优化获得的碱性蛋白酶和风味蛋白酶最佳酶解条件：碱性蛋白酶酶解时间 2.5 h、酶解温度 55 ℃、酶解 pH 10.0、酶添加量 3%；风味蛋白酶酶解时间 4 h、酶解温度 48 ℃、酶解 pH 6.3、酶添加量 3%，进行榛子粉酶解试验，3 次试验平均水解度为 28.93%。

⑤GC-MS 分析模拟美拉德反应产物中挥发性物质组分　将平欧榛子上清酶解液加入葡萄糖、果糖各 1 g 于具塞锥形瓶中，调节体系 pH 为 7.0，油浴 120 ℃下反应 2 h，共检测出 30 种挥发性成分，详见表 5-20 和图 5-24，其中有 17 种与焙烤榛子中检测到的挥发性物质相同，占总挥发性成分的 43.33%。模拟体系中检测到了两种吡嗪类物质分别是 2,5-二甲基-吡嗪和 2-乙基-3,5-二甲基吡嗪，这两种吡嗪类物质在焙烤榛子仁中均被检测到；壬醛和苯乙醛均在模拟美拉德反应和焙烤榛子中检测到。从整体上看，模拟美拉德反应产物的挥发性成分与焙烤榛子中挥发性成分种类上比较接近，因此，利用榛子粕酶解物的美拉德反应制备榛子香精是可行的。

表 5-20　模拟美拉德反应产物

保留时间/min	美拉德反应产物	焙烤过程中挥发性成分来源
6.07	苯乙烯	—
6.53	2,5-二甲基吡嗪	B,C,D
6.73	甲氧基-苯基肟	A
8.62	2-戊基呋喃	—
10.32	苯乙醛	B,C,D
11.13	苯乙酮	—
12.47	壬醛	A,C
15.89	庚基呋喃	—
16.38	癸醛	—
18.35	癸烯醛	—
19.23	3-辛酮	—
19.82	十一醛	—
20.09	2-乙基-3,5-二甲基吡嗪	B,C,D
22.83	月桂醛	—
24.04	香叶基丙酮	—
24.41	2,6-二叔丁基-1,4-苯醌	—
25.23	十五烷	A
25.61	2,4-(二甲基乙基)苯酚	—
26.27	十二烷	—
26.98	十四烯	—

续表 5-20

保留时间/min	美拉德反应产物	焙烤过程中挥发性成分来源
28.01	十五醛	—
29.44	十四烷	C
30.98	十四烷酸	A,B
31.83	十八醛	—
32.59	领苯二甲基-异丁基辛基酯	B
32.75	十八烷基吗啉	B
33.28	棕榈酸甲酯	A
33.77	棕榈酸	A,B,C,D
35.64	十八烯酸	A,B
35.87	十八烷酸	A,B,C,D

注：A～D 分别代表生的平欧榛子、1 号平欧榛子、2 号平欧榛子和 3 号平欧榛子。

利用榛子粕模拟美拉德反应所制备的香料中，不仅有与焙烤平欧榛子中相同的挥发性成分，还检测到了很多其他挥发性成分，其中大多数都是食品级香精香料。其中，2-戊基呋喃属于呋喃类香料，天然品存在于咖啡、土豆中，具有果香、豆香、清香等，可用于调配坚果、面包等食品用香精；苯乙酮作为最简单的芳香酮具有类似山楂的气味，一般作为调配香皂和香烟中的香精使用；癸醛为浅黄色并且伴有酯香、花香、橙香的食品添加剂，位列于卫健委指定的 58 个食品添加剂中第 36 位；癸烯醛与癸醛具有相似的橙香味，一般用于冰淇淋、糖果等的调配；3-辛酮具有水果香，在香蕉、蓝莓等水果香料中均有发现，被广泛应用作为调和香料而使用；十一醛具有典型的玫瑰香气，既可以用于食品香精，又可以用于精油等调配；十八醛又被称为椰子醛，具有杏仁、椰子味，主要用于带有乳香味的食品中。

通过成分分析与查阅相关资料，可见利用榛子粕模拟美拉德反应所产生的挥发性成分中，具有特殊香气并且能够在食品中直接使用或者用于调配香精的挥发性产物有很多，同时有 17 种与焙烤平欧榛子产生的挥发性物质相同，而那些具有特殊香气的在焙烤平欧榛子中未被检测出的香气物质，可使模拟美拉德反应制备的香精具有更浓郁、更醇厚的香气。利用榛子粕制备榛子风味香精可以更好地弥补单一或几种香精调配出来的味道，使得香气更为逼真，接近于焙烤后榛子特有的香气；同时，利用冷榨油脂后剩余的榛子粕来制备香精提高了榛子粕的利用效率，可以创造更高的经济价值。

3. 小结

确定在焙烤平欧榛子美拉德反应过程中，生成香气物质消耗的游离氨基酸主要是 Glu、Ala、Val、Ile、Leu、Arg。通过 6 种氨基酸与 2 种糖类两两组合进行模拟美拉德反应，模拟体系中共检测出 17 种挥发性成分与焙烤平欧榛子中检测到的相同；美拉德反应产物在不同程度上均对油脂具有抗氧化作用，并且葡萄糖与氨基酸的组合抗氧化效果优于果糖与氨基酸的组合。

用于模拟美拉德反应的榛子粕碱性蛋白酶酶解时间 2.5 h、酶解温度 55 ℃、酶解 pH 10.0、酶添加量 3%；风味蛋白酶酶解时间 4 h、酶解温度 48 ℃、酶解 pH 6.3、酶添加量 3%。

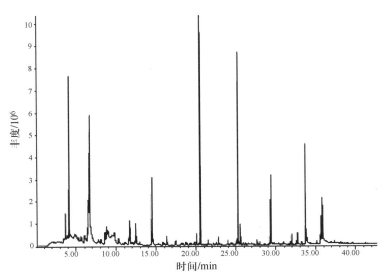

图 5-24　酶解物进行美拉德反应产物总离子流图

参考文献

1. 周鑫,董玲,纪淑娟. 间歇升温诱导南果梨冷藏转常温酯类香气的变化和相关基因表达[J]. 食品科学,2015,36(14):206-211.

2. 徐刚,史茗歌,吴明红,等. 固相微萃取的原理及应用[J]. 上海大学学报,2013,19(4):368-373.

3. 黄梅丽,王俊卿. 食品色香味化学[M]. 2 版. 北京:中国轻工业出版社,2008.

4. 陈永宽,孔宁川,武怡,等. 2,3-二氢-3,5-二羟基-6-甲基-4H-吡喃-4-酮的合成及热裂解行为[J]. 化学研究与应用,2003,15(1):45-47.

5. 周志磊. 烤烟主流烟气中主要甜味物质的鉴别及其形成机理[D]. 无锡:江南大学,2014.

6. 双杨,何东平,周维贵,等. 美拉德反应方法制备浓香油茶籽油的研究[J]. 农业机械,2013(41):37-39.

7. 毛善勇,周瑞宝,马宇翔,等. 美拉德反应产物抗氧化活性[J]. 粮食与油脂,2003(11):15-16.

8. 李进伟,方云,刘元法. 浓香核桃油生产新工艺研究[J]. 中国油脂,2013,38(9):7-10.

9. Abul Haider Shipar. Computational studies on glyceraldehyde and glycine Maillard reaction:Ⅲ[J]. Theo Chem,2004,712:39-47.

10. Burdack-Freitag A,Schieberle P. Change in the key odorants of Italian hazelnuts induced by roasting[J]. J. Adtic. Food Chem,2010,58:6351-6359.

11. Becalski A,Seaman S. Furan precursors in food:A model study and development of a simple headspace method for determination of furan[J]. Journal of AOAC International,2005,88:102-106.

12. Braddock J C,Sms C A,Okeefe S F. Flavor and oxidative stability of roasted high oleic acid peanut[J]. Journal of Food Science,1995(60):489-493.

13. Chen G，Song H，Ma C. Aroma-active compounds of Beijing roast duck [J]. Flavor and Fragrance Journal，2009，24(4)：186-191.

14. Cesarettin A lasalvar，Feraidoon Shahidi，Keith R Cadwallader. Comparison of Natural and Roasted Turkish Tombul Hazelnut Volatiles and Flavor by DHA/GC/MS and Descriptive Sensory Analysis [J]. Agricultural and Food Science，2003 (51)：5067-5072.

15. Fors S. Sensory properties of volatile Maillard reaction products and related compounds [C]. ACS Symposium series-American Chemical Society (USA)，1983：4-29.

16. Waller G R，Feather M S. Sensory properties of volatile Maillard reaction products and related compounds in the Maillard reaction in foods and nutrition. American Chemical society [J]. Washington，1983，25：185-287.

17. Senyuva H Z.，Gokmen V. Potential of furan formation in hazelnut during heat treatment [J]. Food Additives and Contaminants，2007，24(S1)：136-142.

18. Leffingwell J C，Leffingwell D. GRAS flavor chemicals-detection thresholds [J]. Perfumer Flavorist，1991，16(1)：1-19.

19. Locas C P，Yaylayan V A. Origin and mechanistic pathways of formation of the parent furans-a food toxicant [J]. Journal of Agricultural and Food Chemistry，2004，52：6830-6836.

20. Maga J A，Sizer C E. Pyrazines in foods. A Review [J]. Journal of Agricultural and Food Chemistry，1973，21(1)：22-30.

21. Mark J，Pollien P，et al. Quantitation of furan and methyfuran formed in different precursor systems by proton transfer reaction mass spectrometry [J]. Journal of Agricultural and Food Chemistry，2006，54：2786-2793.

22. Preininger M，Gimelfarb L，Li H C，et al. Dihyreomaltol(2，3-dihydro-5-hydroxy-6-methyl-4hpran-one)：identification as a poten aroma compound in ryazhenka kefir and sensory evaluation [J]. J Agric Food Chem，2009，57(21)：9902-9908.

23. Shuichi Nakemura，Qsamu Nishimura，Hideki Masu-da，Satoru Mihra. Identification of Volatile Flavor Compo-nents of the Oilfrom Roasted Sesame Seeds [J]. Agric. Biol. Chem.，1989，53(7)：1891-1989.

24. Van Gemert L J. Compilations of odour threshold values in air，water and other media [M]. BACIS，Zeist，The Netherlands，2003.

25. Varlet V，Knockaert C，Prost C，et al. Comparison of odor-active volatile compounds of fresh and smoked salmon [J]. Journal of Agricultural and Food Chemistry，2006，54(9)：3391-3401.

26. Yimaz Y，Toledo R. Antioxidant activity of water-soluble Mallard reaction products [J]. Food Chemistry，2005 (93)：273-278.

第6章 榛子多糖的制备与抗氧化活性研究

6.1 榛子多糖的制备

不同榛子品种营养物质含量也有所差别,在常见的榛子品种欧洲榛子、平榛和平欧榛子中,平欧榛子中多糖含量最高。本章以平欧榛子为原料,对平欧榛子多糖(flat-European hybrid hazelnut polysaccharides,FEHP)的提取工艺、分离纯化、结构特征及体外抗氧化活性进行了初步研究,以期为榛子的开发利用及其多糖的应用提供理论支撑。

6.1.1 平欧榛子多糖提取的工艺优化

1. 材料与方法

(1)材料

供试材料:营口达维榛子。

(2)方法

①平欧榛子粉的制备 平欧榛子去壳去皮,用粉碎机将果仁粉碎,用索氏提取器经乙醚回流脱脂 6 h 去除油脂,得到平欧榛子果仁的脱脂粉,过 80 目筛,备用,回收乙醚。

②平欧榛子多糖的超声波辅助提取 准确称取平欧榛子脱脂粉 2 g,以水作为提取溶剂,在超声波清洗器中按照设定的温度、时间、功率以及水料比进行提取,提取结束后将提取液在 5 000 r/min 下离心 20 min,合并上清液并对其减压浓缩,最终用蒸馏水定容至 100 mL,采用硫酸-苯酚法测定其中的多糖的含量,计算多糖提取率。

③平欧榛子多糖得率计算

$$平欧榛子多糖得率 = \frac{C \times V}{m} \times 100\%$$

式中:C 为提取液中多糖的质量浓度,mg/mL;V 为多糖提取液体积,mL;m 为平欧榛子脱脂粉的质量,mg。

2. 结果与分析

(1)单因素试验

在提取温度 70 ℃,超声功率 140 W,水料比 30∶1 的条件下,研究提取时间对多糖得率的影响。由图 6-1 可知,随着提取时间的延长,多糖得率先是呈现逐渐上升的趋势,当提取时间超过 40 min 时,多糖得率逐渐下降。所以,选定提取时间为 40 min 较为适宜。

由图 6-2 可知,在提取温度 70 ℃,提取时间 40 min,水料比 30∶1 的条件下,随着超声功率的增加,多糖得率呈现逐渐上升的趋势,当超声功率超过 140 W 时,多糖得率逐渐降低,可

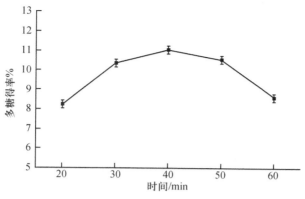

图 6-1 提取时间对多糖得率的影响

能是因为超声功率过大,对多糖的结构起到了一定的破坏作用。所以,将超声功率选定在 140 W 较为适宜。

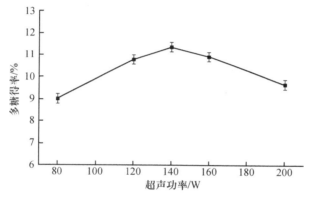

图 6-2 超声功率对多糖得率的影响

根据图 6-3 可知,在超声功率 140 W,提取时间 40 min,水料比 30∶1 的条件下,随着提取温度的增加,多糖得率逐渐上升,当提取温度超过 70 ℃时,多糖得率略有下降。由于在过高的温度下,长时间处理会使多糖的结构遭到破坏,将提取温度选定在 70 ℃ 左右比较合适。

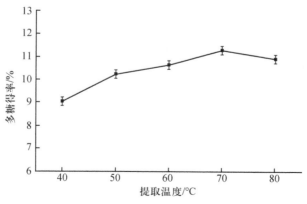

图 6-3 提取温度对多糖得率的影响

在超声功率 140 W,提取时间 40 min,提取温度 70 ℃ 的条件下,研究不同的水料比 20∶1、30∶1、40∶1、50∶1、60∶1 对多糖得率的影响。由图 6-4 可知,随着水料比的变化,多糖得率也会相应发生变化,当水料比为 30∶1 时,多糖得率相对较高。因此,将水料比选定为 30∶1 比较合适。

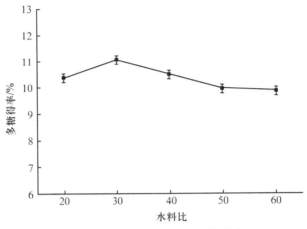

图 6-4　水料比对多糖得率的影响

(2)Box-Behnken 实验设计及结果

根据单因素的实验结果,选定多糖提取温度在 65～75 ℃ 之间,超声功率 120～160 W 之间,提取时间 30～40 min 之间,水料比为(20～40)∶1(mL/g)之间进行 Box-Behnken 设计,优化平欧榛子多糖的最佳提取工艺条件。

①回归模型的建立　采用软件 Design-Expert 8.0.6 进行试验设计和数据处理,试验设计及结果见表 6-1。

对表 6-1 中的数据进行多元回归拟合,得到以多糖得率(Y)为响应值的回归方程:$Y = 11.88 + 0.091A + 0.36B + 0.18C - 0.1D - 0.27AB + 0.078AC + 0.02AD + 0.11BC - 0.037BD + 0.085CD - 0.22A^2 - 0.8B^2 - 0.41C^2 - 0.15D^2$。

由表 6-2 可以看出,所得二次方程模型极显著,失拟项不显著,说明该方程具有显著意义。根据方差分析可知,方程的相关系数 $R^2 = 0.9915$,调整相关系数 $R_{Adj}^2 = 0.9830$,表明该模型具有良好的拟合度,模型成立。由方差分析可知,4 个因素 A、B、C、D 及其二次项 A^2、B^2、C^2、D^2 对响应值的影响均为极显著,交互作用中,AB 即提取时间和提取温度、BC 即提取温度和超声功率对响应值的影响极显著,AC 即提取时间和超声功率以及 CD 即超声功率和水料比对响应值的影响显著,而交互项 AD、BD 对响应值的影响不显著。4 个因素中,对响应值的影响按从大到小的顺序排列为 B>C>D>A,即提取温度>超声功率>水料比>提取时间。

表 6-1　响应面试验设计及结果

试验号	提取时间(A)	提取温度(B)	超声功率(C)	水料比(D)	多糖得率/%
1	−1	−1	0	0	10.08
2	0	−1	0	1	10.53
3	−1	1	0	0	11.35
4	1	0	1	0	11.60
5	−1	0	0	1	11.34
6	1	0	0	1	11.50
7	0	0	−1	1	10.90
8	0	−1	0	−1	10.58
9	0	0	0	0	11.89
10	0	1	0	1	11.21
11	0	0	0	0	11.82
12	0	−1	1	0	10.43
13	−1	0	1	0	11.27
14	0	0	−1	−1	11.35
15	1	1	0	0	11.07
16	0	0	0	0	11.97
17	0	0	1	1	11.41
18	0	1	1	0	11.32
19	0	1	0	−1	11.41
20	−1	0	−1	0	11.05
21	0	0	1	−1	11.52
22	1	0	0	−1	11.68
23	0	1	−1	0	10.73
24	−1	0	0	−1	11.60
25	0	−1	−1	0	10.29
26	0	0	0	0	11.78
27	0	0	0	0	11.96
28	1	0	−1	0	11.07
29	1	−1	0	0	10.86

表 6-2　回归方程的方差分析

来源	平方和	自由度	均方	F 值	p 值	显著性
模型	7.19	14	0.51	116.35	<0.000 1	**
A	0.099	1	0.099	22.43	0.000 3	**
B	1.56	1	1.56	352.24	<0.000 1	**
C	0.39	1	0.39	88.06	<0.000 1	**
D	0.13	1	0.13	29.49	<0.000 1	**
AB	0.28	1	0.28	63.62	<0.000 1	**
AC	0.024	1	0.024	5.44	0.035 1	*
AD	1.600E-003	1	1.600E-003	0.36	0.556 8	
BC	0.051	1	0.051	11.47	0.004 4	**
BD	5.625E-003	1	5.625E-003	1.27	0.278 0	
CD	0.029	1	0.029	6.55	0.022 7	*
A^2	0.32	1	0.32	72.95	<0.000 1	**
B^2	4.14	1	4.14	938.10	<0.000 1	**
C^2	1.11	1	1.11	251.91	<0.000 1	**
D^2	0.15	1	0.15	34.32	<0.000 1	**
残差	0.062	14	4.415E-003			
失拟项	0.034	10	3.369E-003	0.48	0.842 4	不显著
纯误差	0.028	4	7.030E-003			
总和	7.25	28				

注：* 差异显著（$p<0.05$）；** 差异极显著（$p<0.01$）；$R^2=0.991\ 5$，$R_{Adj}^2=0.983\ 0$。

②响应面分析　由图 6-5 可知,随着提取时间、超声功率、提取温度、水料比的增加,多糖得率先呈现上升趋势,而后逐渐降低,说明 4 个因素对多糖得率均有较为明显的影响,同时,在所选定的范围内,多糖得率均存在极值。从图 6-5（a）中可以看出,沿着提取时间方向,提取温度的坡度更陡,等高线更为密集,说明提取温度对多糖得率的影响比提取时间对其影响更为明显。二者的等高线呈椭圆形,说明二者的交互作用对多糖得率的影响极显著。在图 6-5（b）中,超声功率对多糖得率的影响明显强于提取时间,二者的交互作用显著。图 6-5（c）中,提取温度与超声功率相比,前者对多糖得率的影响更大,二者的交互作用极显著。图 6-5（d）中,超声功率对多糖得率影响更大,且超声功率和水料比的交互作用显著。

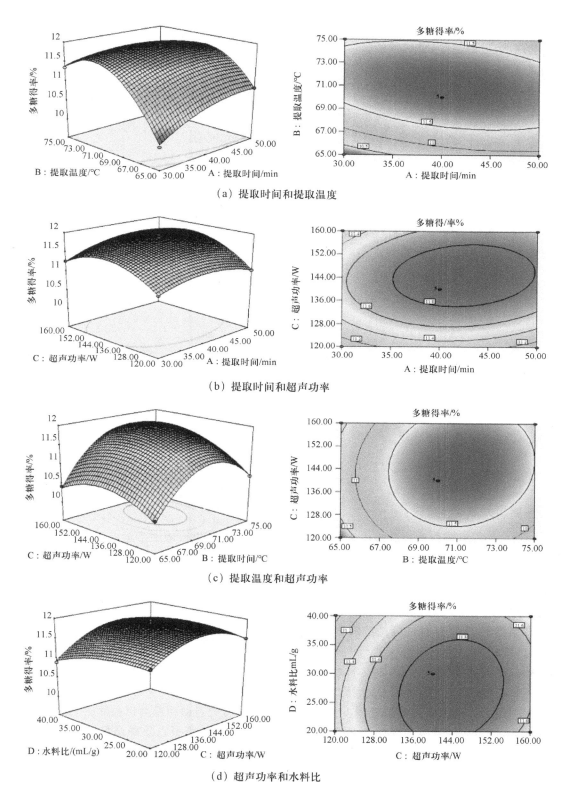

（a）提取时间和提取温度

（b）提取时间和超声功率

（c）提取温度和超声功率

（d）超声功率和水料比

图 6-5　各因素交互作用对多糖得率影响的响应面和等高线

3. 小结

利用响应面优化得到的最佳提取工艺条件为：提取时间 40.90 min，超声功率 144.54 W，提取温度 71.16 ℃，水料比 26.99：1，理论上平欧榛子多糖的最大得率为 11.97%。在验证实验中，选定提取时间 41 min，超声功率 140 W，提取温度 71 ℃，水料比 27：1，得到平欧榛子多糖的平均得率为 11.83%。

6.1.2 平欧榛子多糖提取液脱蛋白方法的优化

植物多糖提取后，通常会含有一些可溶性蛋白、色素等杂质。经过超声波辅助水提法提取的平欧榛子多糖提取液为乳白色，说明该提取液中不含有色素物质，因此，不需要对其脱色处理。榛子种仁中含有一定量的可溶性蛋白，在多糖的提取液中也会有部分可溶性蛋白的存在，会对多糖后续的结构、组成以及活性的测定结果带来较多不确定因素。因此，对于多糖提取液进行脱蛋白处理是十分必要的。

1. 材料与方法

（1）材料

同 6.1.1。

（2）方法

选取了几种常用的脱蛋白方法，包括 Sevage 法、三氯乙酸（TCA）法、木瓜蛋白酶法及木瓜蛋白酶-Sevage 联用法，以蛋白质脱除率和多糖损失率作为考察指标，对它们脱蛋白的效果进行比较，选择出最适合的脱蛋白方法；同时针对这个方法，进行正交优化，得到该方法的最佳工艺参数。

蛋白质脱除率计算公式：

$$蛋白质脱除率 = \frac{脱蛋白前提取液中蛋白质量浓度 - 脱蛋白后提取液中蛋白质量浓度}{脱蛋白前提取液中蛋白质量浓度} \times 100\%$$

多糖损失率计算公式：

$$多糖损失率 = \frac{脱蛋白前提取液中多糖质量浓度 - 脱蛋白后提取液中多糖质量浓度}{脱蛋白前提取液中多糖质量浓度} \times 100\%$$

2. 结果与分析

（1）不同脱蛋白方法比较结果

根据测定，未经处理的样品溶液中蛋白含量为 38.3%，糖含量为 57.1%。不同脱蛋白方法比较见图 6-6。用 Sevage 法对平欧榛子多糖提取液处理 5 次后，其中蛋白质脱除率为 58.43%，多糖的损失率为 19.36%；蛋白质脱除率并不理想，并且相比之下多糖损失率略高。加入三氯乙酸（TCA）后的溶液中沉淀现象比 Sevage 法明显，但结果显示 TCA 法脱蛋白使多糖的损失更大。用木瓜蛋白酶处理多糖提取液，90% 左右的蛋白质都可以被除去，并且多糖损失率较低，脱蛋白效果较为理想。木瓜蛋白酶-Sevage 法联用脱蛋白效果最好，蛋白脱除率可达 92.30%，多糖损失率为 15.3%，在 4 种方法中相对较低。为了尽可能多地保留多糖，将木瓜蛋白酶法和木瓜蛋白酶-Sevage 法进行了综合的比较，两种方法蛋白质脱除率均能达到 90% 以上，并且木瓜蛋白酶法能够更多地保留多糖。

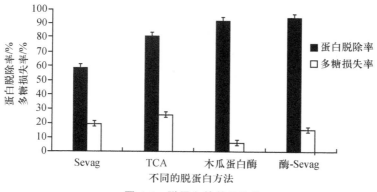

图 6-6　脱蛋白的效果比较

（2）木瓜蛋白酶法脱蛋白

①单因素实验　由图 6-7 可知,随着酶用量的增加,蛋白脱除率呈先升高后趋于稳定的态势。当酶用量超过 2% 时,蛋白质的脱除率没有明显增加,因此选取 2% 的酶用量为最适的酶用量。

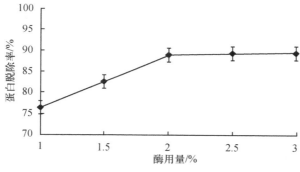

图 6-7　酶用量对蛋白脱除率影响

如图 6-8 所示,当体系的 pH 为 5 时,蛋白质的脱除效果最好,当溶液体系的 pH 呈较强的酸性条件或是偏碱性条件时,木瓜蛋白酶的除蛋白效果均不理想,而且当 pH 为 6 的时候,蛋白去除率与 pH 5 时的结果相差不大,由此也可以说明木瓜蛋白酶的最适 pH 在 5～6。

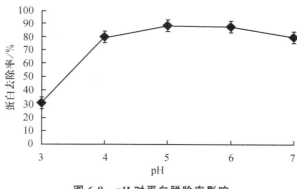

图 6-8　pH 对蛋白脱除率影响

酶的作用效果在一定范围内受温度的影响较大,脱离这个范围,无论是高温还是低温,酶的作用效果均会降低,温度过低,会使酶的活力降低而达不到应有的效果,而当温度过高的时候,高温会使酶失去活性,也会影响酶解效果。从图 6-9 中可以看出,当温度在 60 ℃时,蛋白质的脱除率最高,说明木瓜蛋白酶的最适温度在 60 ℃左右。

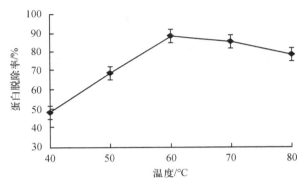

图 6-9　酶解温度对蛋白脱除率影响

如图 6-10 所示,蛋白脱除率在一定范围内随酶解时间的延长而增加,酶解时间 1.5 h 时,蛋白去除率几乎达到最高,在此基础上继续增加酶解时间,可以发现,蛋白质脱除率并没有明显增加。可见,当酶解 1.5 h 时,酶解反应可以充分发生。

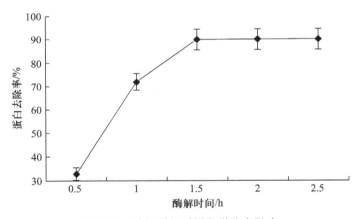

图 6-10　酶解时间对蛋白脱除率影响

②正交试验　选择上述 4 个因素:酶用量(A)、pH(B)、酶解温度(C)、酶解时间(D),以蛋白质脱除率为考察指标,采用 $L_9(3^4)$ 正交试验设计进行脱蛋白条件优化(表 6-3)。

可以看出,4 个因素对蛋白质脱除率的影响程度不同,它们对蛋白质脱除率的影响依次为 A>D>C>B,最佳条件为 $A_2B_1C_2D_3$,即酶用量 2.0%、pH 5.0、温度 60 ℃、时间 2 h,最大脱除率为 91.02%。

根据正交试验的优化结果,在该条件下进行多次验证试验,得到的蛋白质脱除率为 90.31%,并且在该条件下对多糖损失率进行了测定,得到的多糖损失率为 5.66%。

表 6-3　$L_9(3^4)$ 正交试验结果

No.	A	B	C	D	蛋白脱除率/%
1	1	1	1	1	80.14±0.03
2	1	2	2	2	82.36±0.04
3	1	3	3	3	81.97±0.04
4	2	1	2	3	91.02±0.12
5	2	2	3	1	85.64±0.05
6	2	3	1	2	89.17±008
7	3	1	3	2	84.03±0.06
8	3	2	1	3	84.67±0.05
9	3	3	2	1	83.36±0.03
K_1	244.47	255.19	253.98	249.14	
K_2	265.83	252.67	256.74	255.56	
K_3	252.06	254.50	251.64	257.66	
R	21.36	2.52	5.10	8.52	

3. 小结

采用木瓜蛋白酶法进行脱蛋白处理,并对其进行工艺优化。以酶用量、酶解温度、酶解时间和 pH 为考察因素,以蛋白质脱除率为考察指标,在单因素试验的基础上进行正交试验,得出了木瓜蛋白酶法脱蛋白的最佳因素组合为 $A_2B_1C_2D_3$,最佳工艺参数为:酶用量 2.0%、酶解温度 60 ℃、酶解时间 2 h、溶液 pH 5.0,在此条件下进行验证,得到蛋白脱除率为 90.31%,多糖损失率 5.66%。木瓜蛋白酶法脱蛋白最佳。

6.1.3　平欧榛子多糖的分离纯化与鉴定

通过对多糖提取液进行脱蛋白处理,使大部分的可溶性蛋白被去除,然后通过无水乙醇将溶液中的多糖沉淀下来,即醇沉处理。离心取沉淀,经过真空冷冻干燥即得到纯品多糖。这部分多糖虽然纯度有所提高,但是其中还会有部分蛋白质的残留及一些无机盐等杂质的存在,同时,经过纯化处理的多糖依然是由多种多糖组成的一种混合物,再次分离纯化后可以使不同的多糖组分分开,获得纯度更高的多糖。

多糖的分离一般采用柱层析法,柱层析不但可以分离不同组分的多糖,同时在分离的过程中,还可以去除其中的一些杂质。柱层析法常用的凝胶有葡聚糖凝胶(Sephadex)及琼脂糖凝胶(Sepharose),具有分离速度快、效率高、分离后物质纯度高的特点,被广泛应用到多糖的分离操作中。柱层析主要是通过洗脱液的流动带动样品流动,根据分子大小的不同而流出时间不同,从而在不同的时间段内收集不同的流出液以此达到分离的目的。多糖只有经过分离纯化处理后,其纯度提高,才可以通过紫外光谱、红外光谱、高效液相等进行更进一步的分析。

本试验采用 DEAE-52 纤维素对多糖提取液处理,分别用 4 种不同的洗脱液得到 4 种不同的组分,收集较多的组分 FEHP1,再用葡聚糖凝胶 G-75(Sephadex G-75)进行处理,使用蒸馏水进行洗脱,得到两个含量相当的组分 FEHP1-1 和 FEHP1-2。将这个组分进行透析、冷冻干燥后,通过紫外光谱法和葡聚糖凝胶 G-75(Sephadex G-75)过滤法对其纯度进行鉴定,用傅里叶红外光谱(FTIR)法对其结构中的基团进行初步分析,再利用高效液相色谱法(HPLC)对两个组分的相对分子质量以及组成进行测定。

1. 材料与方法

(1)材料

平欧榛子粗多糖。

(2)方法

平欧榛子多糖的离子交换层析:待柱料平衡好后,取配制浓度为 50 mg/mL 的脱蛋白后的粗多糖溶液进行上样,每次上样 10 mL,按照顺序分别用蒸馏水、0.1 mol/L NaCl 溶液、0.3 mol/L NaCl 溶液、0.5 mol/L NaCl 溶液进行洗脱,每种洗脱液收集 20 管,每管收集 10 mL,流速 1 mL/min,并对每管进行多糖的跟踪检测,分别以管数和所测得的吸光度值 $OD_{490\,nm}$ 作为横纵坐标,绘制多糖的洗脱曲线,收集吸光度值较高的洗脱组分,低温浓缩、透析、冷冻干燥,得到平欧榛子多糖组分。

2. 结果与分析

(1)平欧榛子多糖 FEHP 的 DEAE-52 纤维素离子交换层析

将经过脱蛋白处理的平欧榛子多糖(FEHP)进行收集、透析、冷冻干燥,再用 DEAE-52 纤维素初步分离。由图 6-11 可知,分别用蒸馏水、0.1 mol/L NaCl 溶液、0.3 mol/L NaCl 溶液、0.5 mol/L NaCl 溶液进行洗脱,得到 4 个组分,按照洗脱顺序分别是 FEHP1、FEHP2、FEHP3、FEHP4。而 FEHP1 组分的 OD 值最高,因此收集 FEHP1 部分洗脱液,并对其进行进一步的分离纯化及分析。

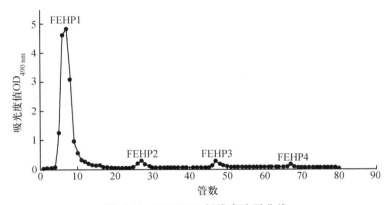

图 6-11　DEAE-52 纤维素洗脱曲线

(2)FEHP1 的 Sephadex G-75 层析结果

将经过 DEAE-52 纤维素分离纯化处理得到的组分 FEHP1 经葡聚糖凝胶 Sephadex G-75 进一步分离纯化。由图 6-12 可看出,经葡聚糖凝胶 Sephadex G-75 纯化处理后,得到两个洗脱峰,说明 FEHP1 是由两个组分 FEHP1-1 和 FEHP1-2 组成的,由于两个组分得率相当,因此分别将两个组分的洗脱液进行收集,经低温加压浓缩、透析、冷冻干燥得到 FEHP1-1 和 FEHP1-2。

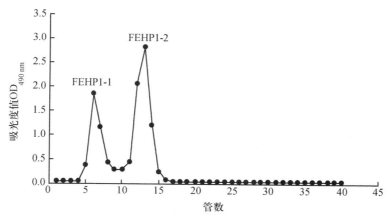

图 6-12　FEHP 的 Sephadex G-75 洗脱曲线

(3)平欧榛子多糖组分纯度测定结果

①FEHP1-1 的 Sephadex G-75 层析柱过滤结果　将 FEHP1-1 再经 Sephadex G-75 层析柱进行过滤层析,检验该组分的纯度。由图 6-13 可以看出,FEHP1-1 的洗脱曲线为单一峰,并且对称性较好,说明 FEHP1-1 中不含有明显的杂质,该组分纯度较高。

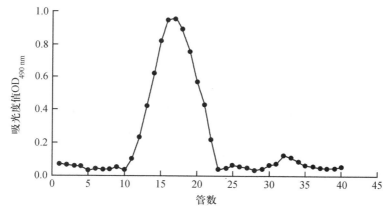

图 6-13　FEHP1-1 Sephadex G-75 层析柱洗脱曲线

②FEHP1-2 的 Sephadex G-75 层析柱过滤结果　将 FEHP1-2 再经 Sephadex G-75 层析柱进行过滤层析,检验该组分的纯度。由图 6-14 可以看出,FEHP1-2 的洗脱曲线为单一峰,峰形对称,说明 FEHP1-2 中不含有明显的杂质,该组分纯度较高。

③FEHP1-1 的紫外光谱结果　将 FEHP1-1 在 200～800 nm 的波长范围内进行紫外波长全扫描。由图 6-15 可知,在波长 260 nm 和 280 nm 处没有明显的紫外吸收,说明 FEHP1-1 中几乎不含核酸和蛋白,该组分纯度较高。

④FEHP1-2 的紫外光谱结果　将 FEHP1-2 在 200～800 nm 的波长范围内进行紫外波长全扫描。由图 6-16 可知,在波长 260 nm 和 280 nm 处没有明显的紫外吸收,说明 FEHP1-2 中几乎不含核酸和蛋白,该组分纯度较高。

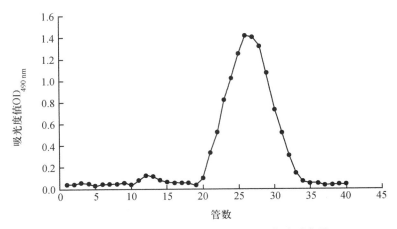

图 6-14   FEHP1-2 Sephadex G-75 层析柱洗脱曲线

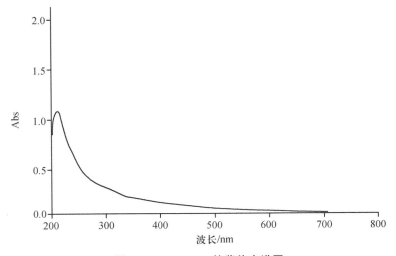

图 6-15   FEHP1-1 的紫外光谱图

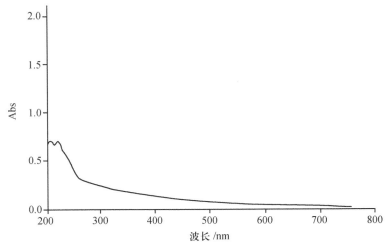

图 6-16   FEHP1-2 的紫外光谱图

(4)平欧榛子多糖组分的相对分子质量测定结果

①多糖标准曲线的制作　利用高效液相色谱技术进行相对分子质量的测定,应用 GPC 方法做标准曲线。图 6-17a 是相对分子质量分别为 M133800、M84400、M41100 的三种多糖的混合标准品的色谱图,图 6-17b 是相对分子质量为 M21400 的多糖标准品的色谱图,图 6-17c 为相对分子质量 M2500 的多糖标准品的色谱图。根据 GPC 方法,首先用图 6-17a 中的三种多糖的保留时间和相对分子质量的对数做标准曲线,再用相对分子质量 M21400 和 M2500 的多糖标品对三点曲线进行校准,得到五点标准曲线,相对分子质量与保留时间的关系为 $\log M =$

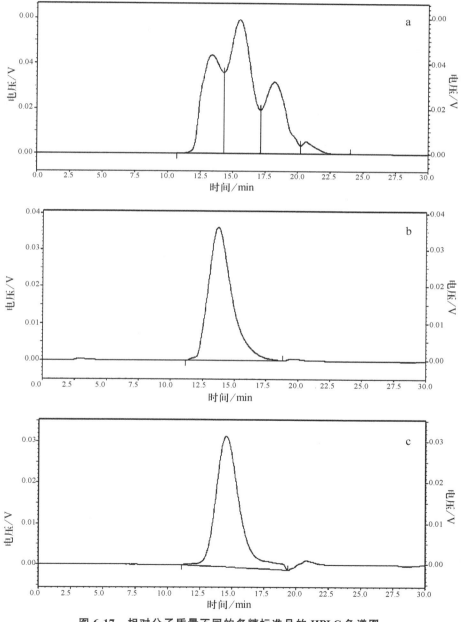

图 6-17　相对分子质量不同的多糖标准品的 HPLC 色谱图

—0.349 749 68x＋9.752 524 45,根据样品出峰的保留时间,代入标准曲线中,可以得出样品的相对分子质量。结果显示,FEHP1-1 的保留时间为 16.012 min,其平均分子质量为51 833,最佳峰面积所占比例为 94.83%,其他峰面积比例为 5.17%,含量较少,说明了样品纯度较高。

②FEHP1-1 和 FEHP1-2 的相对分子质量测定　图 6-18a 为组分 FEHP1-1 的谱图,图6-18b 为组分 FEHP1-2 的谱图。结果显示,FEHP1-1 的保留时间为 16.012 min,其平均分子质量为 51 833,最佳峰面积所占比例为 94.83%,其他峰面积比例为 5.17%。同样,根据五点标准曲线也可以得到 FEHP1-2 的相对分子质量。结果显示,FEHP1-2 的保留时间为15.926 min,平均分子质量为 49 606,FEHP1-2 的最佳峰面积所占比例为 93.71%,其他峰面积所占比例为 6.29%。因此,可以得出,FEHP1-1 和 FEHP1-2 两个组分均是纯度较高的单一多糖组分,纯度均在 90% 以上。

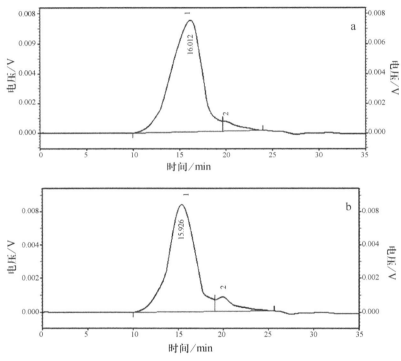

图 6-18　FEHP1-1 和 FEHP1-2 的 HPLC 色谱图

(5)平欧榛子多糖组分的红外光谱分析

傅里叶红外光谱仪可以对样品中含有的特定基团进行测定,根据不同的基团在不同的波长下具有特定的吸收峰,可以推测出样品中可能含有的基团或结构。图 6-19a 为 FEHP1-1 的红外光谱图,图 6-19b 为 FEHP1-2 的红外光谱图。红外光谱中,不同波长处出现的峰代表着不同基团或结构的存在。在 3 400~3 300 cm^{-1} 出现的吸收峰为 O—H 和 N—H 伸缩振动引起的;在 3 000~2 900 cm^{-1} 出现的峰为 CH$_2$ 或 CH$_3$ 的 C—H 伸缩振动引起的;在 1 400~1 300 cm^{-1} 处的吸收峰可能是由—COOH 的 C—O 键伸缩振动引起的,也有可能是 C—H 变角运动引起的;而在 1 200~1 100 cm^{-1} 处所出现的吸收峰可能是 C—O—H 或者是吡喃糖环

C—O—C 中的 C—O 伸缩振动形成的。波长在 3 400～3 300 cm⁻¹、3 000～2 900 cm⁻¹、1 400～1 300 cm⁻¹、1 200～1 100 cm⁻¹ 范围内出现的吸收峰,是多糖物质典型的 4 个特征吸收峰。通过图 8-20a、b 可以看出,两种组分的红外光谱图中在这 4 个波长范围内均有吸收峰存在,同时根据其中含有 N—H 可以推测这两种组分可能是一种与蛋白结合的多糖或是样品中含有蛋白。而在 1 080 cm⁻¹ 左右出现的峰可以说明,这两种组分中存在吡喃环构型的单体。

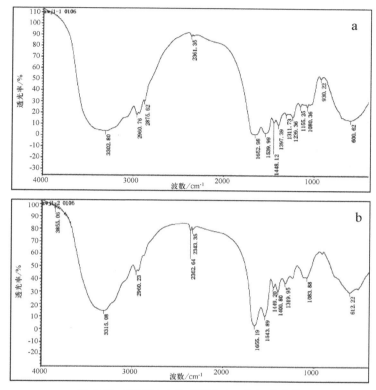

图 6-19　FEHP1-1 和 FEHP 1-2 的红外光谱

（6）平欧榛子多糖组分的单糖组成

在图 6-20a 为混合标准品的高效液相色谱图,从左到右依次为鼠李糖（Rha）、果糖（Fru）、甘露糖（Man）、葡萄糖（Glu）、阿拉伯糖（Ara）。从图 6-20b 和图 6-20c 可以看出,FEHP1-1 中含有果糖、葡萄糖和阿拉伯糖,经计算,FEHP1-1 中 3 种糖的摩尔比为果糖（Fru）：葡萄糖（Glu）：阿拉伯糖（Ara）＝0.24：1：0.57;FEHP1-2 中含有鼠李糖、甘露糖、葡萄糖和阿拉伯糖,经计算,FEHP1-2 中 4 种糖的摩尔比为鼠李糖（Rha）：甘露糖（Man）：葡萄糖（Glu）：阿拉伯糖（Ara）＝1：0.31：0.27：0.64。

3. 小结

通过对平欧榛子多糖的分离纯化以及分析主要得到以下结论:

①将经过脱蛋白处理的平欧榛子多糖通过 DEAE-52 纤维素和葡聚糖凝胶 G-75 的分离纯化,得到两个含量相当的组分 FEHP1-1 和 FEHP1-2,经紫外光谱扫描和葡聚糖凝胶 G-75

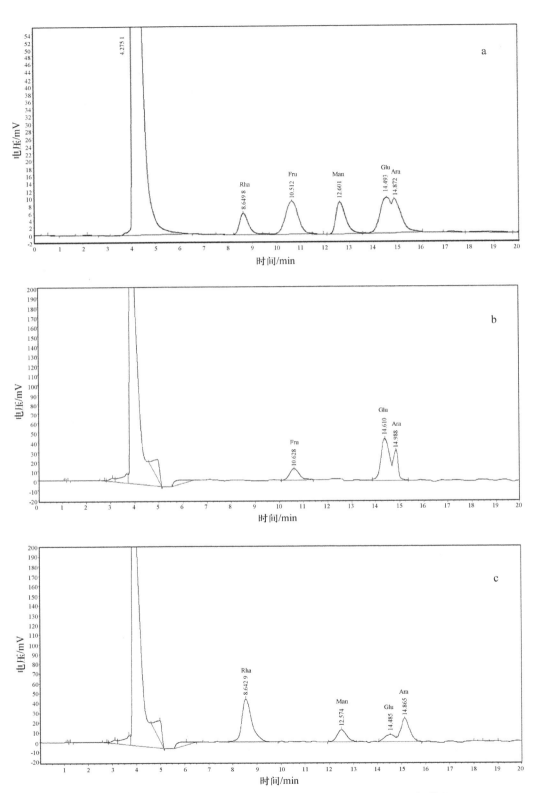

图 6-20　混合标准品(a)、FEHP1-1(b)和 FEHP1-2(c)的 HPLC 色谱图

层析过滤,得出两个组分中基本不含有核酸和蛋白,纯度较高。

②通过高效液相法测定了两个组分的相对分子质量,其中 FEHP1-1 组分的相对分子质量为 51 833,FEHP1-2 组分的相对分子质量为 49 606。通过色谱图可以看出,两组分中杂质较少,可见其纯度较高。

③通过红外光谱的分析可以得出,两个组分中均含有典型的多糖物质的特征吸收峰范围内的吸收峰,其中还含有 N—H,从而可以推测这两种组分可能是与少量蛋白结合的多糖或是样品中含有少许蛋白质。结果也显示出这两种多糖组分中存在吡喃环构型的单体。

④通过高效液相法测定多糖的组成可知,FEHP1-1 中含有果糖、葡萄糖和阿拉伯糖,经计算,FEHP1-1 中 3 种糖的摩尔比为果糖(Fru)：葡萄糖(Glu)：阿拉伯糖(Ara)=0.24：1：0.57;FEHP1-2 中含有鼠李糖、甘露糖、葡萄糖和阿拉伯糖,经计算,FEHP1-2 中 4 种糖的摩尔比为鼠李糖(Rha)：甘露糖(Man)：葡萄糖(Glu)：阿拉伯糖(Ara)=1：0.31：0.27：0.64。

6.2　榛子多糖的体外抗氧化活性研究

已有研究表明,多糖具有广泛的生物活性,如抗氧化、抗癌、提高机体免疫力等,多糖的生物活性与其具有清除多种有害自由基有着重要的联系(Wang et al.,2007)。榛子中的糖类物质含量是继油脂和蛋白质之后,含量第三多的物质,而关于榛子中多糖类物质的生物活性研究较少。本试验对平欧榛子多糖的组分 FEHP1 进行体外抗氧化活性的测定,以维生素 C 作为阳性对照,分别测定了平欧榛子多糖的总抗氧化活性,清除 DPPH 自由基、超氧阴离子以及抑制羟自由基的能力,初步明确平欧榛子多糖的体外抗氧化水平,为平欧榛子多糖的体内生物活性及其后续研究开发提供参考依据。

6.2.1　材料与方法

1. 材料

分离纯化得到的 FEHP1 组分。

2. 方法

(1)平欧榛子多糖的总抗氧化能力测定方法

使用总抗氧化能力试剂盒方法进行测定。

(2)平欧榛子多糖抑制·OH 能力的测定

用羟自由基试剂盒方法进行测定。

(3)平欧榛子多糖清除 DPPH 自由基能力的测定

在陈义勇与冯燕红(2012)的研究方法上加以改进。称取 0.01 g DPPH,使用无水乙醇定容至 250 mL,放入冰箱中备用。设置样品组和两个样品对照组。样品组中分别加入 2 mL 的 DPPH 醇溶液和样品溶液,混匀后避光反应 30 min,然后立即在 517 nm 波长处测定吸光度。样品对照组 1 中分别加入 2 mL 去离子水和 DPPH 溶液,样品对照组 2 中分别加入 2 mL 去离子水和样品溶液。以维生素 C 作为阳性对照。按下式计算。

$$DPPH \text{ 自由基清除率} = \frac{A_1 - (A_X - A_2)}{A_1} \times 100\%$$

式中:A_1 为样品对照组 1 的吸光度,A_2 为样品对照组 2 的吸光度,A_X 为样品组的吸光度。

(4)平欧榛子多糖清除 $O_2^- \cdot$ 能力的测定

自氧化速率:运用改良的邻苯三酚自氧化(孟宪军等,2010;孙希云,2011)的方法,取 2.98 mL pH 8.0 的 0.05 mol/L Tris-HCl 缓冲溶液于试管中,加入 10 μL 邻苯三酚(同时按秒计时),立即搅拌均匀,在 325 nm 处测吸光度值,1 min 时开始记录数据,每隔 30 s 记录 1 次,直到 4 min。对照管以 10 μL 0.01 mol/L HCl 代替邻苯三酚。计算自氧化速率 I_0。

$$I_0 = \frac{A_4 - A_1}{3}$$

式中:A_1 为第 1 min 吸光度值,A_4 为第 4 min 吸光度。

样品测定:用样品管代替自氧化管,取 2.98 mL pH 8.0 的 0.05 mol/L 的 Tris-HCl 缓冲溶液,加入 10 μL 样品溶液和 0.25 mol/L 的邻苯三酚,其余同上,计算加样后邻苯三酚的自氧化速率(I_x),算出对 $O_2^- \cdot$ 的清除率。

$$\text{清除率} = \frac{I_0 - I_X}{I_0} \times 100\%$$

6.2.2　结果与分析

1. FEHP1 总抗氧化能力测定结果

由图 6-21 可以看出,浓度在 0.2~1.0 mg/mL 之间时,维生素 C 的总抗氧化能力随着多糖浓度的增大而增大,当浓度大于 1.0 mg/mL 后,其总抗氧化能力几乎不变,说明浓度在 1.0 mg/mL 时,维生素 C 的总抗氧化能力基本上达到最大值;而平欧榛子多糖在整个浓度范围内总抗氧化能力较低。可见,FEHP1 的总抗氧化能力从整体来看并不强。

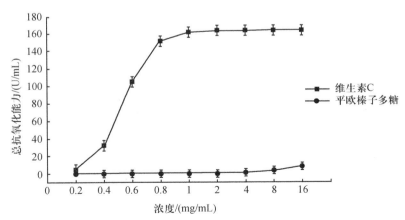

图 6-21　FEHP1 和维生素 C 的总抗氧化能力比较

2. FEHP1 清除 $O_2^-\cdot$ 能力的测定结果

由图 6-22 可以看出,FEHP1 和维生素 C 在浓度为 $0.2\sim4$ mg/mL 时,抗氧化性随着浓度的增加有清除率增加的趋势,但是增长幅度总体变化不大;当浓度超过 4 mg/mL 时,FEHP1和维生素 C 对 $O_2^-\cdot$ 清除率均有所提升;当 FEHP1 的浓度超过 8 mg/mL 时,对 $O_2^-\cdot$ 的清除率几乎达到最大;当 FEHP1 的浓度为 16 mg/mL 时,对 $O_2^-\cdot$ 的清除率能够达到 44.73%,说明平欧榛子多糖对 $O_2^-\cdot$ 具有一定的清除能力,但弱于维生素 C。

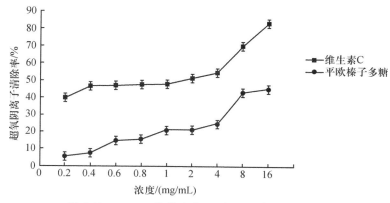

图 6-22　FEHP1 和维生素 C 对 $O_2^-\cdot$ 清除能力比较

3. FEHP1 清除 DPPH 自由基能力的测定结果

由图 6-23 可知,当浓度为 0.2 mg/mL 时,维生素 C 对于 DPPH 自由基的清除率已经达到 90% 以上,几乎达到最大清除率。FEHP 在浓度为 $0.2\sim1.0$ mg/mL 时,对 DPPH 自由基的清除能力较低,清除率的变化不大;当浓度为 $1.0\sim16$ mg/mL 时,对 DPPH 自由基的清除能力逐渐提高;当浓度为 16 mg/mL 时,清除率达到 87.61%。说明平欧榛子多糖对 DPPH 自由基具有一定的清除能力,但仅仅是当浓度足够大的时候才能体现较好的活性,在 FEHP1 浓度为 16 mg/mL 时出现了突然增大的趋势,因为在 FEHP1 浓度为 1.0 mg/mL 之后,对 FEHP1 浓度的设定间隔则呈指数递增,发生这种变化可能是因为多糖浓度突然增大所导致的。

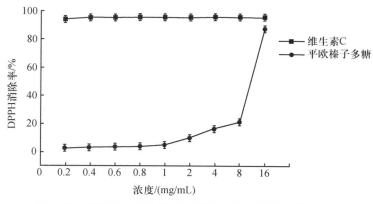

图 6-23　FEHP1 和维生素 C 对 DPPH 自由基清除能力比较

4. FEHP1 抑制·OH 能力的测定结果

由图 6-24 可知,在浓度为 0.2~0.6 mg/mL 范围内,FEHP1 对于·OH 的抑制能力随着浓度的增加变化较为显著,抑制能力增加很快,之后随着浓度的增大,抑制能力几乎不变,当 FEHP1 的浓度为 1 mg/mL 时,对·OH 的抑制能力达到 90.41 U/mL。在 0.2~0.6 mg/mL 范围内,维生素 C 对于·OH 的抑制能力低于 FEHP1;当浓度达到 0.8 mg/mL 时,其抑制效果与平欧榛子多糖几乎相同。可见,平欧榛子多糖具有很好的抑制·OH 的能力。

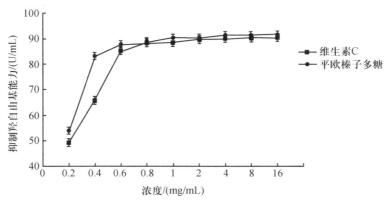

图 6-24　FEHP1 和维生素 C 对·OH 清除能力比较

6.2.3　小结

平欧榛子多糖组分 FEHP1 对 $O_2^-\cdot$、·OH 以及 DPPH 均具有一定的清除能力。FEHP1 的总抗氧化能力较弱,在多糖浓度为 16 mg/mL 时,其总抗氧化能力为 8.21 U/mL;当 FE-HP1 的浓度为 1 mg/mL 时,对·OH 的抑制能力达到 90.41 U/mL;当 FEHP1 的浓度为 16 mg/mL 时,对 $O_2^-\cdot$ 的清除率能够达到 44.73%,对 DPPH 的清除率可以达到 87.61%。且对于这三种自由基的清除能力,在一定的浓度范围内,均随着多糖浓度的增大而增大,因此,平欧榛子多糖能够对一些损伤机体的活性氧自由基起到清除的作用,能够对一些机体的氧化损伤起到防护作用。

参考文献

1. 白红进,汪河滨,褚志强,等. 不同方法提取黑果枸杞多糖的研究[J]. 食品工业科技,2007,28(3):145-146.

2. 白日霞. 质谱法测定多糖结构的机理研究[J]. 光谱实验室,2001,18(2):164-166.

3. 蔡鹃,黄敏桃,黄云峰,等. 苦丁茶多糖活性成分动态累积及其抑菌活性[M]. 食品科学,2014,35(9):43-44.

4. 蔡孟深,李中军. 糖化学——基础、反应、合成、分离和结构[M]. 北京:化学工业出版社,2006.

5. 陈文强,邓百万,刘开辉,等. 猪苓多糖超声提取工艺条件优化[J]. 食品与生物技术学报，2008，27（4）：53-58.

6. 陈义勇，冯燕红 . 微波辅助提取银杏叶多糖工艺及其体外抗氧化活性研究[J]. 食品科学，
   2012，33（6）：24-27.

7. 方积年，丁侃 . 天然药物——多糖的主要生物活性及分离纯化方法 . 中国天然药物，
   2012，5（5）：338-347.

8. 龚力民，刘伟，卓海燕，等 . 五倍子多糖相对分子质量和单糖组成的测定[J]. 中国实验方
   剂学杂志，2015，21（24）：33-34.

9. 刘兴杰，刘传琳，任虹，等 . 海葵等四种动物粘多糖碱提取的比较研究[J]. 烟台大学学
   报，2001，14（4）：264-268.

10. 吕春茂，陆长颖，孟宪军，等 . 平欧榛子油对高血脂大鼠的降脂作用[J]. 食品与生物技
    术学报，2014，33（3）：330-335.

11. 马虎飞，王思敏，杨章民 . 陕北野生枸杞多糖的体外抗氧化活性[J]. 食品科学，2011，
    32（3）：60-63.

12. 孟宪军，刘晓晶，孙希云，等 . 蓝莓多糖的抗氧化性与抑菌作用[J]. 食品科学，2010，7
    （17）：110-114.

13. 闵玉涛，宋彦显，陶敬，等 . 海藻多糖的两种提取方法及其降糖活性比较[J]. 食品工业，
    2015，36（6）：42-43.

14. 欧阳清波，李平兰，李伟欣，等 . 双歧杆菌 22-5 胞外多糖（EPS）的分离、纯化及纯度鉴定
    [J]. 食品与发酵工业，2005，31（6）：126-127.

15. 辛晓林，刘长海 . 中药多糖抗氧化作用研究进展[J]. 北京中医药大学学报，2000，23
    （5）：54-55.

16. 徐翠莲，杜林洳，樊素芳，等 . 多糖的提取、分离纯化及分析鉴定方法研究[J]. 河南科
    学，2009，27（12）：1525-1526.

17. 徐东艳 . 辽宁地区榛子资源开发利用的分析[J]. 沈阳农业大学学报，2005，7（1）：
    45-46.

18. 许良，叶丽君，黄雪松 . 澳洲坚果多糖脱蛋白方法研究[J]. 食品科技，2014，39（12）：
    206-211.

19. 宣丽 . 软枣猕猴桃多糖的结构初探及抗氧化活性、免疫活性的研究[D]. 沈阳：沈阳农业
    大学，2013.

20. Ambra Prelle，Davide Spadaro，Angelo Garibaldi. Aflatoxin monitoring in Italian hazel-
    nut products by LC-MS [J]. Food Additives and Contaminants，2012，5（4）：279-285.

21. Asim Orem，Fulya Balaban Yucesan，Cihan Orem，et al. Hazelnut-enriched diet im-
    proves cardiovascular risk biomarkers beyond a lipid-lowering effect in hypercholester-
    olemic subjects [J]. Journal of Clinical Lipidology，2013，8（7）：123-131.

22. Bahattin，Aydinli，Atila Caglar. The investigation of the effects of two different poly-
    mers and three catalysts on pyrolysis of hazelnut shell [J]. Fuel Processing Technology，
    2012，6（93）：1-7.

23. BlaiottaL G，Sorrention A，Ottombrino A，et al. Short communication macedonicus：
    technological and genotypic comparison between Streptococcus macedonicus and Strepto-

coccus thermophilus strains coming from the same dairy environment [J]. J Dairy Sci，2011，94（12）：5871-5877.

24. Hongmin Dong，Shang Lin，Qing Zhang，et al. Effect of extraction methods on the properties and antioxidant activities of Chuanminshen violaceum polysaccharides[J]. International Journal of Biological Macromolecules，2016，93：179-185.

25. Hui Ma，Zhiqiang Lu，Bingbing Liu. Transcriptome analyses of a Chinese hazelnut species Corylus mandshurica [J]. BMC Plant Biology，2005，152（13）：1-2.

26. I Sadi Cetingul，Mehmet Yardimci，E Hesna Sahin，et al. The effects of hazelnut oil usage on live weight，carcass，rumen，some blood parameters and femur head ash in Akkaraman lambs [J]. Meat Science，2009，7（83）：647-650.

27. Islem Younes，Olfa Ghorbel-Bellaaj，Rim Nasri，et al. Chitin and chitosan preparation from shrimp shells using optimized enzymatic deproteinization [J]. Process Biochemistry，2012，47：2032-2039.

28. Zhen-yuan Zhu，Fengying Dong，Xiaocui Liu，et al. Effects of extraction methods on the yield，chemical structure and anti-tumor activity of polysaccharides from Cordyceps gunnii mycelia [J]. Carbohydrate Polymers，2016，140：461-471.

29. Zhiping Huang，Yinan Huang，Xubing Li，et al. Molecular mass and chain conformations of Panacis Japonici polysaccharides [J]. Carbohydrate Polymers，2009，78：596-601.

30. Xiong T，Li X，Guan Q Q，et al. Starter culture fermentation of Chinese sauerkraut：Growth，acidification and metabolic analyses [J]. Food Control，2014，06（41）：122-127.

31. Xiu-Jie Xi，Jing Guo，Yun-Guo Zhu. Genetic diversity and taxol content variation in the Chinese yew Taxus mairei [J]. Plant Syst Evol，2014（300）：2191-2198.

第7章 榛子壳资源化利用研究

植物果壳是植物果实加工利用后的农业副产物,一般作为农业废弃物焚烧处理,这样既浪费了资源,又破坏了环境。由于农林果壳中富含多种活性成分,其中包括油酸、亚油酸、茶多酚、多糖、木质素和天然色素,随着社会进步和科技的发展,人类对农业废弃物利用的意识逐步提高,植物果壳作为加工原料的潜力被越来越多的学者加以研究探索,并创造出很高的经济价值,如化工工业中,果壳废弃物主要应用于活性炭的制备、胶黏剂、改性剂、涂料绝缘和造型材料等方面;食品工业中,主要应用于纤维素、天然色素等的提取。

榛子壳农业副产物每年会有数万吨的产量,亟须对其进行合理利用。本章主要开展了榛子壳活性炭及天然棕色素生产新技术、产品结构特征及应用效果方面的研究,以期为榛子壳等农业副产物的资源化利用拓宽渠道,对于延伸榛子坚果发展产业链及开发具有重要意义。

7.1 榛子壳活性炭的制备与功能

7.1.1 榛子壳活性炭的制备工艺优化及其表征

通过确定榛子壳活性炭制备的磷酸质量分数、活化时间、活化温度和料液比,并采用响应面方法优化了磷酸浸渍榛子壳制备活性炭的工艺,为深入开拓利用榛子等果壳原料资源开发制备活性炭及其在生产实际中的应用提供重要方法和基础依据。

1. 材料与方法

(1)材料

供试材料为平欧榛子,由本溪市美梦成真农业开发有限公司提供。

(2)方法

将榛子去仁清洗,置于 105 ℃烘箱中 48 h,经粉碎机粉碎,过 200 目筛。取 5.0 g 榛子壳粉末于坩埚中,按照 1:1、1:1.5、1:2、1:2.5、1:3 的料液比将不同质量分数的磷酸溶液与原料混合均匀,浸渍 24 h,于烘箱中完成预处理。将处理后原料放入箱式电炉中,在不同温度、时间下进行活化。用去离子水反复洗涤活化后样品,烘干至恒重,研磨,过筛,获得活性炭产品。

对各因素影响活性炭碘值的结果进行方差分析,选取对碘值影响显著的因素,磷酸质量分数、料液比、活化温度和活化时间为响应因素,以碘值为响应目标,进行 4 因素 3 水平 Box-Behnken 优化试验。

2. 结果与分析

(1)榛子壳活性炭的制备工艺优化

①单因素试验 磷酸质量分数对碘值有显著影响(图 7-1)。当磷酸质量分数小于 50%

时,随着浓度的增加,碘值增大;当磷酸质量分数大于50%时,随着浓度的增加,碘值反而减小。这可能是由于随着磷酸质量分数增加,脱水、缩合使孔隙结构增加,吸附性能随着增加;而当磷酸质量分数过大时,其溶液黏稠度较大,反而不利于榛子壳吸附磷酸,所以磷酸质量分数过高时碘值较低。因此,选择磷酸质量分数50%进行优化试验。

随着料液比的增加,碘值先上升后略微下降(图7-2)。其原因可能是当料液比较低时,榛子壳和活化剂不能充分混合均匀,影响活化反应的进行,所以碘值较低;当料液比恰当时,榛子壳与活化剂充分混合,吸附达到饱和状态,继续增加料液比对活化效果无太大影响,所以碘值变化不大。因此,选择料液比1∶2进行优化试验。

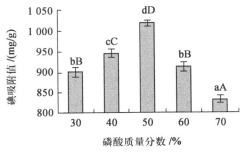

图7-1 不同磷酸质量分数对碘值的影响

图7-2 不同料液比对碘值的影响

活化温度对活性炭碘值有较大影响(图7-3)。当温度低于500 ℃时,随着温度的上升,碘值增加;当温度高于500 ℃时,温度上升,碘值减小。这可能是活化温度过低时活化程度不完全,而温度过高时又会造成活性炭孔隙结构的烧蚀坍塌,使活性炭内部孔道减少,从而降低了其吸附性能。因此,选择活化温度500 ℃进行优化试验。

如图7-4所示,随着活化时间的延长,碘值逐渐升高,在活化时间120 min时达到最大而后减小,这是因为在活化初期榛子壳活化还未完全,活性炭吸附能力较差,一定时间后,反应进行完全,活性炭吸附能力达到最大,继续增加时间会烧蚀炭体,原本形成的微孔和中孔变为大孔,进而导致活性炭吸附能力降低。

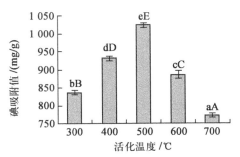

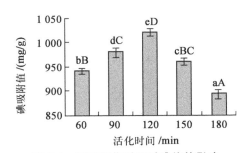

图7-3 不同活化温度对活性炭的影响

图7-4 不同活化时间对碘值的影响

②响应面分析法对活性炭制备工艺的优化 根据单因素试验结果,对各因素影响活性炭碘值的结果进行方差分析,选取磷酸质量分数、料液比、活化温度和活化时间为响应因素,以碘值为响应目标,进行4因素3水平Box-Behnken优化试验。试验因素水平及试验结果分别见表7-1和表7-2。

表 7-1　Box-Behnken 因素水平编码表

因素	磷酸质量分数(A)/%	料液比(B)	活化温度(C)/℃	活化时间(D)/min
水平 1	40	1：1	400	60
水平 2	50	1：2	500	120
水平 3	60	1：3	600	180

表 7-2　Box-Behnken 试验设计及结果

试验号	磷酸质量分数(A)/%	料液比(B)	活化温度(C)/℃	活化时间(D)/min	碘吸附值(Y)/(mg/g)
1	0	0	0	0	1 024.67
2	0	0	1	−1	774.33
3	1	0	0	1	793
4	0	1	1	0	827.33
5	0	1	0	−1	946
6	0	−1	0	1	893
7	0	0	0	0	1 008
8	0	−1	−1	0	834
9	1	0	−1	0	769
10	−1	−1	0	0	939.33
11	0	1	−1	0	846.33
12	0	0	−1	1	805
13	0	0	−1	−1	856.33
14	0	−1	1	0	805
15	−1	0	1	0	856.33
16	0	0	0	0	805
17	−1	0	−1	0	777
18	1	−1	0	0	1 008
19	0	0	0	0	817.33
20	1	0	1	0	1 020.33
21	−1	1	0	0	760
22	−1	0	0	1	893
23	1	0	0	−1	911.33
24	0	−1	0	−1	840.33
25	0	0	0	0	1 029
26	−1	0	0	−1	873
27	0	1	0	1	932.33
28	0	0	1	1	798.67
29	1	1	0	0	846.33

通过软件 Design-Expert 8.0.6 对数据进行多元回归拟合,对碘值(Y)与磷酸质量分数(A)、料液比(B)、活化温度(C)、活化时间(D)之间建立二次响应面回归模型如下:

$$Y = -4\ 900.208\ 33 + 94.517\ 17A + 31.346\ 67B + 13.721\ 08C + 3.592\ 50D + 1.883\ 25AB + 0.007\ 00AC - 0.035\ 692AD + 0.025\ 000BC + 0.177\ 75BD + 0.003\ 152\ 92CD - 1.006\ 81A^2 - 38.723\ 75B^2 - 0.014\ 651C^2 - 0.016\ 196D^2$$

为考察模型的拟合度,对模型进行了 ANOVA 方差分析。如表 7-3 所示,该模型一次项 A、C,二次项 A^2、B^2、C^2、D^2 对活性炭碘值的影响极显著;交互项 AB、AD、CD 对活性炭碘值的影响显著;其他项对活性炭碘值影响不显著,表明各因素对于碘值的影响不是简单线性关系,交互作用影响较大。该模型回归显著 $p < 0.05$,失拟误差不显著 $p > 0.05$,模型 $R^2 = 0.979\ 1$,$R_{Adj}^2 = 0.958\ 1$,说明该模型与试验拟合良好,该回归方程可以较好地分析和预测工艺参数与碘值之间的关系。4 个因素对碘值的影响程度依次为 $A > C > D > B$,即磷酸质量分数 > 活化温度 > 活化时间 > 料液比。

表 7-3　Box-Behnken 试验结果方差分析

差异源	平方和	自由度	均方	F 值	p 值	显著性
模型	199 100	14	14 218.25	46.74	<0.000 1	**
A	12 139.33	1	12 139.33	39.91	<0.000 1	**
B	237.01	1	237.01	0.78	0.392 3	
C	2 770.35	1	2 770.35	9.11	0.009 2	**
D	936.16	1	936.16	3.08	0.101 2	
AB	1 418.65	1	1 418.65	4.66	0.048 6	*
AC	196.00	1	196.00	0.64	0.435 6	
AD	1 834.41	1	1 834.41	6.03	0.027 7	*
BC	25.00	1	25.00	0.082	0.778 6	
BD	454.97	1	454.97	1.50	0.241 5	
CD	1 431.49	1	1 431.49	4.71	0.047 8	*
A^2	65 751.66	1	65 751.66	216.16	<0.000 1	**
B^2	9 726.67	1	9 726.67	31.98	<0.000 1	**
C^2	139 200	1	139 200	457.75	<0.000 1	**
D^2	22 051.58	1	22 051.58	72.49	<0.000 1	**
残差	4 258.61	14	304.19			
失拟	3 887.69	10	388.77	4.19	0.0898	不显著
误差	370.992	4	92.73			
总和	203 300	28				

通过 Design-Expert 8.0.6 软件绘制响应面图及等高线,可更直观地反映两两因素间交互作用对碘值的影响。磷酸质量分数(A)与料液比(B)、磷酸质量分数(A)与活化时间(D)、活化温度(C)与活化时间(D)交互作用对碘值影响见图 7-5。

由图 7-5(a)知,响应面坡度较陡,等高线为椭圆形,说明磷酸质量分数与料液比交互作用较强,对碘值影响较大;等高线沿磷酸质量分数轴方向比较密集,说明磷酸质量分数对碘值的影响比料液比的影响大。随着磷酸质量分数的增加,料液比的增大,碘值先增大后降低,这可能是因为磷酸在原料中占据了一定空间阻碍其收缩,但随着反应的进行,磷酸被释放导致孔结构的产生。由图 7-5(b)知,等高线沿磷酸质量分数轴方向比较密集,说明磷酸质量分数对碘

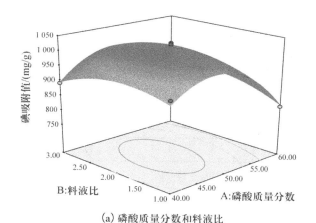

(a)磷酸质量分数和料液比

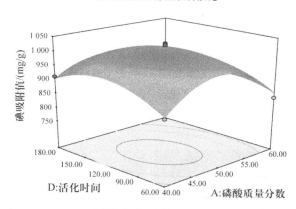

(b)磷酸质量分数和活化时间

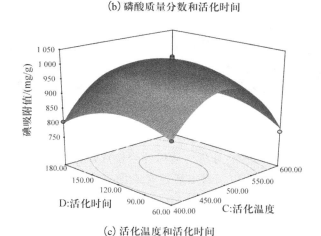

(c)活化温度和活化时间

图 7-5 交互作用对活性炭碘吸附值的影响

值的影响比活化时间的影响大。图 7-5(c)知,等高线沿活化温度轴方向比较密集,说明活化温度对值的影响比活化时间的影响大。

按照响应面优化试验得到的工艺条件:磷酸质量分数 48.5%、料液比 1∶2、活化温度 494 ℃、活化时间 117 min,进行 3 次平行实验,活性炭的碘值为 1 029 mg/g,与预测值1 021.15 mg/g 非常接近,说明该模型对榛子壳活性炭碘值具有良好的预测性。

(2)元素及灰分含量分析

榛子壳经磷酸浸渍活化后碳元素质量分数明显增加(表 7-4),说明炭化活化效果较好;氢、氧质量分数减少,这是由于高温热解产生气体逸出造成的;氮元素质量分数略有增大;磷酸活化过程中的残留使活性炭中磷元素增加;活性炭灰分含量低,吸附能力强,可作良好的吸附剂。

表 7-4　榛子壳及活性炭的元素分析与灰分含量测定　　　　　　　　　　　　　　%

项目	C	H	O	N	P	灰分
榛子壳	48.55	5.89	41.88	0.29	0.02	8.21
活性炭	82.21	1.73	9.65	0.54	2.25	2.23

(3)榛子壳活性炭的表征

①扫描电镜(SEM)表观形貌分析　活性炭的孔隙结构决定它的吸附性能,应用 SEM 分析榛子壳及其产品活性炭的表观形态,进而判断该活性炭的吸附性能。由图 7-6(a)可知,榛子壳原料表面凹陷分布均匀,具有一定孔隙结构。由图 7-6(b)可看到榛子壳经活化扩孔后,烧蚀形成发达的孔道并向内部孔隙扩展。孔壁上存在丰富孔结构,孔与孔间相通,由此可以获知该活性炭拥有比较发达的内部孔隙结构,可制备成较优质的活性炭。

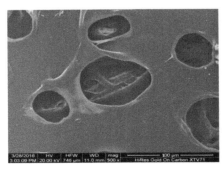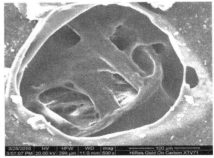

(a) 榛子壳(×500)　　　　　　　　　(b) 活性炭(×500)

图 7-6　榛子壳和榛子壳活性炭的 SEM 微观图像

②傅里叶变换红外光谱(FT-IR)分析　傅里叶变换红外光谱法可以通过测定表面基团得到自身红外光谱,通过红外光谱图可以看出活性炭表面基团的变化。由红外光谱可推断出分子中含有的化学键或官能团从而鉴定物质(Maradur et al.,2012)。从榛子壳和活性炭的红外光谱(图 7-7)可以看出,活性炭在 3 466 cm⁻¹ 处出现的较强吸收峰是由 O—H 振动引起的(Aziz and Mehmet,2015);活化后增加了 2 357cm⁻¹ 处的新峰,该吸收峰归属于 P—H 键,说明

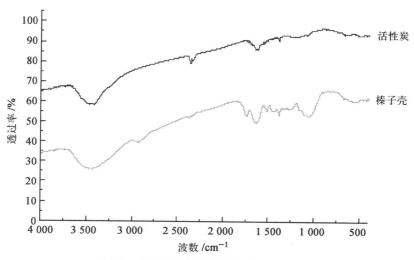

图 7-7　榛子壳和榛子壳活性炭 FT-IR 图谱

磷酸与榛子壳浸渍发生了聚合反应,引入了新的基团(林冠烽,2013)。在 1 616 cm^{-1} 处对应的吸收峰可归于—C═O 或—C═C 的振动所产生的,这可能是在浸渍和加热过程中,纤维素发生了脱水和裂解反应,从而形成双键(张勇等,2014)。木质素是含有碳-碳键、炔键和醚键等化学键的聚合物,在 1 627～1 060 cm^{-1} 频段附近出现的吸收带进一步证明了榛子壳中含有大量的木质素和纤维素(Zhong et al.,2012)。活性炭中官能团含量较榛子壳有所减少,这可能是由于高温加热使榛子壳中一些有机大分子化学键断裂,从而使活性炭表面的官能团减少(戴伟娣,2004)。

③比表面积和孔径结构分析　活性炭的 N$_2$ 吸附等温线和孔径分布见图 7-8 和图 7-9。国际纯粹与应用化学联合会(IUPAC)将吸附等温线分为 6 种,图 7-8 属于 Ⅳ 型吸附等温线,具有滞留回线,说明该活性炭具有介孔结构,结合图 7-9 的孔径分布可知,活性炭还具有微孔和大孔结构。根据 BET 方程可知其比表面积为 1 364.00 m^2/g,BJH 法计算得出平均孔径为 3.17 nm,总孔容为 1.08 cm^3/g。

3. 小结

通过单因素和响应面试验优化得出磷酸法制备榛子壳活性炭最佳实验条件为:磷酸质量分数 48.5%、活化温度 494 ℃、活化时间 117 min、料液比 1∶2。在最佳的工艺条件下制得的榛子壳活性炭碘吸附值为 1 029 mg/g,比表面积为 1 364.00 m^2/g,平均孔径为 3.17 nm,总孔容为 1.08 cm^3/g。

对榛子壳活性炭进行表征研究,发现榛子壳经磷酸浸渍活化后碳元素的质量分数有明显增加,氢元素、氧元素质量分数减少,氮元素质量分数略微增加,磷元素增加。活性炭灰分含量低,吸附能力强,可作良好的吸附剂。在 77 K 下测定最优条件下制备的榛子壳活性炭的 N$_2$ 吸附-脱附等温线,该等温线属于 Ⅳ 型,表明该活性炭中兼具中孔与一定量的微孔。由 BJH 法分析该活性炭的孔径分布、孔容和 SEM 的分析,表明磷酸浸渍榛子壳活性炭中孔、微孔都很发达。分析该活性炭的 FT-IR 表明,经磷酸活化制备的活性炭表面上含氧基团增加,极性增强。榛子壳活性炭的吸附性能达到 GB/T 13803.2—1999 木质净水用活性炭质量标准一级品指标。

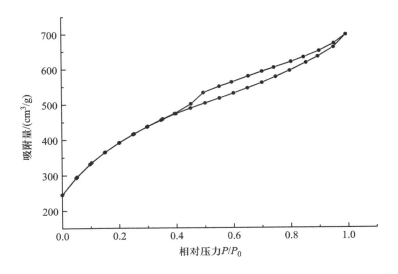

图 7-8　活性炭 N₂ 吸附等温线

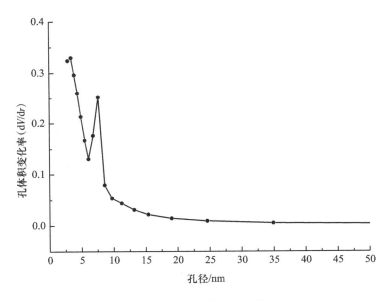

图 7-9　BJH-孔径分布曲线

7.1.2　榛子壳活性炭吸附废弃食用油脂脱色研究

近年来,随着餐饮行业的迅速发展,产生了大量的餐厨等废弃油脂。废弃油脂是指餐厨与食品加工行业产生的不可以食用的动植物油脂,这类含有多组分烃基、脂肪酸类混合物的动植物油脂极其容易腐败,从而产生一定的色度和恶臭(姚亚光等,2006)。如果排入到土壤中,则会形成土壤结块,从而影响微生物等生长繁殖,未经处理流入城市污水处理厂,则可能造成堵塞管道等系列影响。甚至于被不良商家利用流回人们餐桌,后果将十分严重。废弃食用油脂经过简单的脱色、脱臭等处理可以为生物柴油深加工、生产肥皂等提供基础,使制取出的生物柴油在色泽和气味上达到市属标准(Janaum,2010;甘筱,2013)。物理脱色方法中,活性炭有很好的脱色、脱臭效果。本试验研究了榛子壳活性炭吸收废气油脂的脱色效果,通过单因素试验和正交试验,对榛子壳活性炭的脱色条件进行了优化。研究废弃食用油脂的处理与回收再利用,不仅减少环境污染,而且对资源化利用具有重大意义。

1. 材料与方法

(1)材料

供试材料为榛子壳活性炭(自制)、反复煎炸食用油(来自煎炸小吃摊铺)。

(2)方法

油脂的脱色主要受脱色时间、脱色温度、搅拌速度、活性炭用量的影响。以脱色率为指标,考察温度、时间、搅拌速度和活性炭加入量对油脂脱色效果的影响。

2. 结果与分析

(1)温度对油脂脱色的影响

见图 7-10,随温度升高,活性炭的脱色率先增大随后降低,当脱色温度达到 60 ℃时,活性炭的脱色率最大,说明此时活性炭脱色效果最佳。当温度超过 60 ℃后,温度升高活性炭脱色率反而下降,这可能是由于太高的温度使色素不能被活性炭有效吸附,造成了色素的固定。

(2)活性炭加入量对油脂脱色的影响

随着活性炭加入量增大,废弃食用油脂的脱色率增加,当活性炭用量为 10%时,油脂脱色率达到 66%以上,继续增加活性炭投入量,其脱色率趋于平稳(图 7-11)。

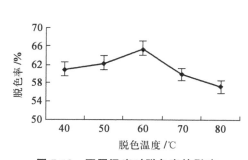

图 7-10　不同温度对脱色率的影响

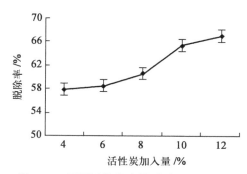

图 7-11　不同活性炭含量对脱色率的影响

(3)脱色时间对油脂脱色的影响

加入相同质量的活性炭,随着脱色时间增加,脱色率持续增加,当达到 60min 时,脱色率最大,此时活性炭吸附能力最大,当时间继续延长后脱色率反而下降(图 7-12),这是由于吸附时间过长,油脂色素固化使油脂回色,油脂氧化,酸价、过氧化值升高,从而导致脱色率降低。

(4)搅拌速度对油脂脱色的影响

搅拌速度影响油脂的脱色能力,活性炭与油脂的混合均匀程度受搅拌速度的影响,搅拌速度太慢会使活性炭与油脂混合不够均匀,速度过快则容易造成剩余色素被氧化固定。适宜的搅拌速度使油脂与活性炭有良好的接触,有利于吸附平衡的构建,本研究中搅拌速度达到 250 r/min 时吸附性最好,油脂脱色效果最佳(图 7-13)。

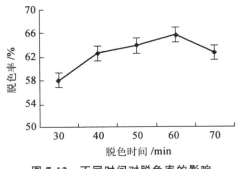

图 7-12　不同时间对脱色率的影响

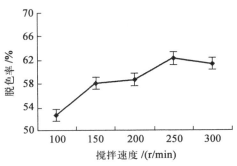

图 7-13　不同搅拌速度对脱色率的影响

（5）活性炭脱色正交试验优化

从表 7-5 中的极差 R 值可以看出，活性炭对脱色影响的顺序为 B＞C＞A＞D，即活性炭加入量＞脱色时间＞脱色温度＞搅拌速度，脱色过程中的最优组合为 $A_2B_2C_2D_2$，即活性炭加入量（A）为 10％，脱色时间（C）60 min，脱色温度（B）为 60 ℃，搅拌速率（D）为 250 r/min。经过正交试验所得出的最优工艺进行验证，结果脱色率达到 69.2％。

表 7-5　正交试验结果

项目	脱色温度/℃	活性炭用量/％	脱色时间/min	搅拌速度/(r/min)	脱色率/％
1	1	1	1	1	52.5
2	1	2	2	2	69.5
3	1	3	3	3	58.9
4	2	1	2	3	61.5
5	2	2	3	1	63.2
6	2	3	1	2	62.2
7	3	1	3	2	55.1
8	3	2	1	3	60.2
9	3	3	2	1	64.6
K_1	180.9	169.1	174.9	180.3	
K_2	186.9	192.9	195.6	186.8	
K_3	179.9	185.7	177.2	180.6	
k_1	60.3	56.36	58.3	60.1	
k_2	62.3	64.3	65.2	62.26	
k_3	59.96	61.9	59.06	60.2	
极差 R	2.34	7.94	6.14	2.16	

3. 小结

研究了榛子壳活性炭吸附废弃食用油脂的脱色性能。活性炭对脱色效果影响的主要顺序为活性炭加入量＞脱色时间＞脱色温度＞搅拌速度，活性炭加入量为 10％、脱色时间为

60 min、脱色温度为 60 ℃、搅拌速率为 250 r/min 时,活性炭对废弃食用油脂的脱色率达到 69.2%,说明榛子壳活性炭对废弃油脂的脱色有一定效果。

7.1.3　榛子壳活性炭对溶液中 Cr^{6+} 的吸附性能研究

重金属废水主要来源于金属加工、冶金工业、药品制造等行业。含铬废水被认为是危害环境最为严重的公害之一。水中的铬主要存在形式为三价铬[Cr^{3+}、$Cr(OH)_2{}^+$]和六价铬(CrO_4^{2-}、CrO_7^{2-}、$HCrO_4^-$)。铬的毒性与它的存在价态有关,六价铬的毒性很强,约为三价铬毒性的 100～1 000 倍,一旦被人体吸收就很难排出体外,因此,被列为对人体危害最大的 8 种化学物质之一。活性炭吸附重金属离子是最为简便有效的方法,广泛应用于各行业中(石燕等,2001;袁文慧,2011;Bansal et al.,2009;Baral et al.,2007)。

1. 材料与方法

(1)材料

用 $K_2Cr_2O_7$ 配置模拟含铬废水,自制榛子壳活性炭。

(2)方法

水中 Cr^{6+} 浓度的测定采用二苯基碳酰二肼分光光度法。

2. 结果与分析

(1)溶液初始 pH 对 Cr^{6+} 脱除率的影响

由图 7-14 可知,当 pH 2～4 时,活性炭对 Cr^{6+} 的吸附能力较强,吸附率高达 80% 以上,随着溶液 pH 的增大,在中性以及碱性条件下,活性炭对重金属 Cr^{6+} 的吸附性降低。这主要是因为在酸性条件下,含铬废水中 $Cr_2O_7^{2-}$ 与活性炭形成稳定化合物,使 Cr^{6+} 被活性炭吸附。当溶液中 pH 超过 6 时,活性炭上的含氧基团与 OH^- 间的作用力大于与 $Cr_2O_7^{2-}$ 间的作用力,所以,使得活性炭对 Cr^{6+} 的吸附性降低。当溶液 pH 为 2 时,活性炭对重金属 Cr^{6+} 的脱除率最高,说明此时吸附效果最好。

(2)活性炭用量对 Cr^{6+} 脱除率的影响

从图 7-15 中可知,随着活性炭加入量的增加,对含铬废水的去除率增大,当活性炭用量为 0.4 g 时,Cr^{6+} 的去除率达到 98%,继续增加活性炭的用量,吸附去除率增加不明显,从节约角度考虑,选择活性炭的用量以 0.4 g 为最佳。

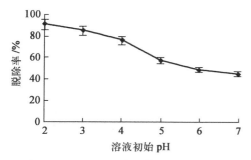

图 7-14　不同 pH 对 Cr^{6+} 脱除率的影响

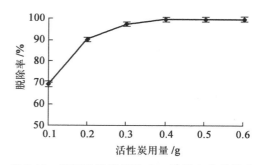

图 7-15　不同活性炭用量对 Cr^{6+} 脱色率的影响

（3）接触时间对 Cr^{6+} 脱除率的影响

从图 7-16 中可知，活性炭对 Cr^{6+} 的去除率随着接触时间的延长而增大，在接触时间为 2 h 时，Cr^{6+} 的去除率达到 90% 以上，随着时间的延长，吸附去除率增加不明显。因此，选择吸附时间以 2 h 为最佳。

（4）溶液初始浓度对 Cr^{6+} 脱除率的影响

不同浓度对重金属 Cr^{6+} 的吸附影响见图 7-17。活性炭对 Cr^{6+} 的去除率随着溶液浓度的增大而降低，因此，选择溶液初始浓度以 50 mg/L 为最佳。

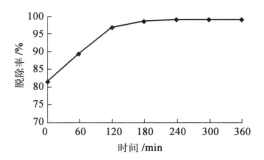

图 7-16　接触时间对 Cr^{6+} 脱色率的影响

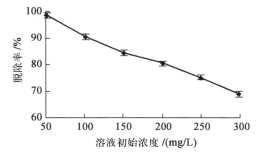

图 7-17　不同溶液初始浓度对 Cr^{6+} 脱色率的影响

（5）吸附动力学方程与等温线方程

如图 7-18、图 7-19 和表 7-6 所示，榛子壳活性炭吸附 Cr^{6+} 的动力学实验数据利用准一级动力学模型拟合得到的 R^2 为 0.931 4，最大吸附量为 9.22 mg/g，这与实验所得吸附量 5.01 mg/g 相差较大。准二级动力学模型拟合得到的 R^2 为 0.996 2，最大饱和吸附量为 9.22 mg/g，这与实验所得的吸附量 10.18 mg/g 非常接近。吸附过程可以用准二级动力学方程进行拟合，该结论与前人研究 Cr^{6+} 的去除率所得结果一致（Iqbal et al.，2013）。

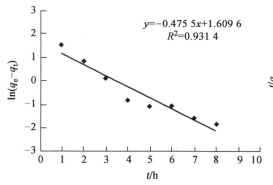

图 7-18　准一级动力学模型拟合图

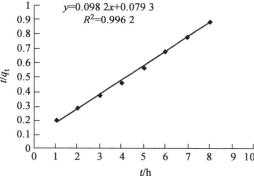

图 7-19　准二级动力学模型拟合图

表 7-6　动力学模型拟合结果

动力学方程	$q_{e,exp}$/(mg/g)	$q_{e,cal}$/(mg/g)	K_1/K_2	R^2
准一级	9.22	5.01	0.475 5	0.931 4
准二级	9.22	10.18	0.098 2	0.996 2

从图 7-20、图 7-21 和表 7-7 中拟合的相关参数看出，Langumir 等温吸附模型对榛子壳活性炭吸附 Cr^{6+} 有较好的拟合结果，相关系数 R^2 为 0.998 4。Freundlich 等温吸附模型中 R^2 为 0.959 6。在等温吸附模型中，Langumir 等温吸附方程可以较好地描述该吸附过程，可初步判断活性炭对 Cr^{6+} 的吸附属于单层吸附。许多研究表明，活性炭对 Cr^{6+} 的吸附去除效果受溶液初始 pH 影响很大，这是因为溶液的初始 pH 影响着铬离子的存在形式和吸附剂表面的电性等（Venugopal，2011；Zhao et al.，2005）。

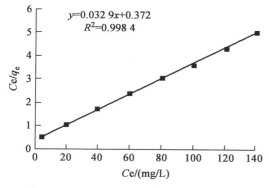

图 7-20　Langmuir 吸附等温方程线性拟合

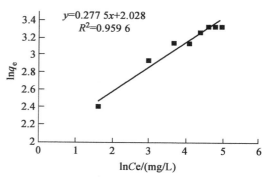

图 7-21　Freundlich 吸附等温方程线性拟合

表 7-7　吸附等温方程线性拟合结果

吸附等温线模型	同温度条件下		
Langumir	$q_m = 30.395\ 1$	$K_L = 0.088$	$R^2 = 0.998\ 4$
Freundlich	$n_F = 3.603\ 6$	$K_F = 7.599$	$R^2 = 0.959\ 6$

3. 小结

应用榛子壳制备的活性炭吸附废水中重金属 Cr^{6+}，利用动力学模型及等温吸附模型对榛子壳活性炭吸附 Cr^{6+} 的实验数据拟合分析，将 pH、活性炭用量、接触时间和 Cr^{6+} 初始浓度作为考察因子进行试验，最佳条件确定为初始 pH 2、炭加入量 0.4 g、接触时间 4 h、溶液初始浓度 50 mg/L，在此条件下榛子壳活性炭对废水中重金属 Cr^{6+} 去除率可达到 98%。可见，榛子壳活性炭可有效地吸附废水中的重金属 Cr^{6+}。

准一级动力学模型拟合得到相关系数 R^2 为 0.931 4，准二级动力学模型拟合得到的 R^2 为 0.996 2，所以确定准二级动力学方程具有较高的拟合度，榛子壳活性炭对水中 Cr^{6+} 的吸附过程更符合准二级动力学模型。等温吸附模型所得拟合结果表明，Langumir 等温吸附模型的 R^2 为 0.998 4，Freundlich 等温吸附模型 R^2 为 0.959 6，所以确定 Langumir 等温吸附方程具有较高的拟合度，可以较好地描述吸附过程。初步判断活性炭对 Cr^{6+} 的吸附属于单层吸附。

7.2 榛子壳棕色素的制备与功能

7.2.1 榛子壳棕色素提取工艺优化

榛子壳常被作为废弃物焚烧,榛子壳的使用价值未得到有效利用,同时又造成环境污染。研究利用超声波高效省时的特点,从平欧榛子壳中醇提棕色素,单因素实验结合响应面法,确定了平欧榛子壳中棕色素的提取工艺参数,同时对棕色素结构及理化性质进行了研究。

1. 材料与方法

（1）材料

供试材料为平欧榛子,去仁清洗后获得榛子壳,热风干燥后粉碎过 60 目筛子,得榛子壳粉备用。

（2）方法

挑选品质优良的平欧榛子,去仁留壳,用蒸馏水清洗后放置于 60 ℃ 条件下热风干燥 24 h,用粉碎机粉碎后过 60 目筛备用。准备洁净的锥形瓶,精确量取榛子壳粉末放入其中,按比例倒入乙醇溶液,将瓶密封,超声提取、抽滤、旋蒸,真空冷冻干燥浓缩液,棕色素粗提物冻干粉于 −20 ℃ 保存。

色价的确定:用蒸馏水将 1.00 g 样粉稀释到 100 mL,采用梯度稀释的方法将溶液稀释到适宜浓度,测吸光度值(空白样为蒸馏水),根据公式进行计算。

$$\sum_{1\,cm}^{1\%}(280\ nm)=\frac{Af_{总}}{m}$$

式中:A 为实际测得的吸光度值;$f_{总}$ 为总的稀释倍数;m 为试样质量(g)。

2. 结果与分析

（1）单因素试验

见图 7-22,当提取温度在 30~70 ℃ 范围内,平欧杂交榛子壳棕色素随温度升高,其吸光值显著升高;当温度为 70 ℃ 时,色素的吸光值最大($p<0.05$)。这是由于温度逐渐上升,分子间运动速率加快,但温度过高,使提取物被氧化,促使榛子壳棕色素吸光值下降(胡卫成等,2015)。

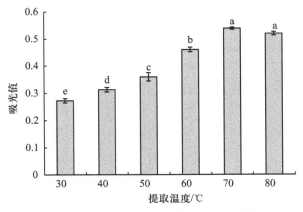

图 7-22　提取温度对平欧杂交榛子壳棕色素的影响

当超声时间在 10～30 min 范围内,随着超声时间逐渐延长,平欧杂交榛子壳棕色素吸光值逐渐上升;当提取时间大于 30 min 后,色素吸光值的升高趋势差异不显著(图 7-23),说明当超声时间为 30 min 时,榛子壳棕色素物质大部分已溶出($p<0.05$)。

当液料比在(10～30):1(mL/g)范围内,随液料比的逐步增大,平欧杂交榛子壳棕色素吸光值升高;液料比为 30:1(mL/g)时,吸光值最大($p<0.05$)(图 7-24)。这是由于液料比过大,超声波能量被乙醇溶剂吸收,空化作用减小,致使细胞壁未被完全破坏,提取物不能充分从细胞中溶出。

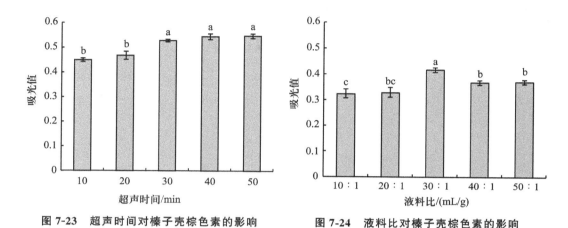

图 7-23 超声时间对榛子壳棕色素的影响   图 7-24 液料比对榛子壳棕色素的影响

当溶剂乙醇体积分数为 10%～50% 时,平欧榛子壳棕色素吸光值随着乙醇体积分数不断升高而显著增长;当乙醇体积分数达到 50% 时吸光值最大;之后,随着乙醇体积分数继续增加,吸光值显著下降($p<0.05$)(图 7-25)。这是由于随着乙醇浓度升高对组织细胞的渗透能力随之加强(千春录等,2016),有利于榛子壳棕色素溶于乙醇溶液,但乙醇溶液体积分数较高时会降低溶剂极性情况,致使吸光值下降。

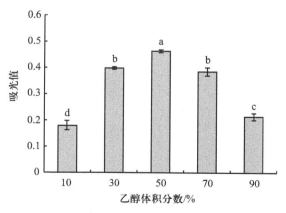

图 7-25 乙醇体积分数对榛子壳棕色素的影响

(2)响应面试验

单因素实验结果表明,选取提取温度(X_1)、超声时间(X_2)、液料比(X_3)、乙醇体积分数

(X_4)为响应因素,以平欧榛子壳棕色素吸光度值(Y)为响应值,利用 Design-Expert 软件设计 4 因素 3 水平响应面试验,明确最优工艺参数。响应面设计、方差分析与误差统计分析的结果分别见表 7-8 和表 7-9。

表 7-8　响应面试验设计与结果

试验号	提取温度(X_1)	超声时间(X_2)	液料比(X_3)	乙醇体积分数(X_4)	吸光值
1	−1	0	0	−1	0.507
2	0	−1	1	0	0.543
3	1	0	−1	0	0.509
4	0	−1	−1	0	0.501
5	0	0	−1	11	0.492
6	−1	1	0	0	0.514
7	−1	0	0	1	0.530
8	0	0	−1	1	0.539
9	1	0	1	1	0.511
10	0	1	0	−1	0.510
11	0	0	0	0	0.553
12	0	0	0	0	0.565
13	1	0	1	0	0.507
14	0	0	0	0	0.561
15	0	−1	0	−1	0.498
16	0	0	1	−1	0.543
17	0	0	0	1	0.561
18	0	1	0	1	0.533
19	1	0	0	−1	0.514
20	0	1	1	0	0.522
21	1	0	0	1	0.516
22	0	1	−1	0	0.540
23	1	1	0	0	0.511
24	−1	−1	0	0	0.533
25	1	−1	0	0	0.506
26	−1	0	1	0	0.542
27	0	0	0	0	0.559
28	0	−1	0	1	0.537
29	−1	0	−1	0	0.507

表 7-9 回归模型的方差分析

方差来源	平方和	自由度	均方	F 值	p 值
回归模型	0.012	14	8.524E-004	17.03	<0.000 1**
X_1 提取温度	4.083E-004	1	4.083E-004	8.16	0.012 7*
X_2 超声时间	1.408E-005	1	1.408E-005	0.28	0.604 2
X_3 液料比	5.201E-004	1	5.201E-004	10.39	0.006 1*
X_4 乙醇体积分数	8.670E-004	1	8.670E-004	17.32	0.001 0*
$X_1 X_2$	1.440E-004	1	1.440E-004	2.88	0.112 0
$X_1 X_3$	3.423E-004	1	3.423E-004	6.84	0.020 4*
$X_1 X_4$	1.102E-004	1	1.102E-004	2.20	0.160 0
$X_2 X_3$	8.702E-004	1	8.702E-004	17.38	0.000 9*
$X_2 X_4$	6.400E-005	1	6.400E-005	1.26	0.277 2
$X_3 X_4$	1.560E-003	1	1.560E-003	31.17	<0.000 1**
X_1^2	3.968E-003	1	3.968E-003	79.26	<0.000 1**
X_2^2	2.186E-003	1	2.186E-003	43.67	<0.000 1**
X_3^2	1.954E-003	1	1.954E-003	39.04	<0.000 1**
X_4^2	2.722E-003	1	2.722E-003	54.36	<0.000 1**
残差	7.009E-004	14	5.006E-005		
失拟项	6.241E-004	10	6.241E-005	3.25	0.133 6
纯误差	7.680E-005	4	1.920E-005		
总误差	0.013	28			

数据进行回归分析,得到二次多项回归方程:$Y = 0.56 - (5.833E-003)X_1 + (6.583E-003)X_3 + (8.500E-003)X_4 - (9.250E-003)X_1 X_3 - 0.015 X_2 X_3 - 0.020 X_3 X_4 - 0.025 X_1^2 - 0.018 X_2^2 - 0.017 X_3^2 - 0.018 X_4^2$。

该回归模型 $p < 0.000 1$,说明模型极显著;$p = 0.133 6 > 0.05$,说明失拟项不显著。$R^2 = 0.944 6$,$R_{Adj}^2 = 0.889 0$,表明响应面试验结果与回归方程的拟合度好,可对棕色素的提取条件参数分析和预测。根据回归模型的显著性分析可知,该模型中 X_2、$X_1 X_2$、$X_2 X_4$ 不显著($p > 0.05$),X_1、X_3、X_4、$X_1 X_3$、$X_2 X_3$ 具有显著性($p < 0.05$),$X_3 X_4$、X_1^2、X_2^2、X_3^2、X_4^2 具有极显著性($p < 0.000 1$)。根据 F 值分析,影响平欧杂交榛子壳棕色素提取的主次因素顺序为:乙醇体积分数(X_4)>液料比(X_3)>提取温度(X_1)>超声时间(X_2)。

通过响应面法分析得到最佳参数为:提取温度 61.12 ℃、超声时间 34.14min、液料比 23.54:1(mL/g)、乙醇体积分数 63.32%,将以上工艺条件根据实验操作过程中的可行性稍做调整,确定的最佳提取条件为:提取温度 61 ℃、超声时间 34min、液料比 24:1(mL/g)、乙醇体积分数 63%,在此条件下进行验证实验,得到的平欧榛子壳棕色素吸光度平均值为 0.560 4±0.01,预测值为 0.559 8,测得的实际值与预测值接近,表明该模型适用于平欧榛子壳棕色素提取条件的优化。同时,测得超声波辅助萃取条件下榛子壳棕色素的色价为 32.07。

3. 小结

本研究优化了平欧榛子壳棕色素提取工艺。确定的最佳提取条件为:提取温度 61 ℃、超声时间 34 min、液料比 24∶1(mL/g)、乙醇体积分数 63％,在此条件下得到的平欧榛子壳棕色素吸光度平均值为 0.560 4±0.01,预测值为 0.559 8,实际值与预测值接近,表明该模型适用于平欧杂交榛子壳棕色素提取条件的优化。同时,测得超声波辅助萃取条件下榛子壳棕色素的色价为 32.07。

7.2.2 榛子壳棕色素纯化工艺研究

大孔吸附树脂(MARs)是富集生物活性物质的有效基质,具有高选择性和吸附性,以及稳定性、抗渗透冲击和氧化降解能力。同时它具有操作简便,效率高,成本低,环保且容易再生等特点。近年,大孔吸附树脂经常用于从植物提取物中分离和纯化生物活性化合物。国内外对榛子壳的探究着重于作为可再生燃料能源及制备吸附剂等,而榛子壳棕色素的开发利用正处于起步阶段,对其纯化工艺条件优化报道尚少。

1. 材料与方法

(1)材料

平欧榛子去仁清洗后获得榛子壳,热风干燥后粉碎,过 60 目筛子,得榛子壳粉备用。

(2)方法

准确称量经过预处理的大孔吸附树脂 5 g,置于 100 mL 锥形瓶,取一定质量浓度色素粗提液测其吸光值 A_a。再取 25 mL 粗提液加入装有大孔树脂的锥形瓶中,恒温振荡 24 h,过滤后测定滤液的吸光值 A_b。蒸馏水冲洗过滤后的树脂,直至无残留液依附在表面并置于洁净的锥形瓶中,加入 pH 4.0、70％体积分数乙醇溶液 25 mL,恒温振荡 24 h,过滤后测定滤液的吸光值 A_c。分别按照以下吸附率和解吸率公式进行计算:

$$大孔树脂吸附率 = (A_a - A_b/A_a) \times 100\%$$

$$大孔树脂解吸率 = A_c/(A_a - A_b) \times 100\%$$

式中:A_a 为平欧榛子壳棕色素稀释液的吸光值;A_b 为大孔树脂吸附色素后滤液的吸光值;A_c 为大孔树脂解吸后滤液的吸光值。

大孔树脂静态吸附-解吸动力学曲线:用蒸馏水对已充分吸附平欧榛子壳棕色素的树脂进行清洗,直至棕色素无残留在表面,将其置于锥形瓶中,加入 pH 4.0、70％体积分数的乙醇溶液 25 mL,恒温振荡进行静态解吸,每小时移取锥形瓶中的上清液进行棕色素吸光值的测定,绘制平欧榛子壳棕色素的静态解吸动力学曲线。

2. 结果与分析

(1)最优大孔树脂的筛选

不同型号的树脂表面积存在差异,导致其吸附强度不同,与此同时,大孔树脂解吸率也是评定树脂纯化效果的重要参考依据。由表 7-10 可知,大孔树脂的类型对平欧榛子壳棕色素吸附程度有一定影响,S-8、NAK-9 及 X-5 型树脂对平欧杂交榛壳色素的吸附能力较好,D1400、X-5 型大孔树脂的解吸能力较好。由于 D1400 型大孔树脂的吸附率较小,因此选择 X-5 型大孔树脂为纯化平欧榛子壳棕色素的最佳材料($p<0.05$)。

表 7-10 大孔树脂对平欧杂交榛子壳棕色素的静态吸附-解吸结果

树脂类型	吸附率/%	解吸率/%
S-8	94.29±0.49[a]	62.02±0.38[e]
NAK-9	92.90±0.39[b]	63.17±0.34[d]
X-5	92.03±0.35[c]	80.05±0.29[b]
AB-8	88.29±0.26[d]	67.11±0.27[c]
D101	84.03±0.30[e]	67.53±0.28[c]
D1400	76.88±0.30[f]	82.19±0.38[a]

(2)X-5 大孔树脂静态吸附-解吸动力学曲线

由图 7-26 可看出,平欧榛子壳棕色素经 X-5 型大孔树脂的吸附过程中,吸附速率逐渐平缓。当吸附时间到达 240 min 后,大孔树脂吸附率的增长变化不明显,大孔树脂已经接近了吸附平衡状态,故棕色素静态吸附时间以 240 min 时为最佳条件。由图 7-27 可知,解吸过程中的前 180 min,大部分棕色素溶于乙醇溶液,与 X-5 型大孔树脂分离。由于时间的延长逐步达到解吸平衡状态,故当棕色素静态解吸 180 min 时为最佳条件($p<0.05$)。

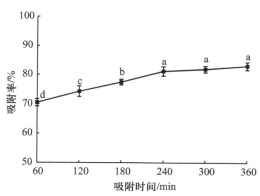

图 7-26 平欧杂交榛子壳棕色素静态吸附
动力学曲线

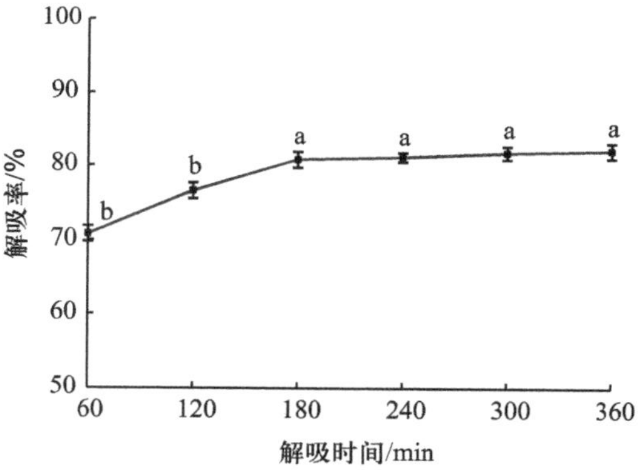

图 7-27 平欧榛子壳棕色素静态解吸动力学曲线

(3)X-5 型大孔树脂静态吸附-解吸条件优化

由图 7-28 可知,上样液质量浓度为 15~25 mg/mL,棕色素的吸附率逐渐呈大幅度上升趋势;当上样液质量浓度高于 25 mg/mL,吸附率随之下降。这可能由于质量浓度过大时,杂质的含量也增多,样液有沉淀出现,阻碍棕色素与大孔树脂充分接触,导致棕色素的吸附量降低。

由图 7-29 可知,上样液 pH 为 2~5 时,棕色素的吸附率呈上升趋势;当上样液 pH 高于 5 时,吸附率随之下降。棕色素是黄酮类化合物,其中含有酚羟基,酸性过强时易与其他物质反应生成烊盐类物质,吸附能力减弱;当弱酸性条件时,易与树脂发生氢键作用,促使吸附在树脂上。

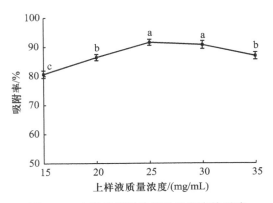

图 7-28　上样液质量浓度对吸附率的影响

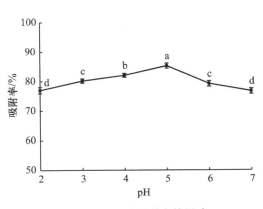

图 7-29　pH 对吸附率的影响

由图 7-30 可看出，随着乙醇体积分数的逐渐增加 X-5 型大孔树脂解吸率随之升高，这是由于乙醇溶液对树脂产生效用，使其充分溶胀，大孔树脂与平欧杂交榛子壳棕色素间的吸附作用力被削弱，棕色素脱离树脂溶于乙醇溶液。乙醇体积分数超过 70%，平欧杂交榛子壳棕色素的解吸率无显著性差异，考量节约试剂用量等方面因素，乙醇体积分数以 70% 为静态解吸最佳条件（$p < 0.05$）。

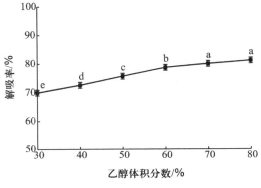

图 7-30　乙醇体积分数对解吸率的影响

由图 7-31 可看出，乙醇溶液 pH 为 2～4 逐渐递增，棕色素解吸率随之呈上升趋势；当上样液 pH 高于 4 时，解吸率随之下降。

（4）X-5 型大孔树脂动态吸附-解吸条件优化

由图 7-32 可知，棕色素吸附率随上样液质量浓度的增加，呈先逐渐增加再逐渐下降的趋势。当上样液质量浓度高于 25 mg/mL，继续增加浓度会导致部分溶质流出，大量的棕色素流失浪费。

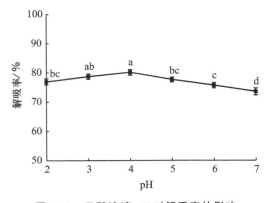

图 7-31　乙醇溶液 pH 对解吸率的影响

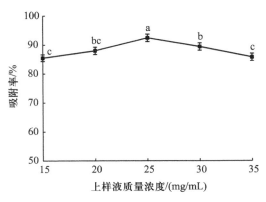

图 7-32　上样液质量浓度对吸附率的影响

由图 7-33 可知,当棕色素流出液的吸光值达到上样液吸光值的 10％时,大孔树脂吸附饱和,为泄漏点。上样流速过慢时,工作耗时长,生产效率低;上样流速过大时,上样液中的棕色素与树脂接触时间短、不充分,未被吸收而流出层析柱,导致提前泄露,还易堵塞硅胶管。

由图 7-34 可知,相同的吸附条件下,棕色素与大孔树脂之间产生一种氢键作用,从而在树脂上吸附,因此水不易将棕色素洗脱下来。乙醇体积分数由 30％逐渐升高至 70％,棕色素解吸率呈上升的趋势;超过 70％时,解吸率略微降低。

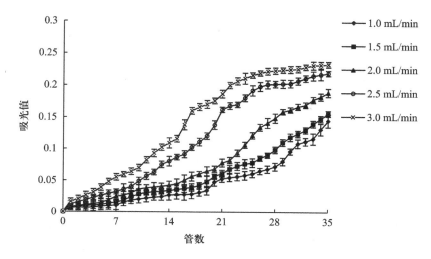

图 7-33　不同流速的动态吸附曲线

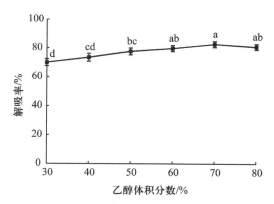

图 7-34　乙醇体积分数对解吸率的影响

由图 7-35 可以看出,棕色素洗脱流速过慢时,进行解吸时间越长,效率越低;洗脱流速过大时,其峰形宽,乙醇溶液无法与树脂上的棕色素充分接触,导致拖尾现象明显。综上所述,当洗脱流速在 2.0 mL/min,平欧榛子壳棕色素动态解吸效果最佳。

(5)色价的测定

平欧榛子壳棕色素粗提液经 X-5 型大孔树脂动态吸附-解吸纯化后,棕色素的色价由 32.07 提高到 52.05,吸附率为 92.10％,洗脱率为 83.16％。可见,平欧榛子壳棕色素选择 X-5 型树脂进行纯化的效果佳。

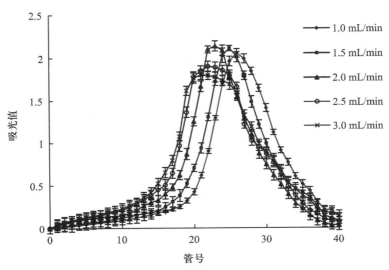

图 7-35　洗脱流速对洗脱效果的影响

3. 小结

研究了平欧榛子壳棕色素纯化工艺。通过对比 S-8、NAK-9、X-5、AB-8、D101、D1400 六种型号树脂的静态、动态吸附-解吸条件,得知 X-5 型大孔树脂对平欧榛壳色素的纯化效果较好。通过静态吸附-解吸试验,吸附时间 4 h、上样液质量浓度 25 mg/mL、上样液 pH 5、解吸时间 3 h、乙醇体积分数 70%、pH 4 为最佳工艺条件。动态吸附-解吸试验,上样质量浓度 25 mg/mL、上样流速 2.0 mg/min、乙醇体积分数 70%、洗脱流速 2.0 mg/min 为最佳工艺条件。最优纯化工艺条件下,棕色素的色价由 32.07 提高到 52.05,动态吸附率为 92.1%,洗脱率为 83.16%。

7.2.3　榛子壳棕色素的抗氧化性及红外光谱分析

榛子壳棕色素是一种黄酮类物质,在应用中不仅起到着色的作用,同时也具有抗氧化效用。本研究通过 Fe^{3+} 还原能力(ferric reducing-antioxidant power,FRAP)、清除羟自由基能力及 $ABTS^+$ 能力 3 种方法,评价了榛子壳棕色素的抗氧化性能,并且采用颜色反应和傅里叶红外光谱法对平欧榛子壳棕色素的化学结构进行初步分析。

1. 材料与方法

（1）材料

榛子壳棕色素样品为利用 X-5 型大孔树脂纯化和真空冷冻干燥机制备的冻干粉。

（2）方法

平欧杂交榛子壳棕色素的初步鉴定采用盐酸-镁粉反应(裴月湖等,2016)、三氯化铁反应(裴月湖等,2016)、氢氧化钠反应(刘畅等,2018)。

傅里叶红外光谱扫描:采用溴化钾压片法进行红外光谱测定。按照 1:200 的比例将棕色素冻干粉和溴化钾粉末均匀混合,置于玛瑙研钵内,经充分研磨后压片,确认采集参数背景光谱后上样,于 $400\sim4\,000$ cm^{-1} 波长区间进行红外光谱的扫描。

2. 结果与分析

(1)抗氧化活性测定

由图 7-36 可知,平欧榛子壳棕色素与维生素 C 的 FRAP 值均随质量浓度的增加而增大,平欧榛子壳棕色素的 FRAP 值和浓度呈显著正相关性。同浓度榛子壳棕色素低于维生素 C 溶液抗氧化性,在质量浓度为 200 $\mu g/mL$ 时,平欧榛子壳棕色素 FRAP 值为 1.493 mmol/g prot($p < 0.05$)。

由图 7-37 可知,随质量浓度增大榛壳棕色素与维生素 C 对·OH 自由基清除效果均增强,平欧榛壳色素对·OH 自由基清除效果和浓度呈显著正相关性。同浓度的维生素 C 溶液抗氧化性比棕色素溶液高,质量浓度在 200 $\mu g/mL$ 时平欧榛壳色素对·OH 自由基抑制能力达 30.7 U/mL($p < 0.05$)。

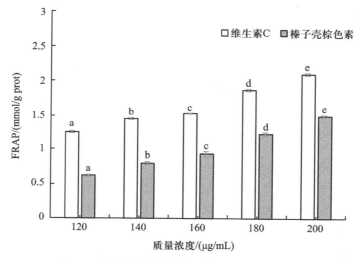

图 7-36　棕色素与维生素 C 的 FRAP 值的测定

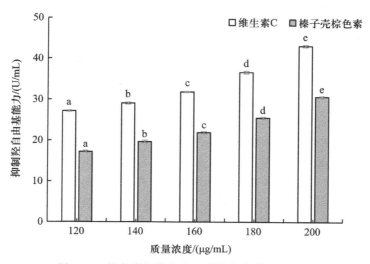

图 7-37　棕色素与维生素 C 的羟自由基清除能力

由图 7-38 可知,随质量浓度增加,平欧榛壳色素与维生素 C 对 $ABTS^+$ 清除能力均增大,榛子壳棕色素对 $ABTS^+$ 清除能力与浓度具有显著正相关性。同浓度的棕色素低于维生素 C 溶液的抗氧化性,质量浓度在 200 $\mu g/mL$ 时平欧杂交榛壳色素清除 $ABTS^+$ 的能力为 2.282 mol Trolox/mL($p < 0.05$)。

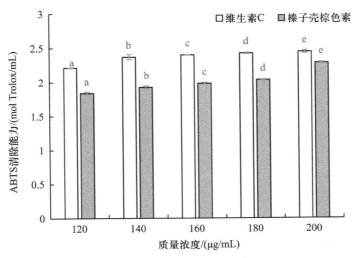

图 7-38 棕色素和维生素 C 对 $ABTS^+$ 的清除能力

(2)平欧杂交榛子壳棕色素的红外光谱分析

盐酸-镁粉反应产生的现象通常用以判定是否为黄酮类化合物,榛子壳棕色素的化学性质结果见表 7-11。榛子壳棕色素存在黄酮、黄酮醇和二氢黄酮醇类化合物;三氯化铁的反应现象说明平欧榛子壳棕色素存在酚羟基;氢氧化钠反应的现象表明其色素溶液里可能含有黄酮类物质。

表 7-11 色素的定性实验结果

反应类型	现象
盐酸-镁粉反应	呈紫红色
三氯化铁反应	生成墨绿色沉淀
氢氧化钠反应	溶液变为黄色

如图 7-39 所示,在 3 200~3 600 cm^{-1} 出现吸收峰,是由于—OH 基形成氢键,缔合后导致 O—H 键伸长,电偶极矩增加形成,证明有酚羟基存在。根据文献报道,体现黄酮类化合物具有抗氧化能力的主要基团是酚羟基,其与自由基反应生成半醌式自由基结构;烷基的 C—H 键在 2 850~3 000 cm^{-1} 附近有谱带是由于伸缩振动产生;1 630~1 700 cm^{-1} 区域之间的吸收峰为酮类化合物 C=O 通过伸缩振动产生,推断该色素可能含有酮羰基;1 400~1 600 cm^{-1} 之间的峰是不饱和 C=C 伸缩振动产生;1 000~1 300 cm^{-1} 之间的峰是由 C—O 伸缩振动产生的谱峰;675~1 000 cm^{-1} 之间出现的峰,由于=C—H 弯曲振动产生;668 cm^{-1} 处出现的吸收峰是由于红外光谱测试过程中空气中的 CO_2 吸收产生的谱峰(胡皆汉,2011;陶

笑,2017)。大多数呈色植物中的木质部分含有黄酮类化合物,天然黄酮类化合物的结构中常见的取代基有甲基、酚羟基等,根据红外光谱图对显色反应,榛子壳棕色素为黄酮类物质,初步判定棕色素的抗氧化性与酚羟基、C=O、C=C 等有关。

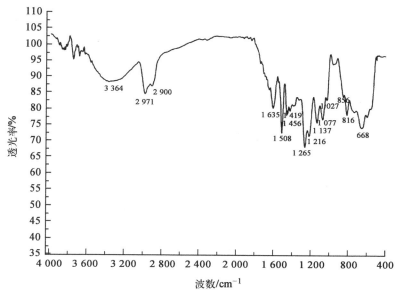

图 7-39 纯化后榛子壳棕色素的傅里叶变换红外光谱图

3. 小结

开展了平欧榛子壳棕色素的抗氧化性及红外光谱分析。平欧榛子壳棕色素有 FRAP 活性、清除·OH 和 ABTS$^+$ 能力。棕色素的抗氧化能力与浓度具有正相关性,随着棕色素的浓度增长,抗氧化能力加强。通过颜色反应和傅里叶红外光谱扫描对榛子壳棕色素官能团进行分析,初步鉴定榛子壳棕色素为黄酮类化合物,且官能团中存在酚羟基、C=O、C=C、C—O、=C—H,初步判定棕色素的抗氧化性与酚羟基、C=O、C=C 等有关。

7.2.4 榛子壳棕色素的稳定性研究

榛子壳棕色素属于黄酮类物质,具有降血糖、降血脂、抗氧化、清除自由基等功效。目前榛子壳棕色素的探究多限于提取工艺优化方面,对其稳定性的研究鲜有详细报道。本研究对榛子壳棕色素进行稳定性研究,分析外部环境对其影响,旨在为其实际应用提供科学依据。

1. 材料与方法

(1)材料

榛子壳棕色素样品是利用 X-5 型大孔树脂纯化和真空冷冻干燥机制备榛子壳棕色素冻干粉,并于－20 ℃保存。

(2)方法

配制 1 mg/mL 棕色素溶液,考察 pH、温度、光照、金属离子、氧化剂、还原剂、食品添加剂等对平欧榛子壳棕色素稳定性的影响。

2. 结果与分析

(1)平欧榛子壳棕色素的溶解性

由表 7-12 可知,平欧榛子壳棕色素易溶于蒸馏水、碱溶液、酸溶液、乙醇和乙酸等极性溶剂,微溶于乙酸乙酯、苯、丙酮、氯仿等弱极性和非极性溶剂。

表 7-12 平欧榛子壳棕色素在不同溶剂中的溶解性

溶剂	溶解性	状态
蒸馏水	溶解	棕色
10%NaOH	溶解	棕色
10%HCl	溶解	棕色
50%乙醇	溶解	棕色
乙酸	溶解	棕色
乙酸乙酯	微溶	浅棕色
苯	微溶	浅棕色
丙酮	微溶	浅棕色
氯仿	微溶	浅棕色

(2)温度、光照和 pH 对平欧榛子壳棕色素稳定性的影响

由图 7-40 可知,在室温条件下,平欧榛子壳棕色素吸光值随时间的延长差异不显著($p>0.05$),说明其在室温时稳定;在 50 ℃和 70 ℃条件处理 1 h 后吸光值差异不明显($p>0.05$),吸光值随时间的延长变化较小,变化量范围在 0~0.03 之间;在 70 ℃处理 2 h 后色素吸光值变化显著;在 90 ℃条件下,随时间的延长色素吸光值发生变化较大,且出现先升高后降低的现象($p<0.05$)。导致此现象的原因可能是由于棕色素的内部结构发生变化,氧化加速,其机理还有待进一步研究(胥秀英等,2006)。可见,棕色素选择常温贮藏。

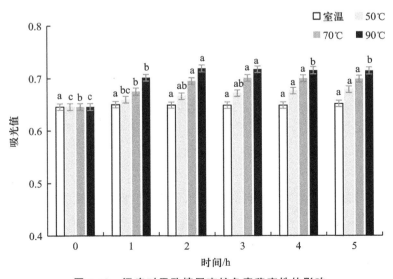

图 7-40 温度对平欧榛子壳棕色素稳定性的影响

由图 7-41 可知,避光、室内自然光和室外日光 3 种不同存放条件相比较,棕色素在不同光照条件下,光照时间小于 3 d 时棕色素吸光值下降较少;但随着时间的延长,棕色素吸光值有一定程度下降,说明短时间内不同光照条件不会影响平欧榛子壳棕色素稳定性,但如果长期贮藏还需选择避光存放。

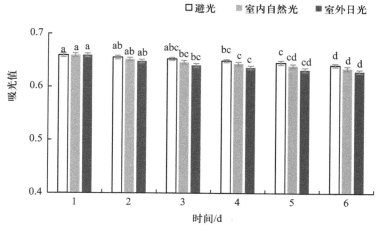

图 7-41　光照对平欧杂交榛子壳棕色素稳定性的影响

由表 7-13 可知,随着平欧榛子壳棕色素溶液 pH 逐渐增加,吸光值不断增加。当平欧榛子壳棕色素溶液 pH 在 2～3 时溶液颜色呈浅黄色基本保持不变;随着 pH 不断增大,溶液由浅黄色变为棕黄色再逐渐呈棕色状态。当平欧榛子壳棕色素溶液呈碱性时,随 pH 不断增大,溶液呈逐渐变深的趋势,由棕色直至呈深棕色状态,这种现象可能是由于碱性状态下助色基团被释放,导致榛子壳棕色素溶液颜色逐渐加深。综上,弱酸性条件对平欧榛子壳棕色素溶液分子结构影响比较小,但碱性条件下对其结构影响比较大($p < 0.05$)。

表 7-13　pH 对平欧杂交榛子壳棕色素稳定性的影响

指标	颜色	吸光度
2	浅黄色	$0.452\ 1 \pm 0.02h$
3	浅黄色	$0.499\ 2 \pm 0.02g$
4	棕黄色	$0.655\ 0 \pm 0.01f$
5	棕黄色	$0.668\ 5 \pm 0.02f$
6	棕黄色	$0.676\ 4 \pm 0.02f$
7	棕色	$0.686\ 6 \pm 0.01ef$
8	棕色	$0.712\ 5 \pm 0.01de$
9	棕色	$0.727\ 6 \pm 0.01cd$
10	棕色	$0.753\ 6 \pm 0.01c$
11	棕色	$0.799\ 1 \pm 0.02b$
12	深棕色	$0.837\ 6 \pm 0.03a$

（3）金属离子对平欧杂交榛子壳棕色素稳定性的影响

由表 7-14 可知，试验中含有 K^+、Na^+、Mg^{2+}、Ca^{2+} 时，棕色素溶液吸光值与原溶液吸光值相差不明显，对这 4 种金属离子比较稳定；但棕色素对 Zn^{2+}、Fe^{3+}、Al^{3+}、Cu^{2+} 比较敏感，可能由于色素中的某些物质与金属离子反应导致产生混浊现象。尤其 Fe^{3+} 对平欧榛壳色素吸光值影响较大，表明 Fe^{3+} 对其有剧烈的破坏作用，其次是 Cu^{2+}、Zn^{2+}、Al^{3+}。

表 7-14　金属离子对平欧杂交榛子壳棕色素稳定性的影响

指标	现象	吸光值
原液	棕黄色透明溶液	$0.640\ 1\pm0.01^e$
K^+	颜色无明显变化，无沉淀	$0.665\ 7\pm0.02^d$
Na^+	颜色无明显变化，无沉淀	$0.658\ 7\pm0.02^{de}$
Mg^{2+}	颜色无明显变化，无沉淀	$0.643\ 4\pm0.02^e$
Zn^{2+}	颜色无明显变化，有褐色沉淀生成	$0.836\ 9\pm0.01^c$
Fe^{3+}	深棕色浑浊液，有墨绿色沉淀生成	$1.387\ 3\pm0.02^a$
Ca^{2+}	颜色无明显变化，无沉淀	$0.664\ 3\pm0.02^d$
Al^{3+}	黄色浑浊液，无沉淀	$0.608\ 9\pm0.02^f$
Cu^{2+}	浅蓝色浑浊液，有砖红色沉淀生成	$0.936\ 9\pm0.02^b$

（4）氧化还原剂对平欧榛子壳棕色素稳定性的影响

由表 7-15 可知，随 H_2O_2 体积分数逐渐增大，平欧榛子壳棕色素溶液的吸光值剧烈降低，溶液颜色显著变化，由棕色逐渐变浅至浅黄色，棕色素的稳定性大幅度降低。可见，高体积分数的氧化剂对棕色素溶液具有褪色作用（$p<0.05$）。

表 7-15　氧化剂对平欧榛子壳棕色素稳定性的影响

H_2O_2 体积分数/%	颜色	吸光度	色素残存率/%
0.0	棕黄色	0.647 ± 0.01^a	100
0.2	浅棕色	0.566 ± 0.01^b	87.48
0.4	浅棕色	0.523 ± 0.01^c	80.08
0.6	浅黄色	0.466 ± 0.01^d	72.02
0.8	浅黄色	0.403 ± 0.01^e	62.29
1.0	浅黄色	0.338 ± 0.01^f	52.24

由表 7-16 可知，随着 Na_2SO_3 质量浓度逐渐增大，平欧榛子壳棕色素的残存率呈逐渐下降的趋势，色素溶液颜色变化不明显，当 Na_2SO_3 质量浓度为 $0.0\sim0.2$ g/100 mL 时，吸光值略微下降，无显著性差异；当 Na_2SO_3 质量浓度大于 0.2 g/100 mL 时色素的吸光值明显下降（$p<0.05$），直至 Na_2SO_3 质量浓度达 1.0 g/100 mL 时，平欧榛壳色素残存率为

85.78％。此外,添加同质量浓度还原剂的色素残存率高于添加同质量浓度氧化剂的色素残存率。

表 7-16　还原剂对平欧榛子壳棕色素稳定性的影响

Na$_2$SO$_3$ 质量浓度/(g/100 mL)	颜色	吸光度	色素残存率/%
0.0	棕黄色	0.646 5±0.01^a	100
0.2	棕黄色	0.611 3±0.01^a	94.44
0.4	浅棕色	0.592 5±0.01^b	91.50
0.6	浅棕色	0.573 4±0.01^{bc}	88.56
0.8	浅棕色	0.571 3±0.01^{bc}	88.25
1.0	浅棕色	0.555 3±0.01^c	85.78

（5）食品添加剂对平欧榛子壳棕色素稳定性的影响

由图 7-42 可知,当山梨酸钠、葡萄糖、蔗糖浓度在 5％～20％时,对平欧榛子壳棕色素吸光值的变化在 0.62～0.66 范围内,其中 20％高浓度的食品添加剂对色素影响较大,差异性显著（$p < 0.05$）,但溶液颜色无明显变化,总体来看,上述色素对 3 种添加剂有良好的稳定性。

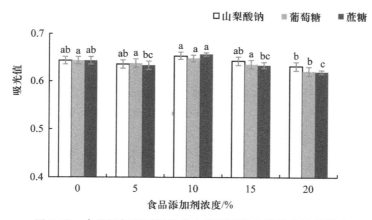

图 7-42　食品添加剂对平欧杂交榛子壳棕色素稳定性的影响

3. 小结

分析了平欧榛子壳棕色素的稳定性。平欧榛子壳棕色素易溶于蒸馏水、碱溶液、酸溶液、乙醇和乙酸等极性溶剂,微溶于乙酸乙酯、苯、丙酮、氯仿等弱极性和非极性溶剂。在弱酸性状态比较稳定,碱性状态棕色素溶液颜色状态加深。长时间的高温处理使棕色素内部结构发生变化,易选择常温贮存。棕色素对避光、室内自然光和室外日光条件较稳定,但若长期贮藏还需选择避光条件存放。棕色素对 K^+、Na^+、Mg^{2+}、Ca^{2+} 稳定,在工业生产及保存过程中,应避免与 Zn^{2+}、Fe^{3+}、Al^{3+}、Cu^{2+} 接触。高体积分数的氧化剂对棕色素溶液有一定的褪色作用,棕色素对还原剂、山梨酸钠、葡萄糖和蔗糖较稳定。在提取纯化和贮藏及使用期间,尽量避免外部因素对棕色素稳定性造成不利影响,从而保证平欧杂交榛子壳棕色素生物活性的稳定性。

参考文献

1. 陈建福，林洵，林萍萍，等. 响应面试验优化超声波辅助提取白兰叶总黄酮工艺[J]. 食品工业科技，2016，37（15）：238-242.

2. 戴伟娣，陶渊博，张燕萍，等. 木质原料热解及活性炭结构的研究[J]. 林产化学与工业，2004，24（3）：61-64.

3. 甘筱，任连海. Box-Behnken 曲面相应法研究地沟油脱色效果[J]. 绿色科技，2013（2）：221-226.

4. 胡皆汉，郑学仿. 实用红外光谱学[M]. 北京：科学出版社，2011.

5. 胡卫成，王新风，沈婷，等. 响应面试验优化莲蓬壳总黄酮超声提取条件及其抗氧化活性[J]. 食品科学，2015，36（24）：51-56.

6. 林冠烽. 磷酸法自成型木质颗粒活性炭的制备过程与机理研究[D]. 北京：中国林业科学研究院，2013.

7. 刘畅，旷慧，姚丽敏，等. 榛子壳棕色素的抗氧化、抑菌活性及其初步定性分析[J]. 中国林副特产，2018，3（154）：1-10.

8. 裴月湖，娄红祥. 天然药物化学. 北京：人民卫生出版社，2016.

9. 千春录，侯顺超，殷建东，等. 响应面实验优化水芹黄酮超声波辅助提取工艺及其氧化性[J]. 食品科学，2016，37（10）：76-81.

10. 石燕，杨海真，陈银广. 生物法处理含铬废水的研究进展[J]. 环境科技，2001，14（4）：35-37.

11. 陶笑，徐媛，江解增. 植物抗氧化性的主要活性成分研究[D]. 安徽农业大学，2017.

12. 胥秀英，王阿丽，郑一敏，等. 山竹果壳中红色素的提取及其应用研究[J]. 现代食品科技，2006，22（3）：173-174.

13. 姚亚光，纪威，张传龙，等. 餐饮业废油脂的再生利用和回收管理[J]. 可再生能源，2006（2）：62-64.

14. 袁文慧，张丽平. 废水中六价铬含量的常用测试方法研究[J]. 毛纺科技，2011，39（6）：56-58.

15. 张勇，张宏，李庆，等. 几种干果核壳活性炭的表征与性能比较[J]. 生物质化学工程，2014，48（3）：25-29.

16. Aziz S，Mehmet K. Investigation of the changes in surface Area and FT-IR spectra of activated carbons obtained from hazelnut shells by physicochemical treatment methods [J]. Journal of Chemistry，2015（10）：1-8.

17. Bansal M，Singh D，Garg V K. A comparative study for the removal of hexavalent chromium from aqueous solution by agriculture wastes' carbons [J]. Journal of Hazardous Materials，2009，171（1-3）：83-92.

18. Baral S S，Das S N，Rath P，et al. Removal of Cr^{6+} from aqueous solution using waste weed [J]. Chemistry&Ecology，2007，23（2）：105-117.

19. Iqbaldin M N M，Khudzir I，Azlan M I M，et al. Properties of coconut shell activated

carbon [J]. Journal of Tropical Forest Science，2013，25（4）：497-503.

20. Janaun J，Ellis N. Perspectives on biodiesel as a sustainable fuel [J]. Renewable & Sustainable Energy Reviews，2010，14（4）：1312-1320.

21. Maradur S P，Chang H K，Kim S Y，et al. Preparation of carbon fibers from a lignin copolymer with polyacrylonitrile [J]. Synthetic Metals，2012，162（s 5-6）：453-459.

22. Venugopal V，Mohanty K. Biosorptive uptake of Cr^{6+} from aqueous solutions by Partheniumhysterophorus weed：Equilibrium，kinetics and thermodynamic studies [J]. Chemical Engineering Journal，2011，174（1）：151-158.

23. Zhong Z Y，Yang Q，Li X M，et al. Preparation of peanut hull-based activated carbon by microwave-induced phosphoric acid activation and its application in Remazol Brilliant Blue R adsorption [J]. Industrial Crops & Products，2012，37（1）：178-185.

第8章 榛子饮料加工工艺技术研究

8.1 榛子露饮料的制备

8.1.1 榛子露饮料的稳定性研究

1. 材料与方法

(1)材料

平欧大榛子由铁岭三能科技有限公司提供。

(2)方法

①工艺流程 原料挑选→去壳→浸泡→烫漂→去皮→粗磨→胶体磨→调配→均质→脱气→灌装→杀菌。

②榛子原料的选择和预处理 选取无病虫害或者霉变的饱满粒大的平欧大榛子,用板砖将其外壳敲开,得到榛仁。从榛仁中选取大小一致的完整的榛仁并清洗干净,再用 40 ℃的清水浸泡 8 h,接着将浸泡好的榛仁用相当于榛仁 6～8 倍量的 0.1％氢氧化钠溶液热烫 30 s,热烫过程中要不断搅拌使榛仁均匀热烫,热烫后要用冰水迅速冷却降温,然后手工将经过热烫的榛仁去内衣并用水清洗干净,再将去完内衣的榛仁用相当于榛仁 5 倍量的水浸泡 5 h,捞出控干备用。

③榛子露原浆制备 取经过预处理的榛仁 500 g 制备第一组榛子露原浆。取 30 ℃的蒸馏水与榛仁按照榛仁与水的比例为 1∶6、1∶7、1∶8 充分混匀,然后用渣浆分离机制备榛子露原浆,并过 200 目的纱布,最后将制备所得的榛子原浆封装好备用。

④胶磨工艺过程 分别取料液比为 1∶6、1∶7、1∶8 的 300 g 榛子原浆,于常温下(20 ℃)分别胶磨 1、2、3、4 次,得到的样品测定各种指标值,试验 3 次并取平均值。

⑤榛子露饮料的均质 将调配好的榛子露饮料放入均质机中进行均质。常温下分别均质 1、2、3、4、5 次,研究均质次数对榛子露饮料的稳定性的影响;然后改变均质温度,分别为 25、30、35、40、45 ℃,考察均质温度的变化对榛子露饮料的稳定性的影响。

2. 结果与分析

(1)胶磨工艺的确定

①榛子露原浆胶磨次数的确定 由表 8-1 可以看出,经过胶磨处理的榛子原浆的稳定性优于未经过胶磨的榛子原浆,榛子原浆的稳定性值 R 随着胶磨次数的增加表现为先升后降,当胶磨的次数为 2 次时,榛子原浆的稳定性值最高,达到 70.8％。

表 8-1　胶磨次数与榛子露稳定性关系

处理	稳定值 R/%	外观及口感
空白	60.3±0.577	上下分层,口感粗
胶磨 1 次	65.2±1.000	稍有沉淀,口感较粗
胶磨 2 次	70.8±0.577	略有沉淀,但少于上次,口感较好
胶磨 3 次	64.5±1.000	有点沉淀,口感一般

②榛子露原浆胶磨料液比的确定　由表 8-2 可以看出,随着胶磨料液比增加,榛子原浆的稳定性值 R 在胶磨料液比为 1∶7 时最大,可达 75.6%;当料液比继续增大至 1∶8 时,榛子原浆的稳定性值 R 变小,榛子原浆的稳定性降低。

表 8-2　胶磨料液比与榛子露稳定性的关系

料液比	稳定值 R/%	外观及口感
1∶6	62.8±1.00	稍有沉淀,口感较粗
1∶7	75.6±0.577	略有沉淀,但少于上次,口感较好
1∶8	66.7±0.577	稍有沉淀,口感一般

（2）主剂用量确定

①榛子露原浆用量的确定　从表 8-3 可知,当白砂糖用量和风味剂柠檬酸(TSS)的用量不变时,随着榛子露原浆用量增加,榛子露的稳定性增大,在榛子露原浆用量为 45 mL 时,稳定性达最高,随着榛子原浆用量的继续增加,榛子露的稳定性值 R 逐渐减小,榛子露的稳定性开始下降。

表 8-3　榛子露原浆用量对榛子露的稳定性以及可溶性固形物(TSS)含量的影响

试验号	原浆用量/mL	稳定性值 R/%	TSS 含量/g
1	30	58.3±0.577	4.817±0.015
2	35	64.3±0.577	5.013±0.015
3	40	67.7±0.577	5.110±0.010
4	45	74.3±0.577	5.307±0.012
5	50	68.0±0.000	5.123±0.006

当白砂糖用量和风味剂柠檬酸的用量不变时,随着榛子露原浆用量增加,榛子露的 TSS 含量逐渐增加,在榛子露原浆用量为 45 mL 时,达到最高,随着榛子原浆用量的继续增加,TSS 含量逐渐变小。

可见,当榛子露白砂糖用量和风味剂柠檬酸用量不变时,榛子露的原浆用量为 45 mL 时,榛子露的稳定性最佳,TSS 含量最高。

②榛子露风味剂柠檬酸的用量　从表 8-4 可知,当白砂糖用量和榛子原浆的用量不变时,随着柠檬酸的使用量增加,榛子露的稳定性增大,在榛子露柠檬酸用量为 0.3 mL 时,稳定性达到最高,随着柠檬酸用量继续增加,榛子露的稳定性下降。当白砂糖用量和榛子原浆的用量

不变时,随着柠檬酸用量的增加,榛子露的 TSS 一直呈增大的趋势。

表 8-4　柠檬酸用量对榛子露的稳定性以及 TSS 含量的影响

柠檬酸用量/mL	稳定性值 R/%	TSS/g
0.1	62.3±0.577	4.843±0.006
0.2	67.7±0.577	4.983±0.006
0.3	71.7±0.577	5.103±0.006
0.4	65.3±0.577	5.143±0.006
0.5	56.0±0.000	5.167±0.006

③榛子露白砂糖用量的确定　各处理中风味剂柠檬酸用量为 0.3 mL,榛子露原浆用量为 45 mL,白砂糖用量分别为 0.6%、0.7%、0.8%、0.9%、1.0%,正确调配后测定每一组的稳定性值以及 TSS 的含量。

如图 8-1 所示,当榛子原浆用量和风味剂柠檬酸的用量不变时,随着白砂糖用量增加,榛子露的稳定性逐渐增大,在榛子露白砂糖用量为 0.9% 时,达到最大,榛子露的稳定性最佳;随着白砂糖用量继续增加,榛子露的稳定性下降。

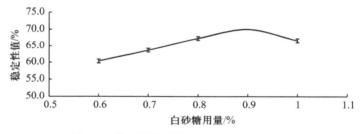

图 8-1　榛子露白砂糖用量与稳定性的关系

如图 8-2 所示,当榛子原浆用量和风味剂柠檬酸的用量不变时,随着榛子露白砂糖用量增加,榛子露的 TSS 含量逐渐变大,两者呈正相关。

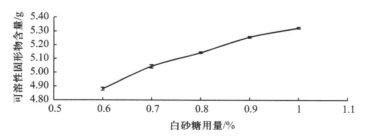

图 8-2　榛子露白砂糖用量对 TSS 含量的影响

④榛子露主剂最佳用量配比的确定　榛子露饮料的主剂主要有:榛子原浆、风味剂柠檬酸以及白砂糖。这三种主剂用量对榛子露的稳定性都有一定的影响,选取 3 因素 3 水平做正交实验,结果如表 8-5 所示。

表 8-5　榛子露主剂用量正交试验分析

处理	榛子原浆（A）	糖溶液（B）	风味剂柠檬酸（C）	稳定性值 $R/\%$
1	1(40)	1(0.8)	1(0.2)	72.3±0.577
2	1(40)	2(0.9)	2(0.3)	69.3±1.000
3	1(40)	3(1.0)	3(0.4)	64.2±1.155
4	2(45)	1(0.8)	2(0.3)	76.2±0.577
5	2(45)	2(0.9)	3(0.4)	73.3±0.577
6	2(45)	3(1.0)	1(0.2)	70.2±1.000
7	3(50)	1(0.8)	3(0.4)	65.3±1.155
8	3(50)	2(0.9)	1(0.2)	70.3±0.577
9	3(50)	3(1.0)	2(0.3)	67.2±0.577
k_1	68.3	71	70.7	
k_2	73.3	70.7	70.7	
k_3	67.3	67	67.3	
极差 T	6	4	3.4	
较优水平	A_2	B_1	C_2	

影响榛子露稳定性的因素依次是：榛子原浆用量＞白砂糖用量＞风味剂柠檬酸用量。从正交试验数据分析可知，榛子露原浆用量为 45 mL 时，榛子露饮料的稳定性最好；白砂糖用量 0.8% 时，榛子露饮料稳定性最好；风味剂柠檬酸的使用量可以为 0.2 mL 或 0.3 mL，此时榛子露的稳定性最佳。综上确定最优组合为：榛子原浆用量为 45 mL，白砂糖用量为 0.8%，风味剂柠檬酸用量为 0.3 mL。

（3）稳定剂确定

①不同稳定剂的横向比较　由图 8-3 可知，各种稳定剂对榛子露稳定性作用为：CMC＞海藻酸钠＞三聚磷酸钠＞焦磷酸钠＞瓜胶＞黄原胶。使用稳定剂 CMC 的榛子露的稳定性最佳，而使用稳定剂黄原胶的榛子露的稳定性最差。

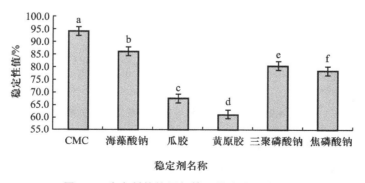

图 8-3　稳定剂的使用与榛子露稳定性的关系

从图8-4可知,各种稳定剂对榛子露的沉淀率值影响为:CMC<海藻酸钠<三聚磷酸钠<焦磷酸钠<瓜胶<黄原胶。使用稳定剂黄原胶的榛子露的沉淀率值 M 最大,榛子露的稳定性最差,使用稳定剂CMC的榛子露的沉淀率值 M 最小,榛子露饮料的稳定性最好。

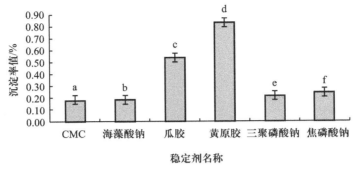

图8-4　稳定剂的使用与榛子露沉淀率的关系

②不同稳定剂的纵向比较　从图8-5可知,随着每种稳定剂添加量的增大,榛子露的稳定性值 R 都有一定的增大,榛子露的稳定性逐渐增强。但稳定剂添加量达到一定量后继续增加,榛子露的稳定性下降。当CMC的添加量为0.08%时,稳定性值 R 达到最大,当CMC的添加量继续增加,榛子露的稳定性值 R 开始下降,榛子露的稳定性下降;当海藻酸钠的添加量为0.06%时,稳定性值 R 达到最大,榛子露的稳定性最好,当海藻酸钠的添加量继续增加,榛子露的稳定性值 R 下降,榛子露的稳定性下降;当三聚磷酸钠的添加量为0.05%时,稳定性值 R 达到最大,榛子露的稳定性最佳,随着添加量继续增加,榛子露的稳定性值 R 基本与添加量为0.05%时的稳定性值一样,说明当三聚磷酸钠的添加量超过0.05%时,榛子露的稳定性不再变化;当焦磷酸钠添加量为0.03%时,稳定性值 R 达到最大,此时的榛子露的稳定性最好,当焦磷酸钠稳定剂的添加量继续增加,榛子露的稳定性值 R 趋于稳定,说明当焦磷酸钠的添加量超过0.03%时,榛子露的稳定性不再变化。从单因素试验来看,不同种类稳定剂最适使用量都不同,稳定剂CMC的最佳用量为0.08%,稳定剂海藻酸钠最适使用量为0.06%,稳定剂三聚磷酸钠的最佳用量为0.05%,稳定剂焦磷酸钠的最佳用量为0.03%。

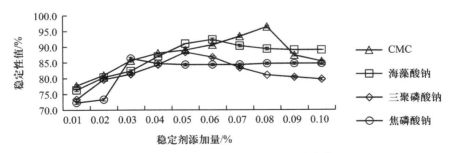

图8-5　稳定剂添加量与榛子露稳定性的关系

从图8-6可知,随着每种稳定剂添加量的增大,榛子露沉淀率 M 都变小,表明榛子露饮料的稳定性随之增大;当达到一定值后继续添加稳定剂,沉淀率变化不大。以榛子露的沉淀率为指标来看,不同稳定剂最适使用量都不同,其中稳定剂CMC最适使用量是0.08%,稳定剂海藻酸钠最适使用量是 0.06％，稳定剂三聚磷酸钠最适使用量是 0.04％，稳定剂焦磷酸钠最适使用量是 0.04％。

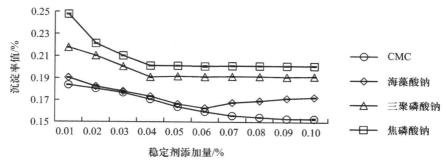

图 8-6　稳定剂的添加量与榛子露沉淀率的关系

③不同稳定剂的复配　根据单因素试验，选取 4 种稳定剂复配，4 因素 3 水平正交试验，结果如表 8-6 所示。

表 8-6　稳定剂复配正交分析

试验号	CMC(A)	海藻酸钠(B)	三聚磷酸钠(C)	焦磷酸钠(D)	稳定性值 R/％
1	1(0.07)	1(0.05)	1(0.03)	1(0.02)	90.1±0.577
2	1(0.07)	2(0.06)	2(0.04)	2(0.03)	95.1±0.577
3	1(0.07)	3(0.07)	3(0.05)	3(0.04)	92.2±1.000
4	2(0.08)	1(0.05)	2(0.04)	3(0.04)	94.2±1.000
5	2(0.08)	2(0.06)	3(0.05)	1(0.02)	98.1±1.155
6	2(0.08)	3(0.07)	1(0.03)	2(0.03)	93.1±0.577
7	3(0.09)	1(0.05)	3(0.05)	2(0.03)	88.2±1.000
8	3(0.09)	2(0.06)	1(0.03)	3(0.04)	94.1±0.577
9	3(0.09)	3(0.07)	2(0.04)	1(0.02)	91.2±1.155
K_1	92.3	90.7	92.3	93	
K_2	95	95.7	93.3	92	
K_3	91	92	92.6	93.3	
极差 T	4	4	1	1.3	
较优水平	A_2	B_2	C_2	D_3	

极差分析结果表明，不同稳定剂对榛子露饮料的影响主次为：CMC＝海藻酸钠＞焦磷酸钠＞三聚磷酸钠。正交试验数据分析可知，稳定剂最优复配水平为 $A_2B_2C_2D_3$，即稳定剂 CMC 的使用量是 0.08％，海藻酸钠使用量是 0.06％，三聚磷酸钠使用用量是 0.04％，焦磷酸钠使用用量是 0.04％；榛子露饮料稳定剂的复配比为：CMC∶海藻酸钠∶三聚磷酸钠∶焦磷酸钠＝4∶3∶2∶2。

（4）均质环节

①均质次数对榛子露饮料稳定作用的影响　在其他条件一致的情况下,榛子露饮料分别均质1次、2次、3次、4次、5次,测定每组的稳定性值 R、沉淀率 M 和浮层厚度 F。

从图8-7可以看出,随着均质的次数不同,榛子露稳定性也不同。均质次数为2次时,榛子露稳定性最佳,随着榛子露均质次数继续增加,榛子露稳定性下降。可见,榛子露饮料的最佳均质次数为2次。

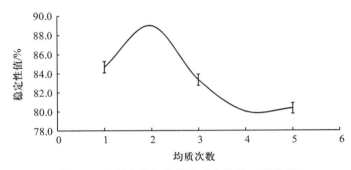

图 8-7　均质次数与榛子露稳定性值 R 的关系

从图8-8可以看出,均质的次数不同,榛子露饮料的沉淀率值也不同。当均质次数为2次时,榛子露饮料的沉淀率值达到最小,说明此时榛子露饮料的稳定性最佳,随着均质次数的继续增加,榛子露饮料的沉淀率值随之增大,榛子露饮料的稳定性也下降。可见,当榛子露饮料的均质次数为2次时,榛子露沉淀率最低,榛子露稳定性作用最好。

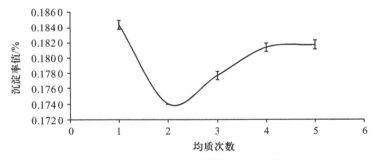

图 8-8　均质次数对榛子露沉淀率的影响

从图8-9可以看出,均质的次数不同,榛子露饮料的浮层厚度值也不同。随着榛子露均质次数增加,榛子露饮料的浮层厚度也随之减小,榛子露稳定性上升,当均质次数为2次时,榛子露饮料的浮层厚度达到最小,说明此时榛子露饮料的稳定性最佳,随着榛子露均质次数进一步增加,榛子露饮料的浮层厚度几乎不变。可见,当榛子露饮料的均质次数为2次时,榛子露饮料的浮层厚度最小,榛子露饮料的稳定性最佳。

②均质温度对榛子露稳定性的影响　将完全相同的榛子露饮料分别在温度为20 ℃、25 ℃、30 ℃、35 ℃、40 ℃、45 ℃、50 ℃条件下均质2次,并测定每组的稳定性值 R、沉淀率 M 和浮层厚度 F。

从图8-10可以看出,当均质的次数一定时,随均质的温度不同,榛子露饮料的稳定性值也

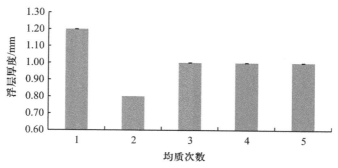

图 8-9　均质次数对榛子露浮层厚度的影响

不同。随着均质温度升高,榛子露稳定性值 R 也随之增大,榛子露稳定性上升,当均质温度为 35 ℃时,榛子露饮料的稳定性值 R 达到最大,说明此时榛子露饮料的稳定性最佳,随着均质温度的继续增加,榛子露的稳定性值 R 随之下降,榛子露饮料的稳定性也下降。可见,当榛子露饮料的均质温度为 35 ℃时,榛子露饮料的稳定性最佳。

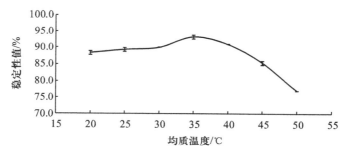

图 8-10　均质温度与榛子露稳定性值的关系

从图 8-11 可以看出,当均质的次数一定时,均质的温度不同,榛子露饮料的浮层厚度值也不同。随着榛子露均质温度的增加,榛子露饮料的浮层厚度也随之减小,榛子露稳定性上升,当均质温度为 35 ℃时,榛子露饮料的浮层厚度达到最小,说明此时榛子露饮料的稳定性最佳,随着均质温度的继续增加,榛子露饮料的浮层厚度增大,榛子露饮料的稳定性也下降。

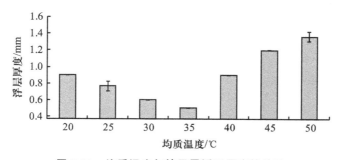

图 8-11　均质温度与榛子露浮层厚度的关系

从图 8-12 可以看出,当均质的温度不同,榛子露饮料的沉淀率值也不同。随着均质温度的增加,榛子露饮料的沉淀率值随之减小,榛子露饮料的稳定性上升,当均质温度为 35 ℃时,榛子露沉淀率值达到最小,说明此时榛子露饮料的稳定性最佳,随着均质温度的继续增加,榛子露饮料的沉淀率值随之增大且增大趋势明显,榛子露饮料的稳定性下降。综上,当榛子露饮料的均质温度为 35 ℃时,榛子露稳定性最佳。

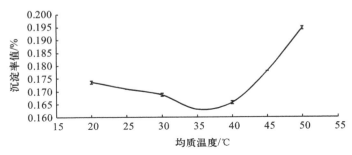

图 8-12 均质温度与榛子露沉淀率的关系

(5)灭菌环节

①灭菌温度对榛子露的影响 设置灭菌温度分别为 115 ℃和 121 ℃,灭菌时间均为 15 min,测定各处理榛子露的稳定性值 R 和沉淀率值 M,数据如表 8-7 所示。

表 8-7 杀菌温度与榛子露稳定性关系

杀菌温度/℃	稳定性值 R/%	沉淀率 M/%
115	79.3±0.577	0.185 1±0.000
121	88.0±0.577	0.164 2±0.001

从表 8-7 可以看出,当灭菌的时间均为 15 min 时,灭菌温度的改变对榛子露的稳定性值 R 和沉淀率 M 有一定的影响。灭菌温度为 121 ℃时榛子露的稳定性值 R 比灭菌温度为 115 ℃时榛子露的稳定性值 R 大。可见,灭菌温度为 121 ℃时,榛子露的稳定性更好。从沉淀率值来看,灭菌温度为 121 ℃时榛子露的沉淀率值要小于灭菌温度为 115 ℃时的榛子露,根据沉淀率越小榛子露的稳定性越好,灭菌温度为 121 ℃的榛子露的稳定性要优于灭菌温度为 115 ℃的榛子露。综上,榛子露饮料灭菌温度是 121 ℃时,榛子露饮料的稳定性最好。

②灭菌时间对榛子露的影响 灭菌温度为 121 ℃,灭菌时间分别为 5 min、10 min、15 min、20 min,测定各处理榛子露的稳定性值 R 和沉淀率值 M,结果如表 8-8 所示。

表 8-8 杀菌时间对榛子露的影响

杀菌时间/min	稳定性值 R/%	沉淀率 M/%
5	83.0±0.000	0.178 3±0.577
10	85.7±0.577	0.170 0±0.000
15	90.0±0.000	0.164 3±0.577
20	79.3±0.577	0.180 7±0.577

当灭菌温度一定时,灭菌时间对榛子露的稳定有一定的影响。随着灭菌时间的不断增大,榛子露的稳定性值 R 随之上升,当灭菌时间为 15 min 时,榛子露的稳定性值最大,表明此时榛子露的稳定性最佳,但当灭菌时间继续增大时,稳定性值 R 开始变小,说明稳定性下降。同时,随着灭菌时间不断增大,榛子露的沉淀率值 M 随之下降,当灭菌时间为 15 min 时,榛子露的沉淀率值最小,表明此时榛子露的稳定性最佳,随着灭菌时间的继续增大,榛子露的沉淀率值 M 开始变大,说明榛子露的稳定性下降。综上,当榛子露的灭菌时间为 15 min 时,榛子露的稳定性最佳。

③测定菌落总数　当灭菌时间均为 15 min 时,测定灭菌温度分别为 115 ℃和 121 ℃时的榛子露菌落总数,研究灭菌温度对灭菌效果的影响,结果如图 8-13 所示。

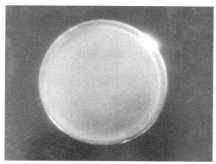 

(a) 115 ℃灭菌条件下的结果　　　　　　(b) 121 ℃下灭菌的结果

图 8-13　菌落总数培养基照片

不管灭菌温度是 115 ℃,还是 121 ℃,其培养基都无菌落出现,说明在这两种温度下的灭菌效果是一样的,都能达到灭菌要求。

3. 小结

(1)胶磨环节最佳条件

胶磨环节的胶磨次数以 2 次为宜。在此胶磨次数下,榛子原浆的稳定性最佳,口感相对最好。胶磨时选择的料液比是 1∶7 的榛子粗加工浆进行胶磨,得到的榛子原浆的稳定性值 R 最大,此时榛子原浆的稳定性相对最好。

(2)主剂最佳用量

在榛子露饮料的主剂配制时,榛子原浆用量为 45 mL 时的榛子露的稳定性最好,可溶性固形物含量最高,榛子露口感较佳。榛子露配制时,白砂糖用量为 0.8%;浓度为 12.5% 的风味剂柠檬酸使用量是 0.3 mL,榛子露的稳定性最佳,此时榛子露的 TSS 含量较高。

(3)稳定剂复配

CMC、海藻酸钠、焦磷酸钠、三聚磷酸钠、瓜胶以及黄原胶 6 种稳定剂对榛子露稳定性的影响排序为:CMC>海藻酸钠>三聚磷酸钠>焦磷酸钠>瓜胶>黄原胶。选择 CMC、海藻酸钠、三聚磷酸钠以及焦磷酸钠这 4 种稳定剂效果较好,4 种稳定剂对榛子露饮料稳定性作用为:CMC=海藻酸钠>焦磷酸钠>三聚磷酸钠。4 种稳定剂最佳使用量组合为:CMC 0.08%,海藻酸钠 0.06%,三聚磷酸钠 0.04%,焦磷酸钠 0.04%;榛子露稳定剂的复配比为:CMC∶海藻酸钠∶三聚磷酸钠∶焦磷酸钠=4∶3∶2∶2。

（4）均质环节最佳条件

均质工艺条件对榛子露的稳定性、沉淀率和浮层厚度都有影响。当均质为 2 次时,均质的效果最佳,榛子露饮料的稳定性最佳,沉淀率最小,浮层厚度最小;当均质的温度为 35 ℃时,榛子露的稳定性最好,沉淀率最小,浮层厚度最小。

（5）灭菌环节最佳条件

灭菌温度和时间对榛子露的稳定性以及沉淀率都有影响。最佳的灭菌工艺条件为:灭菌温度 121 ℃,灭菌时间 15 min,此条件下灭菌效果达到灭菌要求,且榛子露饮料的稳定性最佳。

8.1.2　榛子露饮料的风味调配

1. 材料与方法

（1）材料

经最佳胶磨工艺制备得到榛子露。

（2）方法

甜味剂的选择:比较甜蜜素、阿斯巴甜、蛋白糖和安赛蜜这 4 种甜味剂,选出最适甜味剂,其指标为感官评价。

白砂糖与甜味剂的复配:将试验选择出的最适甜味剂与蔗糖进行复配,分别改变蔗糖的用量和最适甜味剂的用量,对每个试验组进行感官评价以及评分,得到蔗糖和最适甜味剂的最佳用量和配比。

主剂最佳用量的选择:改变榛子露饮料各主剂的用量,通过正交试验,以感官评分为指标,选择榛子露饮料主剂的最佳用量。

邀请 10 个人(味觉状况良好)对各处理进行感官评价和评分,最后取平均值。评分最高是 10 分,最低是 1 分,具体标准见表 8-9 和表 8-10。

表 8-9　甜味剂评分标准

评分	感官评价
10 分	口感最佳,甜度适宜,有榛子该有的香气
7～9 分	口感较佳,甜度较适宜,香气较淡
3～6 分	口感较差,甜度失衡,几乎无香气
2 分及以下	口感很差,太甜或者甜度不够,无香气

表 8-10　榛子露感官评分标准

色泽 20 分	香气 40 分	口感及滋味 40 分
16～20 分	31～40 分	31～40 分
呈乳白色,色泽均匀	有浓郁的榛子香气	甜味合适,口感顺滑
11～16 分	21～30 分	21～30 分
呈淡白色,色泽较均匀	榛子香气较淡	甜味适中,口感较好
1～10 分	10～20 分	10～20
呈淡白色且略带黄色,色泽不均	榛子香气几乎没有或者有异味	甜味不协调,口感较差

2. 结果与分析

(1)不同甜味剂对榛子露的感官影响

取 4 组完全一样的榛子露,分别加入 0.8% 的甜蜜素、安赛蜜、蛋白糖以及阿斯巴甜,充分搅拌混匀,对每种试验做感官评价,如表 8-11 所示。

表 8-11　甜味剂与榛子露风味的关系

甜味剂名称	感官评价
阿斯巴甜	口感较差,甜味稍淡
安赛蜜	口感较佳,甜度较适宜
蛋白糖	口感最佳,甜度适宜
甜蜜素	口感较差,有涩感

从感官评价来看,加入蛋白糖的榛子露饮料甜度适宜口感最佳,而加入安赛蜜的榛子露饮料次之,加入阿斯巴甜的榛子的口感较差且甜味不够,加入甜蜜素的榛子露的口感最差。因此,选择蛋白糖为最佳甜味剂。

(2)白砂糖与甜味剂复配

白砂糖用量和甜味剂用量不同时,榛子露饮料的感官评分都不同,当白砂糖的使用量为 0.5%、甜味剂的使用量为 0.3% 时,榛子露饮料的感官评分最高(表 8-12),说明此时的榛子露感官条件最佳,此时白砂糖和甜味剂的配比为 5∶3。

表 8-12　白砂糖和甜味剂复配对榛子露的感官影响

甜味剂量/%	白砂糖用量/%					
	0.1	0.2	0.3	0.4	0.5	0.6
0.1	2	3	4	6	7	6
0.2	4	5	6	8	8	7
0.3	5	6	6	7	10	6
0.4	2	4	3	6	7	5
0.5	4	7	8	7	6	3
0.6	7	6	5	4	4	2
0.7	8	7	4	3	3	2

(3)主剂最佳用量对榛子露风味影响

①榛子原浆用量对榛子露饮料风味的影响　取榛子原浆用量分别为 30 mL、35 mL、40 mL、45 mL、50 mL、55 mL,复配甜味剂(白砂糖和甜味剂的配比为 5∶3)用量为 0.8%,柠檬酸用量为 0.3 mL,充分混匀,对每组进行感官评价,多次试验并取平均值,结果如

表 8-13 所示。

表 8-13 榛子露原浆用量对榛子露风味的影响

原浆用量/mL	30	35	40	45	50	55
感官评分	77.3±0.000	82.6±0.577	88.5±0.832	95.7±0.577	85.4±0.000	78.8±0.577

从表 8-13 可见,复配甜味剂和柠檬酸用量一定时,改变榛子露原浆用量对榛子露饮料的风味有一定的影响。随着榛子原浆用量的增加,榛子露的香气变浓,但其口感反而变差,当榛子露的原浆用量为 45 mL 时,榛子露的风味最佳。

②柠檬酸使用量对榛子露风味的影响　取柠檬酸用量分别为 0.1 mL、0.2 mL、0.3 mL、0.4 mL、0.5 mL,复配甜味剂(白砂糖和甜味剂的配比为 5∶3)用量为 0.8%,榛子露原浆用量为 45 mL,榛子露饮料充分混匀,对各处理进行感官评价,结果如表 8-14 所示。

表 8-14 柠檬酸使用量对榛子露风味的影响

柠檬酸用量/mL	0.1	0.2	0.3	0.4	0.5
感官评分	79.3±1.000	85.8±0.577	96.4±0.000	73.2±0.577	65.1±0.577

当榛子露的复配甜味剂和榛子原浆用量一定时,改变柠檬酸用量对榛子露饮料的风味有一定的影响。随着风味剂柠檬酸使用量的增加,榛子露的酸度变大,当风味剂柠檬酸的使用量为 0.3 mL 时,榛子露风味最佳。

③复配甜味剂使用量对榛子露风味的影响　分别取复配甜味剂 0.6 mL、0.7 mL、0.8 mL、0.9 mL 和 1.0 mL,柠檬酸用量为 0.3 mL,榛子露原浆用量为 45 mL,榛子露饮料进行充分调配、混匀,对每组进行感官评价,结果如表 8-15 所示。

表 8-15 复配甜味剂使用量对榛子露风味的影响

复配甜味剂用量/%	0.6	0.7	0.8	0.9	1.0
感官评分	68.3±0.577	72.8±1.000	76.7±0.577	68.2±0.000	65.1±0.577

当榛子露的柠檬酸和榛子原浆用量一定时,改变复配甜味剂用量对榛子露饮料风味有一定的影响。随着复配甜味剂用量的增加,榛子露的甜度变大,当复配甜味剂用量为 0.8% 时,榛子露的风味最佳。

④主剂用量正交试验　榛子露的三大主剂对榛子露的风味都有一定的影响,选取 3 因素 3 水平做正交试验:榛子原浆用量(40 mL、45 mL、50 mL)、复配甜味剂用量(0.8%、0.9%、1.0%)、风味剂柠檬酸用量(0.2 mL、0.3 mL、0.4 mL),结果如表 8-16 所示。

从极差 T 来看,榛子露原浆用量的极差是 3 个因素中最大的;柠檬酸用量的极差最小,可见影响主次的因素是:榛子原浆>复配甜味剂>风味剂柠檬酸。已知感官评分的数值越大,说明榛子露的风味越好。从正交试验数据分析可知,榛子露原浆用量为 45 mL 时,榛子露饮料的风味最好;复配甜味剂用量为 0.8% 时,榛子露饮料的风味最好;风味剂柠檬酸的用量为

表 8-16　榛子露主剂用量对风味影响的正交试验分析

试验号	榛子原浆（A）	复配甜味剂（B）	风味剂柠檬酸（C）	感官评分
1	1(40)	1(0.8)	1(0.2)	85.2±0.532
2	1(40)	2(0.9)	2(0.3)	76.1±0.841
3	1(40)	3(1.0)	3(0.4)	68.1±0.577
4	2(45)	1(0.8)	2(0.3)	96.2±0.245
5	2(45)	2(0.9)	3(0.4)	88.1±0.577
6	2(45)	3(1.0)	1(0.2)	80.1±0.577
7	3(50)	1(0.8)	3(0.4)	70.2±0.000
8	3(50)	2(0.9)	1(0.2)	80.2±0.503
9	3(50)	3(1.0)	2(0.3)	72.2±0.520
k_1	76.3	83.7	81.7	
k_2	88	81.3	81.3	
k_3	74	72.3	75.3	
极差 T	14	11.4	6.4	
较优水平	A_2	B_1	C_1	

0.2 mL 时，榛子露饮料的风味最好。最优组合是：榛子原浆是 45 mL、复配甜味剂是 0.8%、风味剂柠檬酸是 0.2 mL。

3. 小结

榛子露在调配时，使用的甜味剂种类不同对榛子露的风味有一定影响。对阿斯巴甜、甜蜜素、蛋白糖、安赛蜜这 4 种甜味剂进行横向比较后，得到最佳甜味剂为蛋白糖。

复配甜味剂时，白砂糖与蛋白糖的复配比例对榛子露饮料的风味也有影响。根据试验数据得到，当白砂糖和蛋白糖复配比为 5∶3 时，榛子露的风味最佳。

榛子露饮料主剂用量不同对榛子露饮料的风味也有一定的影响。榛子原浆的用量为 45 mL，柠檬酸的使用量为 0.2 mL，复配甜味剂的使用量为 0.8% 时，榛子露饮料的风味最佳。

8.2　苹果味榛子露饮料的制备

8.2.1　苹果味榛子露饮料的调配

1. 材料与方法

（1）材料

供试材料为平欧榛子和寒富苹果。

（2）方法

①苹果汁的制备　选取无虫害和无病、无霉变的大小均匀的寒富苹果，经过清洗、去皮、切

块后得到厚度为 3 cm 的苹果块 50 g。用微波炉在 400 W 的功率下处理 15 s,将处理好的苹果块浸泡到调配好比例的护色剂中浸泡 10 min,取出控干放入料理机中加 300 mL 蒸馏水榨汁,并用 200 目的纱布过滤,最后将制备所得的苹果汁密封好放入冰箱冷藏备用。

②榛子露的制备　选取无病虫害且籽粒饱满的平欧大榛子,将榛子外壳敲碎,取出榛子仁。选取颗粒大小相近、完整的榛子仁用蒸馏水清洗干净,再用 30 ℃ 的蒸馏水浸泡 12 h,将浸泡好的榛仁放入 0.1% 的氢氧化钠溶液煮烫 30 s,不断搅拌使榛子能够受热均匀,将煮烫后的榛子仁放入冰水中迅速冷却降温,手工将经过热烫的榛仁去除褐色内衣并用水清洗干净,将榛子仁捞出控干备用。

用经过预处理的榛仁 300 g 制备榛子露。取 30 ℃ 的蒸馏水与榛仁按照 6∶1 充分混匀,然后用料理机制备榛子露原浆,并过 200 目的纱布,最后将制备所得的榛子原浆封装好备用。

③感官评定标准　调味工艺的判定指标采用感官评分的方法,邀请 10 个人对各因素的样品进行感官评分,最后取平均值,具体标准见表 8-17。

表 8-17　苹果味榛子露感官评鉴参考标准

评价指标	评价标准			
口感	口感适宜,酸甜度适中,具有植物蛋白饮料的口感和水果的清香(25～35 分)	口感较好,甜度稍甜或稍微不足,具有植物蛋白饮料的口感(15～24 分)	口感一般,过甜或过酸,口感上苹果味盖过榛子露味(10～14 分)	完全丧失植物蛋白饮料口感,酸甜失调,完全没有榛子露的味道(0～9 分)
色泽	具有乳白色,颜色微微泛黄(20～30 分)	具有接近黄色的颜色,颜色稍微偏暗(15～19 分)	具有一定的橙黄色,颜色偏暗或偏棕色(10～14 分)	颜色呈棕黄色,偏灰偏暗(0～9 分)
气味	具有典型的榛子香气和苹果香气,榛子香气浓郁,苹果香气清淡愉悦,协调且无明显异味(25～35 分)	具有榛子香气和苹果香气,榛子香气或苹果香气过重,不协调且无明显异味(15～24 分)	具有榛子香气或苹果香气,香气不突出、不协调,有异味(10～14 分)	无榛子香气或苹果香气,香气极不协调,伴有异味(0～9 分)

2. 结果与分析

(1)苹果汁与榛子露配比的确定

由图 8-14 可知,在白砂糖和苹果酸添加量不变的情况下,随着榛子露原浆与苹果汁的比例减少,苹果味榛子露风味感官评分先增加后逐渐降低。当苹果汁与榛子露的比例为 1∶4 的时候,该复合饮料的感官评分最高,风味适宜,更容易被人们所接受。

(2)苹果味榛子露中白砂糖的用量

如图 8-15 所示,随着白砂糖的添加量增加,苹果味榛子露复合饮料的感官评分越高,当白砂糖的添加量为 0.90% 时,感官评分最高,酸甜适宜,口感最佳,既有榛子露的香气又有苹果汁的酸甜。当白砂糖的浓度再增加时,感官评分下降,甜度过高,口感不适,不易被人们所接受。

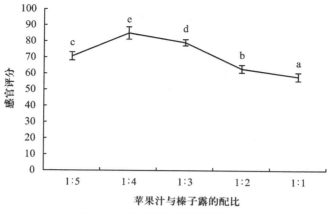

图 8-14　苹果汁与榛子露的配比

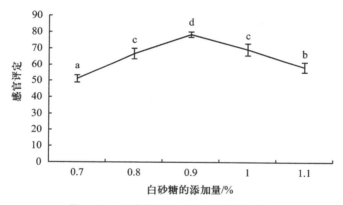

图 8-15　白砂糖的添加量对调味的影响

（3）苹果味榛子露中苹果酸的用量

如图 8-16 所示，随着苹果酸添加量的增加，苹果味榛子露复合饮料的感官评分越高，当苹

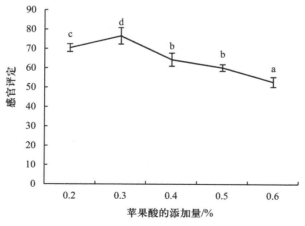

图 8-16　苹果酸添加量对调味的影响

果酸的添加量为 0.30% 时,感官评分最高,酸甜适宜,口感最佳。此时,苹果酸的浓度再增加时,感官评分下降,酸度过高,口感不适。同时复合饮料中酸度过高也不利于其稳定性。一般单一的植物性蛋白饮料 pH 为 7~8 之间,果汁中的酸通常会导致植物性饮料中的蛋白质发生沉聚现象,而苹果汁中的单宁也会和蛋白质发生结合反应从而导致沉淀现象。所以复合饮料中不易加入过多的苹果酸。在其他因素不变,苹果酸添加量为 0.30% 时,感官评分最高。

(4)复合饮料的调配正交试验

在单因素试验基础上,以苹果汁与榛子露的配比、白砂糖的添加量、苹果酸的添加量设计 3 因素 3 水平的正交试验,以感官评价为指标,见表 8-18。

表 8-18　正交试验因素水平表

水平	苹果汁与榛子露的配比(A)	白砂糖(B)/%	苹果酸(C)/%
1	1∶5	0.60	0.20
2	1∶4	0.70	0.30
3	1∶3	0.80	0.40

按照正交因素水平表,设计一组 3 因素 3 水平正交试验,见表 8-19。

表 8-19　苹果味榛子露调配正交试验结果分析

试验号	苹果汁与榛子露的比例(A)	白砂糖的用量(B)/%	柠檬酸的用量(C)/%	感官评分
1	1(1∶5)	1(0.70)	1(0.20)	62.3±0.074
2	1	2(0.80)	2(0.30)	81.7±0.082
3	1	3(0.90)	3(0.40)	73.8±0.179
4	2(1∶4)	1	2	75.2±0.157
5	2	2	3	80.3±0.236
6	2	3	1	68.9±0.096
7	3(1∶3)	1	3	72.3±0.216
8	3	2	1	77.8±0.162
9	3	3	2	65.6±0.148
k_1	72.6	69.9	69.7	—
k_2	74.8	79.9	74.2	—
k_3	71.9	69.4	75.5	—
极差 T	2.9	1.4	6.4	—
较优水平	A_2	B_2	C_3	—

从极差分析来看,影响苹果味榛子露风味的因素主次是:白砂糖的使用量>苹果汁与榛子露的配比>苹果酸的使用量,得到理论的最佳配方为 $A_2B_2C_3$。感官评分为 82.3±0.112。已知感官评分的数值越大,说明苹果味榛子露的风味越好,所以苹果汁与榛子露的配比为 1∶4,白砂糖的添加量 0.80%,柠檬酸的添加量 0.40% 时,苹果味榛子露复合饮料的口感适宜,酸甜

度适中,具有植物蛋白饮料的口感和水果的清香,乳白色微微泛黄,具有典型的榛子香气和苹果香气,榛子香气浓郁,苹果香气清淡愉悦,协调且无明显异味。

3. 小结

苹果味榛子露复合饮料的最优调味工艺为苹果汁与榛子露的配比 1∶4,白砂糖的添加量 0.80%,柠檬酸的添加量 0.40%,此时的感官评分最高。复合饮料的口感是一款饮料销售量高低的主要因素。苹果味榛子露是一款新型的复合饮料,想要上市销售,被人们所认可和接受,后期还需要找更多的人以调查问卷的形式进行评定,进而得到一款让更多人接受认可的复合型饮料。

8.2.2　苹果味榛子露的稳定性研究

1. 材料与方法

(1)材料

同 8.2.1。

(2)方法

①稳定值 R 的测定　取 10 mL 的苹果味榛子露放于离心管中,在 3 000 r/min 的转速下,离心 10 min,取离心后的上清液稀释 100 倍,用分光光度计测定离心前和离心后的清液吸光度 A_1 和 A_2,A_1 和 A_2 的比值即为稳定值 R,即 $R=A_1/A_2$,R 越接近 1,稳定性状态越好。

②沉淀率 M 的测定　取 10 mL 的苹果味榛子露复合饮料于离心管中,在 3 000 r/min 的转速下,离心 10 min,去除离心后的上清液,测量离心后的沉淀质量和复合饮料的总质量。

$$M=沉淀质量(g)/榛子露总质量(g)×100\%$$

离心沉降率的数值越小,苹果味榛子露复合饮料的稳定性就越好。

2. 结果与分析

(1)胶体磨环节

取 4 组大烧杯分别加入 300 mL 的榛子露原浆,进行 1～4 次的胶体磨试验。由表 8-20 可以看出,经过胶体磨处理的榛子露原浆的稳定性优于未经过胶体磨的榛子露原浆,这是因为胶体磨可以更加细致地研磨榛子露,使里面的沉淀物质减少。榛子露原浆的稳定性值 R 随着胶体磨次数的增加表现为先升后降,当胶体磨的次数为 2 次时,榛子露原浆的稳定性值最高,达到 71.8%。此时榛子露体系略带有沉淀,而且口感最好。

表 8-20　胶体磨试验结果

试验号	处理	稳定值 R/%	外观及口感
1	空白	58.9.3±0.577	上下分层,口感粗糙
2	胶体磨 1 次	66.2±1.290	稍有沉淀,口感中略带杂质
3	胶体磨 2 次	71.8±0.577	略有沉淀,但少于上次,口感较好
4	胶体磨 3 次	65.5±1.030	有点沉淀,口感一般
5	胶体磨 4 次	63.8±0.375	沉淀较多,口感较差

（2）乳化剂的复配

如图 8-17 可知，随着单甘酯和蔗糖脂肪酸酯比例的越接近，榛子露的离心沉淀率越高，体系越不稳定。当单甘酯与蔗糖脂肪酸酯的比例为 6∶4 时，榛子露的离心沉淀率最低。2 种乳化剂有相互协同作用，相互促进，二者之间的比例关系同样影响着他们之间的协同效应。可见，单甘酯与蔗糖脂肪酸酯的比例为 6∶4 时，苹果味榛子露体系最为稳定，最易储存，不易分层。

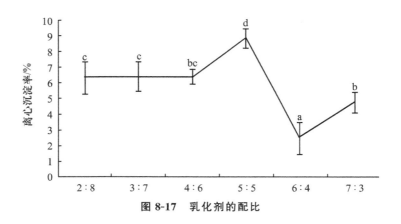

图 8-17　乳化剂的配比

在 2 种乳化剂比例一定的情况下，考察添加复配乳化剂的浓度对榛子露离心沉淀率的影响，分别加入浓度为 0.05%、0.10%、0.15%、0.20% 的乳化剂，研究这 4 种浓度下的乳化剂对榛子露的影响。如图 8-18 可知，随着乳化剂浓度的增加，离心沉淀率先降低随后增高，当复配乳化剂的添加量为 0.10% 时，榛子露的离心沉淀率最低，此时体系中的沉淀物质与不溶物最少。所以榛子露中的复配乳化剂添加量为 0.10% 时，苹果味榛子露的稳定性最好。

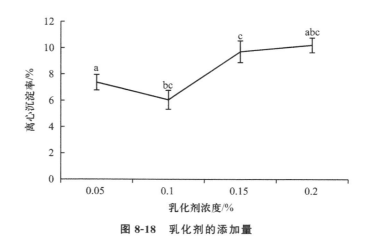

图 8-18　乳化剂的添加量

（3）复合稳定剂的正交试验

在单因素试验的基础上，设计 3 因素 3 水平的正交试验，见表 8-21、表 8-22。

表 8-21　正交试验因素水平表　　　　　　　　　　　　%

水平	黄原胶的添加量（A）	CMC 的添加量（B）	三聚磷酸钠的添加量（C）
1	0.02	0.06	0.02
2	0.04	0.08	0.04
3	0.06	0.10	0.06

根据正交试验设计图，设计 3 因素 3 水平的正交试验，结果见表 8-22。

表 8-22　正交试验结果分析　　　　　　　　　　　　%

试验号	黄原胶（A）	CMC（B）	三聚磷酸钠（C）	稳定值 R
1	1(0.02)	1(0.06)	1(0.02)	90.1±0.677
2	1	2(0.08)	2(0.04)	88.4±0.384
3	1	3(0.10)	3(0.06)	87.9±0.927
4	2(0.04)	1	2	77.2±1.038
5	2	2	3	93.1±0.891
6	2	3	1	92.6±1.232
7	3(0.06)	1	3	85.9±0.672
8	3	2	1	81.4±0.339
9	3	3	2	91.8±1.076
k_1	88.8	84.4	88.0	—
k_2	87.6	87.6	85.8	—
k_3	86.4	90.8	89.0	—
极差 T	2.4	6.4	3.1	—
较优水平	A_1	B_3	C_3	—

极差分析结果表明，不同稳定剂对苹果味榛子露复合饮料的影响主次为：CMC＞三聚磷酸钠＞黄原胶。稳定剂理论上的最优配方水平为 $A_1B_3C_3$，即黄原胶添加量为 0.02％，CMC 使用量为 0.10％，三聚磷酸钠使用量为 0.06％，最终苹果味榛子露饮料稳定剂的复配比为：黄原胶：CMC：三聚磷酸钠＝1：5：3。

（4）均质对苹果味榛子露复合饮料稳定性的影响

由图 8-19 和图 8-20 可知，当均质温度为 40 ℃时，复合饮料的稳定值最高，它的离心沉淀率最低，此时苹果味榛子露复合饮料最稳定；随着温度升高，复合饮料的稳定性反而下降。这是因为温度的高低影响着体系内蛋白质分子的结构，也影响脂类的稳定性，故最优均质温度为 40 ℃。

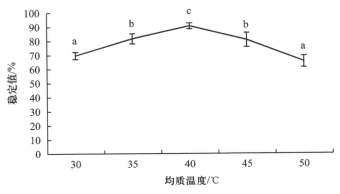

图 8-19　均质温度对稳定值的影响

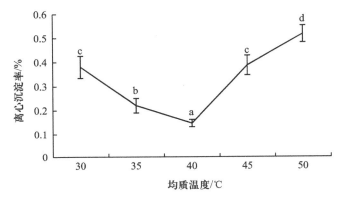

图 8-20　均质温度对离心沉淀率的影响

如图 8-21 和图 8-22 可知,均质的次数为 3 次时,此时苹果味榛子露复合饮料的稳定性最高,而且离心沉淀率最低。随着均质次数的增加,其稳定值反而下降,沉淀物质增多,体系更不稳定、容易分层,故最佳的均质次数为 3 次。

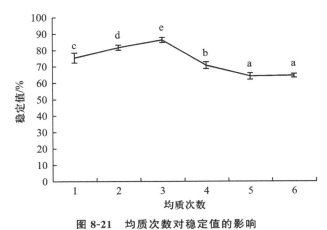

图 8-21　均质次数对稳定值的影响

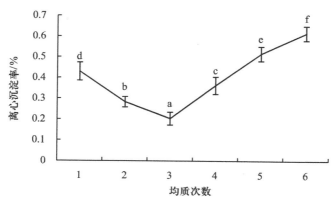

图 8-22　均质次数对离心沉淀率的影响

(5)pH 对苹果味榛子露复合饮料稳定性的影响

植物性蛋白饮料 pH 在 7~8 之间,果汁中的酸通常会导致植物性饮料中蛋白质发生沉聚现象,而苹果汁中的单宁也会和蛋白质发生结合反应从而导致沉淀现象。已知榛子蛋白的等电点为 4.52,由图 8-23 可知,苹果味榛子露稳定性与 pH 呈正相关,当 pH 为 4~5 时,苹果味榛子露出现明显的分层现象;当 pH 在 5~6 之间时稳定性开始升高,pH 7~8 之间时趋于稳定。但利用小苏打调整 pH 至 8 时,苹果味榛子露开始出现不协调的气味,口感不适饮用。故苹果味榛子露的最适 pH 范围在 6~7 之间。

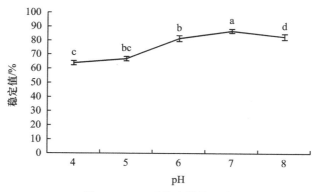

图 8-23　pH 对稳定性的影响

(6)灭菌对苹果味榛子露稳定性的影响

从图 8-24 可以看出,当灭菌时间为 15 min 时,灭菌温度的改变对苹果味榛子露的稳定性有一定的影响。灭菌温度为 120 ℃时,处理苹果味榛子露的稳定性值最高,苹果味榛子露的稳定性越好。而随着温度的继续增加稳定性反而降低,同时温度过高还影响蛋白质的稳定性。所以灭菌温度为 120 ℃时灭菌效果最好,稳定性最高。

如图 8-25 所示,当灭菌温度一定时,灭菌时间对苹果味榛子露的稳定有一定的影响。随着灭菌时间的不断增加,榛子露的稳定性值 R 随之上升,当灭菌时间为 10 min 时,苹果味榛子露的稳定性最佳,但当灭菌时间继续增大时,稳定性值 R 开始变小,说明稳定性下降。因此,当苹果味榛子露的灭菌时间为 10 min 时,苹果味榛子露的稳定性最佳。

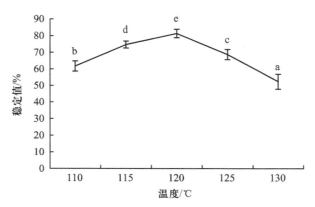

图 8-24　不同灭菌温度对稳定值的影响

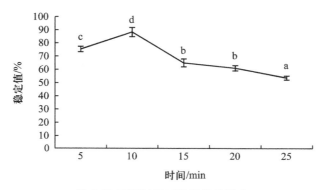

图 8-25 灭菌时间对稳定值的影响

3. 小结

确定了影响苹果味榛子露稳定性因素的最佳参数,即胶体磨 2 次;复配乳化剂添加 0.01%;稳定剂黄原胶、CMC、三聚磷酸钠的使用量分别是 0.02%、0.10% 和 0.06%;40 ℃ 均质 3 次,pH 6~7,苹果味榛子露稳定性最佳。

参考文献

1. 陈杰,徐鹤龙,方志伟,等. 花生蛋白饮料加工技术研究[J]. 现代食品科技,2009,25 (12):1445-1447.

2. 李丽杰. 榛子牛奶复合保健饮料[J]. 河南工业大学学报,2014,34 (2):90-92.

3. 李雪,张海生,刘静,等. 中性植物蛋白稳定性研究[J]. 农产品加工,2013,320 (6): 5-7.

4. 周超进,何锦凤,蒲彪. 植物蛋白饮料稳定性影响因素和分析方法研究[J]. 食品工业科 技,2011 (9):377-380.

5. 张迪,陆一敏. 果胶对酸性乳饮料稳定性的影响[J]. 饮料工业,2011 (6):14-16.

6. 马勇，张丽娜，齐凤元，等. 榛子蛋白提取及功能特性研究[J]. 食品科学，2008，29（8）：318-320.

7. 孟宇竹，顾熟琴，卢大新. 安哥诺李、杏仁复合蛋白饮料的加工工艺研究[J]. 食品科学，2008，29（12）：793-796.

8. 阮美娟，李小华. 植物蛋白饮料主剂的研究[J]. 食品工业科技，2004（7）：72-74.

9. 荣瑞芬. 几种重要坚果的营养特性比较[J]. 北京联合大学学报，2010，24（1）：14-17.

10. 任俊，卢金珍. 甜玉米乳饮料稳定性研究[J]. 现代农业科技，2012（8）：350-352.

11. 时慧，刘军，郑力，等. 巴旦木蛋白饮料的加工工艺及稳定性研究[J]. 中国酿造，2010（9）：89-94.

12. 田明福，左玲. 含油脂植物蛋白饮料的生产技术[J]. 中国粮油学报，1995，10（4）：42-44.

13. 杨政水. 影响植物蛋白饮料稳定性的理化因素分析和研究[J]. 食品工业科技，2004（9）：143-144.

14. 马永轩，魏振承，张名位，等. 黑米黑芝麻复合谷物乳稳定剂配方优化[J]. 中国粮油学报，2013（4）：97-102.

15. 马勇，周佩. 榛子粉的主要成分和功能特性研究[J]. 食品与发酵工业，2011，11（1）：581-611.

16. Atilla S，Osman A. Evaluation of the microelement profile of Turkish hazelnutvarieties for human nutrition and health [J]. International Journal of Food Sciences and Nutrition，2007，58（8）：677-688.

17. Alasalvar C，Shahidi F，Cadwallader K R. Comparison of natural and roasted Turkish tombul hazelnut (*Corylus avellana* L.) volatiles and flavor by DHA/GC/MS and descriptive sensory analysis [J]. Journal of Agricultural & Food Chemistry，2003，51（17）：50-57.

18. Anil M. Using of hazelnut testa as a source of dietary fiber in breadmaking [J]. Journal of Food Engineering，2007，80（1）：61-7.

19. Chun-Fa L I. Development of a vegetable protein beverage of peanut milk [J]. Beverage Industry，2013，86（4）：231-233.

20. Zhao H，Chu N，Liu Z L，et al. The development of corn germ vegetable protein beverage [J]. Food Research & Development，2013，28（12）：124-126.

21. Zheng F J，Gao Y，Yang L X，et al. Study on stability of vegetable protein-based rice mixed beverage [J]. Cereals & Oils，2013，14（9）：17-20.

第9章　榛子蛋白与抗氧化肽

榛子的果实营养丰富,含有蛋白质、脂肪、糖类、胡萝卜素、维生素(B₁、B₂、E)、尼克酸、烟酸和人体所需的8种必需氨基酸等。榛子蛋白中含有人体所需各种必需氨基酸,且比例与人体需要模式相近,是一种有利于人体吸收的优质蛋白。抗氧化肽作为蛋白质的酶解产物,因其分子质量小、易吸收、良好的抗氧化和清除自由基能力,对机体无任何毒副作用等特点引起人们的广泛兴趣。对榛子蛋白粉和抗氧化肽进行合理利用,可以满足特定人群对高品质蛋白或氨基酸的需要,极具开发潜力。

9.1　榛子蛋白分离及功能特性

9.1.1　榛子分离蛋白的制备

1. 材料与方法

(1)材料

平欧榛子,购于本溪县三阳大果榛子专业生产合作社。

(2)方法

榛子脱脂粉的制备:将去壳后的榛子仁在室温下静水浸泡15 h,去皮,榛子仁置于50 ℃的烘箱中烘干(李小华,2004),粉碎机破碎,过40目筛。以料液比1∶5(W/V)加入正己烷,在50 ℃的超声波辅助条件下提取30 min,4 000 r/min离心20 min,倒去正己烷(回收利用),使残留的正己烷在通风橱中挥发,按照上述步骤重复提取1次得到榛子脱脂粉,放入-20 ℃冰箱中备用。

榛子分离蛋白的制备:榛子分离蛋白的制备采用碱溶酸沉法。将脱脂榛子粉与去离子水以一定比例混合均匀,在恒温震荡水浴中浸提一段时间,5 000 r/min离心20 min,收集上清液,用1 mol/L HCl调至等电点,5 000 r/min离心20 min,弃上清液,冷冻干燥得榛子分离蛋白。榛子蛋白提取率按下式计算:

$$榛子蛋白提取率 = \frac{M_t}{M \times C} \times 100\%$$

式中:M为脱脂榛子粉质量(g);M_t为上清液中蛋白质含量(g);C为脱脂榛子粉中蛋白质含量(%)。

2. 结果与分析

(1)平欧榛子的基本营养组成

由表9-1可以看出,平欧榛仁的主要成分除脂肪外,其余大部分为蛋白质,含量高达(20.74±0.11)%,与毛晓英(2012)研究的核桃蛋白质含量(17.66±0.42)%相比略高,而脂肪含量为(58.82±0.14)％,略微低于核桃的脂肪含量(60.84±1.04)％;平欧榛子进行脱脂处理后得到的榛子脱脂粉中,脂肪的含量降至(15.19±0.22)％,蛋白质含量为(40.25±0.47)％,水分含量提高为(8.33±0.13)％。

表 9-1　平欧榛仁、脱脂粉主要成分分析　　　　　　　　　　　　　　　　　　　　　％

成分	蛋白质	脂肪	水分	灰分
平欧榛仁	20.74±0.11	58.82±0.14	5.17±0.08	4.61±0.05
脱脂粉	40.25±0.47	15.19±0.22	8.33±0.13	5.74±0.07

（2）榛子分离蛋白等电点确定

由图 9-1 可知,在 pH 4.5 时,酸沉效果最好,说明大部分榛子碱溶蛋白在 pH 4.5 时可以酸沉下来,这一结果与前人的研究结果基本一致。因在确定最佳酸沉条件时使用的是精密酸度仪,其显示的最佳 pH 为 4.53,因此确定榛子分离蛋白的等电点 pI 为 4.53。

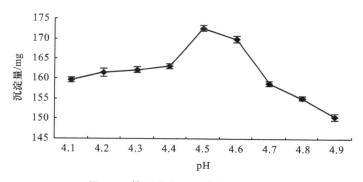

图 9-1　榛子分离蛋白等电点测定图

（3）榛子分离蛋白提取工艺

①榛子分离蛋白提取工艺单因素分析

如图 9-2 所示,pH 对榛子分离蛋白的提取率有显著的影响。在 pH 为 7.5～9.0 时,随着 pH 升高,榛子分离蛋白提取率逐渐提高,提取率从 50.92％增加到 72.77％;pH 为 9.0～10.0 时,蛋白质提取率随 pH 升高而不断下降,当 pH 为 10.0 时,提取率为 53.09％。这是因为溶液 pH 变化改变了蛋白质的带电性,直接对蛋白质-蛋白质、蛋白质-水的相互作用产生影响。碱液可以使蛋白质中的部分化学键尤其是氢键遭到破坏,部分基团解离,并且蛋白质分子表面的同种电荷使分子间的斥力作用得到提高,导致蛋白质中紧密结构变得松散,同时蛋白质与水的相互作用增强,因此,碱性环境更利于蛋白质溶解进而提取率增加。但高 pH 环境会使氨基酸残基发生异构化,形成外旋混合物,部分氨基酸也发生脱氨、脱羧和水解反应,从而影响蛋白质的品质、营养价值和功能特性。同时,pH 过高还可导致赖氨酸、丙氨酸、鸟氨酸形成,在分子内或分子间形成共价交联,产生一些不易消化或有毒的物质,此外,碱性过高会导致蛋白质发生变性,水溶性降低,因此当 pH 大于 9.0 后榛子分离蛋白的提取率下降。

如图 9-3 所示,温度在 35～50 ℃之间时,随着温度升高,榛子分离蛋白提取率呈上升趋势,当温度为 50 ℃时,提取率达到最高点为 73.15％,随着温度继续升高,榛子分离蛋白提取

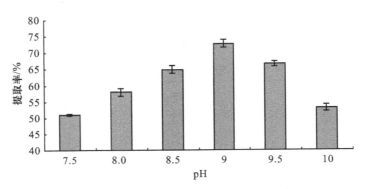

图 9-2　pH 对榛子分离蛋白提取率的影响

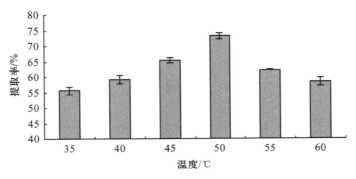

图 9-3　温度对榛子分离蛋白提取率的影响

率呈下降趋势。这是因为温度较低时,蛋白质分子和水分子不能充分进行相互作用,导致蛋白质提取率较低,随着温度逐渐上升,蛋白质分子和水分子间的相互作用加强,蛋白质的溶解度随之提高,蛋白质提取率也相应提高。但当温度升高到一定值时,部分蛋白质随温度的升高发生变性而聚集沉淀,影响蛋白质溶出率,因此继续升温提取率没有提高反而降低。同时,高温可能会增强榛子脱脂粉中碳水化合物等成分的黏性,促使其与蛋白质发生黏合,从而使榛子分离蛋白的提取率下降。此外,蛋白质受高温影响还会产生有毒氨基酸,发生一些化学变化如蛋白质外消旋、去酰胺和去硫化等,这些化学变化大部分是不可逆的,使蛋白质的品质受到损害。

　　如表 9-2 所示,随着提取时间的延长,榛子分离蛋白的提取率逐渐提高。当提取时间从 30 min 增加到 60 min,榛子分离蛋白的提取率显著提高,从 54.42% 提高到 72.14%,之后,随着提取时间的延长,榛子分离蛋白的提取率缓慢增加。在初提阶段,榛子分离蛋白没有完全溶解,随着提取时间的延长,榛子分离蛋白的溶出量逐渐增加。当溶出量增加到一定程度时,大部分蛋白质已被溶解出来,即使增加提取时间,也只能溶出很少的蛋白质,因此,随着提取时间的延长榛子分离蛋白的提取率增加缓慢。采用 SPSS 17.0 对提取率进行显著性分析,发现提取时间为 30 min、40 min、50 min 时影响显著,60 min、70 min、80 min 时影响不显著。提取时间过长,产品卫生质量受到影响,为了保证产品质量、节约能源、降低成本,确定最佳提取时间为 60 min。

表 9-2　提取时间对榛子分离蛋白提取率的影响

提取时间/min	提取率/%
30	54.493 3±0.47[d]
40	62.38±0.5[c]
50	69.08±0.46[b]
60	72.34±0.73[a]
70	73.15±0.83[a]
80	74.17±0.79[a]

　　如图 9-4 所示,随着料液比的不断增加,榛子分离蛋白的提取率逐渐增加,料液比从 1∶10 增加到 1∶15 时,榛子分离蛋白的提取率从 61.81% 提高到 73.89%;之后,随着料液比继续增加,蛋白质的提取率增加缓慢。这可能是因为当料液比较小时,溶液的黏度大,分子间的阻力比较大,影响蛋白质的溶出速率,随着料液比的增加,水分子与蛋白质分子接触面积增大,从而促进了蛋白质的溶解,因此蛋白质提取率显著提高。当大部分蛋白质基本溶出时,即使料液比继续提高,对蛋白质的溶解也无显著提高作用。陶健(2006)在荞麦蛋白的制备中发现,料液比较大时,在酸沉过程中有大量蛋白质从粗蛋白母液流失到乳清中去,若母液中蛋白质浓度过低,会使酸沉现象不发生。料液比过大会增加生产成本,考虑到节省资源、降低成本和保证酸沉工序正常进行,以料液比 1∶15 作为最佳提取蛋白的比例。

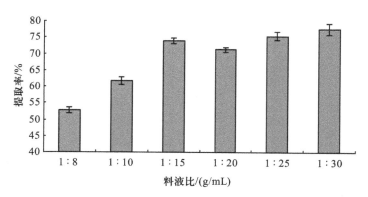

图 9-4　料液比对榛子分离蛋白提取率的影响

　　②响应面优化实验　综合单因素实验结果,确定了响应面中心组合试验的影响因子及取值范围,以蛋白质提取率为响应值,以 pH(A)、温度(B)、提取时间(C)、料液比(D)为自变量作 4 因素 3 水平响应面分析,结果见表 9-3。

　　由表 9-4 可以看出,pH(A)、料液比(D)两因素对提取率的影响差异极显著;提取时间(C)对提取率的影响差异显著;pH 与提取时间的交互作用($A×C$)、提取时间与料液比的交互作用($C×D$)对提取率的影响差异显著。由此可以看出,响应值的变化复杂,各因素对相应值的影响不是简单的线性关系。

表 9-3　响应面分析结果

试验号	因素				提取率/%
	pH 值（A）	温度（B）	提取时间（C）	料液比（D）	
1	−1	1	1	−1	60.53
2	1	0	0	0	69.44
3	0	0	0	1	76.01
4	0	0	0	0	72.10
5	−1	−1	1	1	60.38
6	1	1	−1	−1	60.81
7	0	0	0	0	72.83
8	−1	1	−1	1	61.01
9	0	0	0	0	72.37
10	1	−1	1	1	63.35
11	−1	1	1	1	61.78
12	1	−1	1	−1	61.81
13	0	0	0	0	71.46
14	−1	0	0	0	65.93
15	−1	−1	−1	1	59.13
16	1	−1	−1	−1	61.29
17	0	0	1	0	72.35
18	0	0	0	0	74.87
19	0	0	−1	0	69.87
20	0	0	0	0	68.93
21	1	1	−1	1	63.26
22	1	1	1	−1	61.68
23	−1	−1	1	−1	58.81
24	1	−1	−1	1	62.79
25	−1	1	−1	−1	47.05
26	1	1	1	1	63.08
27	0	0	0	0	73.23
28	0	−1	0	0	65.83
29	0	0	0	−1	60.28
30	0	1	0	0	70.25
31	−1	−1	−1	−1	47.17

　　通过对响应值与各因素进行回归拟合分析,得到回归方程:$Y=72.0835+2.59556A+0.438333B+1.79944C+2.79778D-4.19763A^2-3.84263B^2-0.772627C^2-3.73763D^2-0.268125AB-1.64813AC-1.30312AD+0.123125BC+0.0931250BD-1.44437CD$

表 9-4　回归方程系数显著性检验

项	系数	系数标准误差	T	p	显著性
常量	72.083 5	0.799 3	90.186	0.000	**
A	2.595 6	0.635 1	4.087	0.001	**
B	0.438 3	0.635 1	0.690	0.500	
C	1.799 4	0.635 1	2.833	0.012	*
D	2.797 8	0.635 1	4.405	0.000	**
AB	−0.268 1	0.673 6	−0.398	0.696	
AC	−1.648 1	0.673 6	−2.398	0.026	*
AD	−1.303 1	0.673 6	−2.447	0.071	
BC	0.123 1	0.673 6	−1.935	0.857	
BD	0.093 1	0.673 6	0.183	0.892	
CD	−1.444 4	0.673 6	0.138	0.048	*
A^2	−4.197 6	1.672 5	−2.510	0.023	*
B^2	−3.842 6	1.672 5	−2.297	0.035	*
C^2	−0.772 6	1.672 5	−0.462	0.650	
D^2	−3.737 6	1.672 5	−2.235	0.040	*

注：* 为显著，$p < 0.05$；** 为极显著，$p < 0.01$。

回归方程中各项系数绝对值的大小直接反映了各因素对指标值的影响程度，系数的正负反映了影响的方向。各因素对榛子分离蛋白提取率的影响程度依次为 $D > A > C > B$，即料液比＞pH＞提取时间＞温度。对提取率的回归方程进行数学分析，即求偏导，并令其等于零，可得到曲面的稳定点，也就是最大值点。确定了蛋白提取的最佳工艺理论值：pH 9.16，温度 49.8 ℃，提取时间 63 min，料液比 1∶15，在该条件下预测平欧榛子分离蛋白的提取率为 78.24%。

如表 9-5 所示，用上述回归方程描述各因子与响应值之间的关系时，因变量和自变量之间的线性关系显著，失拟项 $F = 2.91 < [F_{0.05}(9.3) = 8.81]$，$p = 0.102 > 0.05$，在 $p = 0.05$ 水平上影响不显著，$R^2 = 95.43\%$，$R^2_{Adj} = 95.06\%$，说明该模型拟合程度良好，试验误差较小。所得的回归方程有较好的代表性，可用此回归方程来分析和预测榛子分离蛋白的提取条件。

表 9-5　回归模型方差分析

来源	自由度	SS_{Seq}	SS_{Adj}	MS_{Adj}	F	p
回归	14	1 397.31	1 397.31	99.808	13.75	0.000
线性	4	323.90	323.90	80.976	11.15	0.000
平方	4	967.86	967.86	241.965	33.33	0.000
交互作用	6	105.54	105.54	17.590	2.42	0.074
残差误差	16	116.15	116.15	7.260		
失拟	10	96.31	96.31	9.631	2.91	0.102
纯误差	6	19.84	19.84	3.307		
合计	30	1 513.46				

注：$R^2 = 95.43\%$；$R^2_{Adj} = 95.06\%$。

通过软件分析,得到最佳的工艺条件为:pH 9.16,温度 49.8 ℃,提取时间 63 min,料液比 1∶15,在该条件下预测平欧榛子分离蛋白的提取率为 78.24%。实际操作中将响应面分析法优化的提取工艺条件适当调整为:pH 9.16,温度 50 ℃,提取时间 65 min,料液比 1∶15。进行 3 次重复验证试验,测得榛子分离蛋白提取率为 77.83%,与预测值非常接近,因此模型能较好地预测实际情况,可用于以后的生产实践中。

3. 小结

平欧榛仁基本营养组成:蛋白质 20.74%,脂肪 58.82%,水分 5.17%,灰分 4.61%;平欧榛子脱脂粉中蛋白质 40.25%,脂肪 15.19%,水分 8.33%,灰分 5.74%;榛子分离蛋白的等电点 pI 为 4.53。

确定单因素试验中各因素最适条件为:pH 9.0、温度 50 ℃、提取时间 60 min、料液比 1∶15。通过响应面试验分析对影响榛子分离蛋白提取率的因素及其相互作用进行了探讨,其中 pH、提取时间、料液比、pH 与提取时间的交互作用、提取时间与料液比的交互作用对榛子分离蛋白提取率的影响皆显著;且各因素对榛子分离蛋白提取率的影响程度依次为:料液比＞pH＞提取时间＞温度。得到响应面优化工艺参数为 pH 9.16,温度 49.8 ℃,提取时间 63 min,料液比 1∶15,在该条件下预测平欧榛子分离蛋白的提取率为 78.24%。

9.1.2 榛子蛋白质组分分析

1. 材料与方法

(1)材料

平欧榛子脱脂粉和榛子分离蛋白。

(2)方法

分级提取制备榛子的清蛋白、球蛋白、醇溶蛋白及谷蛋白,计算各蛋白所占的相对百分比。利用 SDS-PAGE 分析蛋白组分相对分子质量。利用全自动氨基酸分析仪对平欧榛子蛋白组分进行测定(色氨酸除外);色氨酸测定采用荧光法。

根据氨基酸分析结果来计算平欧榛子各蛋白组分的营养价值指标。

必需氨基酸与总氨基酸之比,即 E/T,也就是必需氨基酸总和与全部氨基酸总和的比值。

$$氨基酸评分 = \frac{1 \text{ g 被测蛋白质中某一必需氨基酸含量(mg)}}{1 \text{ g 参考蛋白质中同一必需氨基酸含量(mg)}} \times 100$$

预测蛋白质的功效比值(PER),根据 Alsmeyer 等(1974)报道的回归方程计算。

PER = -0.684 + 0.456(Leu) - 0.047(Pro)

PER = -0.468 + 0.454(Leu) - 0.015(Tyr)

PER = -1.816 + 0.435(Met) + 0.780(Leu) + 0.211(His) - 0.944(Tyr)

2. 结果与分析

(1)榛子蛋白质组分的构成及含量

根据 Osborne 蛋白分级方法,对榛子蛋白进行分离,得到 4 种蛋白质组分:清蛋白、球蛋白、醇溶蛋白和谷蛋白。由图 9-5 可知,榛子蛋白质中清蛋白含量最高为 67.18%,其次为球蛋

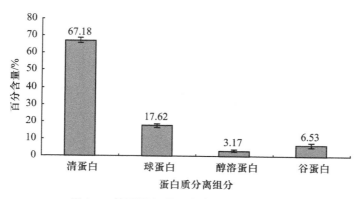

图 9-5　榛子蛋白质组分的构成及含量/%

白 17.62%，谷蛋白含量较低为 6.53%，醇溶蛋白含量最低仅为 3.17%。榛子蛋白质的组成与核桃（毛晓英，2012）、巴旦木（Sathe，1992）、腰果（Damodaran，1936；Sathe，1994）和开心果（Shokraii，1998）等坚果的蛋白质组成均有一定的差异。榛子蛋白的组成与豆科类蛋白也有很大区别，豆科类蛋白中没有醇溶蛋白，球蛋白占的比例大，60%～70%，其次为清蛋白（15%～21%）、谷蛋白（10%～15%），如大豆中球蛋白的含量为 60%～90%（陈海敏和华欲飞，2001；Cherry，1982）；花生中含有球蛋白 90%，清蛋白 10%（王章存和康艳玲，2007）。而在谷物中，大米的谷蛋白占 75%～79%，球蛋白占 13%～15%，清蛋白占 4.5%～6%，醇溶蛋白的含量小于 3%（Kohnhorst et al.，1990；Agboola，et al.，2005）。榛子主要的蛋白质组分是水溶性的清蛋白和盐溶性的球蛋白，因此溶解性能较好，这也是蛋白质主要的功能性质，可以作为一种理想的天然优质蛋白质资源应用于食品工业中。

（2）榛子各蛋白组分相对分子质量

榛子各蛋白组分 SDS-PAGE 电泳图谱：利用 12% 的分离胶、5% 的浓缩胶对榛子蛋白分离出的组分进行 SDS-PAGE 电泳，得到榛子蛋白分离组分的亚基组成情况，见图 9-6、图 9-7。

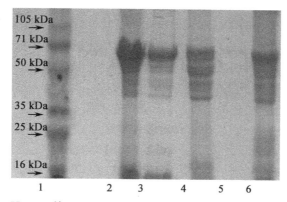

图 9-6　榛子蛋白组分的非还原 SDS-PAGE 电泳图谱

（1-Maker；2-分离蛋白；3-清蛋白；4-球蛋白；5-醇溶蛋白；6-谷蛋白）

从图 9-6 可以看出，在非还原条件下，分离蛋白及 4 种分提蛋白的分子质量均小于 71 kDa，分离蛋白（泳道 2）主要亚基分布在 35～71 kDa 之间，此外，还有一些含量较少的亚基

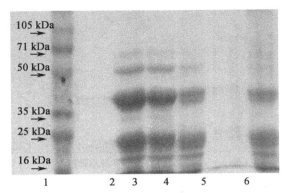

图 9-7　榛子蛋白组分的还原 SDS-PAGE 电泳图谱

分布在 16 kDa 附近。4 种分提蛋白质的亚基分布也存在一定差异,清蛋白(泳道 3)在 71 kDa 处有一条明显的亚基带,在 35～71 kDa 之间还有 5 条较模糊的亚基带,在 16 kDa 附近有一些相对分子质量较低的亚基带,球蛋白(泳道 4)和谷蛋白(泳道 6)亚基带分布不是特别明显,但也在 35～71 kDa 之间,球蛋白在 50～71 kDa 之间有两条比较明显的亚基带,在 35～50 kDa 之间有 3 条比较明显的亚基带,在 16 kDa 附近有含量较少的亚基带,同样谷蛋白在 16～25 kDa 之间有含量较少的亚基带,醇溶蛋白(泳道 5)在 71 kDa 附近有一条很浅的亚基带,可能是由于醇溶蛋白溶解性比较差或是亚基较小造成上样蛋白的质量浓度过低。

从图 9-7 可以看出,在还原条件下(含 β-巯基乙醇),分离蛋白及 4 种分提蛋白的分子质量也均小于 71 kDa,但 50～71 kDa 之间亚基带明显减弱甚至消失,而在 35～50 kDa 之间亚基带明显加深,且在 16～25 kDa 之间均有 2 条明显条带出现。分离蛋白(泳道 2)和清蛋白(泳道 3)在 50 kDa 附近还有 1 条比较明显的亚基带,而球蛋白(泳道 4)在 50 kDa 附近亚基带较浅,谷蛋白(泳道 6)在 50 kDa 附近没有亚基带,醇溶蛋白(泳道 5)在 25 kDa 附近和 35～50 kDa 之间分别有 1 条很浅的亚基带。图 9-6 与图 9-7 的差异表明榛子蛋白中存在分子内及分子间二硫键。

(3)平欧榛子蛋白质组分的氨基酸组成分析

现代营养学理论认为,蛋白质中氨基酸组成与蛋白质的营养价值密切相关,食物蛋白质中氨基酸组成越接近人体蛋白质的组成,越容易被人体消化吸收,其营养价值才越高(蔡东联,2005)。通过全自动氨基酸分析仪测定平欧榛子分离蛋白及其他 4 种蛋白组分的氨基酸组成。平欧榛子蛋白质组分的氨基酸分析见表 9-6 和图 9-8 至图 9-12。

由表 9-6 可知,榛子分离蛋白富含多种必需氨基酸,与 FAO/WHO 的小孩需要量相比,蛋氨酸、异亮氨酸、亮氨酸、苏氨酸、色氨酸、苯丙氨酸、缬氨酸和组氨酸的含量均较高,而赖氨酸含量较低,小于 FAO/WHO 的小孩需要量,但高于 FAO/WHO 的成人需要量。与 FAO/WHO 的小孩需要量相比,榛子清蛋白中蛋氨酸、异亮氨酸、色氨酸、苏氨酸、苯丙氨酸、缬氨酸和组氨酸的含量较高,赖氨酸、亮氨酸含量较低,小于 FAO/WHO 的小孩需要量,但高于 FAO/WHO 的成人需要量。榛子球蛋白中的亮氨酸、色氨酸、赖氨酸、苏氨酸、缬氨酸含量高于 FAO/WHO 的成人需要量,而稍微低于 FAO/WHO 的小孩需要量。与 FAO/WHO 的成人需要量相比,醇溶蛋白的必需氨基酸含量十分丰富,但与 FAO/WHO 的小孩需要量相比,醇溶蛋白中的苏氨酸、异亮氨酸、亮氨酸、缬氨酸、赖氨酸含量均较低。榛子谷蛋白中苏氨酸、蛋氨酸、苯丙氨酸和组氨酸含量高于 FAO/WHO 的小孩需要量,赖氨酸、缬氨酸、异亮氨酸、亮氨酸、色氨酸含量高于 FAO/WHO 的成人需要量而微低于 FAO/WHO 的小孩需要量。与 FAO/WHO 推荐的氨基酸模式相比,榛子分离蛋白及其他 4 种蛋白质组分的必需氨基酸含量丰富、种类齐全。在非必需氨基酸中,榛子分离蛋白及其他 4 种蛋白质组分的精氨酸、天冬氨酸及谷氨酸含量较高,食物中含有丰富谷氨酸能支持机体免疫系统和提高运动能力,而且还对小孩的大脑发育有促进作用,食物中含有丰富的精氨酸对预防心脏病有一定的效果,天冬氨酸能够保护心脏和肝脏,还对消除疲劳有帮助。平欧榛子分离蛋白中谷氨酸含量最高,其次是精氨酸和天冬氨酸,分别为 23.37%、14.20% 和 11.04%。平欧榛子清蛋白和球蛋白中谷氨酸含量最高,其次是精氨酸和天冬氨酸。醇溶蛋白和谷蛋白中谷氨酸含量最高,其次是天冬氨酸和精氨酸。

表 9-6　平欧榛子蛋白质组分的氨基酸分析

氨基酸	分离蛋白	清蛋白	球蛋白	醇溶蛋白	谷蛋白	FAO/WHO 小孩	FAO/WHO 成人
必需氨基酸							
Lys	3.86	3.73	2.99	2.74	3.37	5.8	1.6
Thr	3.57	3.53	2.95	2.22	3.47	3.4	0.9
Met	1.78	1.85	1.67	1.44	1.74		
Met+Cys	4.99	5.26	4.68	4.15	4.45	2.5	1.7
Val	3.93	3.73	2.91	2.64	3.10	3.5	1.3
Ile	3.78	3.64	2.82	2.11	2.64	2.8	1.3
Leu	6.74	6.43	5.18	3.49	6.20	6.6	1.9
Trp	1.52	1.14	0.85	0.63	0.96	1.1	0.5
Phe	4.77	4.52	3.32	3.12	4.33		
Phe+Try	9.02	8.72	6.92	6.38	8.23	6.3	1.9
His	3.27	3.28	2.87	2.17	3.22	1.9	1.6
非必需氨基酸							
Ala	4.57	4.42	3.64	2.22	4.16		
Arg	14.20	13.66	9.62	12.64	11.89		
Asp	11.04	10.50	7.51	13.34	12.51		
Glu	23.37	21.34	18.07	17.63	22.80		
Gly	5.52	5.51	4.60	3.27	5.03		
Pro	3.86	3.76	2.85	2.18	3.68		
Ser	4.48	4.68	4.01	2.38	4.26		
Tyr	2.75	2.7	1.6	1.26	2.4		
Cys	3.21	3.41	3.01	2.98	2.71		

注:FAO/WHO 推荐标准分别为适合于 2～5 岁学龄前儿童和成年人的必需氨基酸需要量。

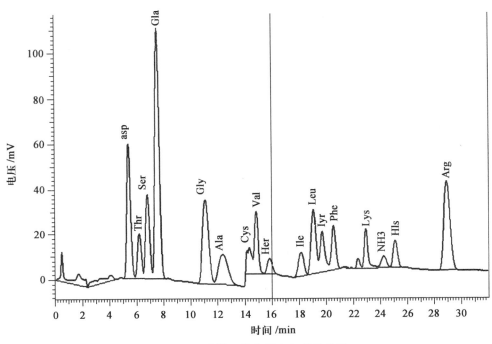

图 9-8　平欧榛子分离蛋白氨基酸分析

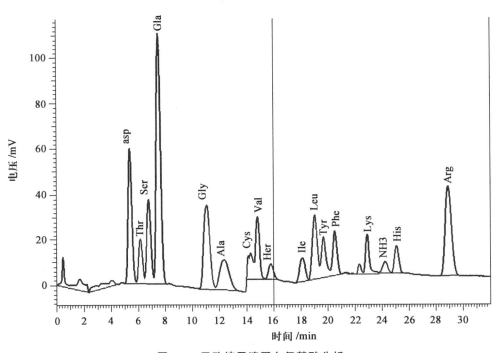

图 9-9　平欧榛子清蛋白氨基酸分析

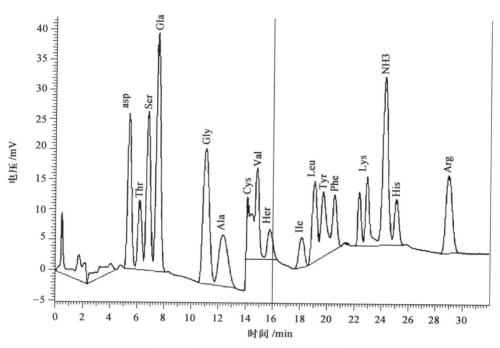

图 9-10　平欧榛子球蛋白氨基酸分析

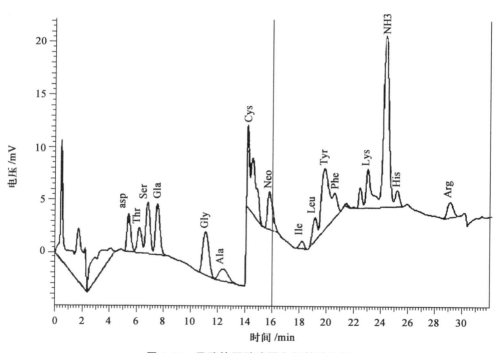

图 9-11　平欧榛子醇溶蛋白氨基酸分析

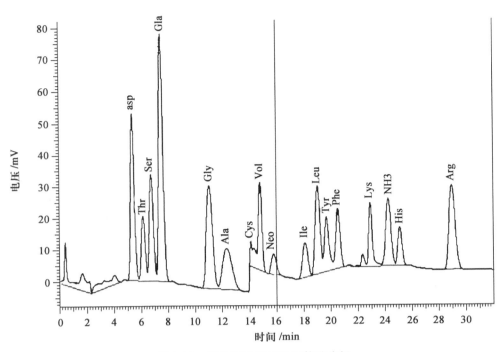

图 9-12　平欧榛子谷蛋白氨基酸分析

　　根据蛋白质中氨基酸的疏水性及酸碱性对平欧榛子分离蛋白和其他蛋白组分中的氨基酸进行了分类,从表 9-7 中可以看出,平欧榛子各蛋白分离组分的氨基酸以疏水性氨基酸和酸性氨基酸为主,氨基酸的这种组成模式会略微影响平欧榛子蛋白质的溶解性,蛋白质的疏水性氨基酸在蛋白质中占的比重大,蛋白质具有较好的抗氧化活性。平欧榛子分离蛋白的碱性氨基酸的含量高于其他蛋白组分,不带电极性氨基酸含量略低于平欧榛子清蛋白、球蛋白,酸性氨基酸含量略低于醇溶蛋白、谷蛋白。

表 9-7　平欧榛子蛋白质组分的氨基酸种类分布　　　　　　　　　　　%

氨基酸类别	分离蛋白	清蛋白	球蛋白	醇溶蛋白	谷蛋白
疏水性氨基酸[a]	34.67	35.05	35.63	36.89	32.33
不带电极性氨基酸[b]	13.31	13.91	15.71	11.27	13.04
碱性氨基酸[c]	20.27	20.09	18.34	12.37	18.77
酸性氨基酸[d]	31.75	30.95	30.31	39.47	35.86

　　注:a 包括 Ala、Leu、Met、Trp、Gly、Val、Pro、Phe 和 Ile;b 包括 Thr、Cys、Ser 和 Tyr;c 包括 Arg、Lys 和 His;d 包括 Asp 和 Glu。

　　(4)平欧榛子蛋白质组分的营养价值评价
　　除了考察氨基酸含量对蛋白质营养价值的影响,蛋白质的质量与其也有很大的关系,而构成蛋白质的氨基酸组成及氨基酸的比例是决定蛋白质质量的关键因素。目前评价蛋白质营养价值的指标主要有蛋白质的功效比值、生物价及吸收率和消化率(表 9-8)。

表 9-8　平欧榛子蛋白质组分的营养价值分析

营养参数	分离蛋白	清蛋白	球蛋白	醇溶蛋白	谷蛋白
$E/T/\%$	32.55	30.99	30.15	26.20	29.04
氨基酸评分(AAS)	72.18	70.07	54.36	49.57	61.27
第一限制氨基酸	赖氨酸	赖氨酸	赖氨酸	亮氨酸	赖氨酸
PER I	2.21	2.07	1.09	0.604	1.97
PER II	2.56	2.40	1.86	1.12	2.31
PER III	2.31	2.15	1.27	0.87	2.19

由表 9-8 可知,平欧榛子分离蛋白的 E/T(32.55%)最高,其次是清蛋白(30.99%)、球蛋白(30.15%)、谷蛋白(29.04%),醇溶蛋白的 E/T 值(26.20%)含量最低,平欧榛子分离蛋白的 E/T 值略低于 WHO 衡量理想蛋白资源的需要量(36%)。平欧榛子分离蛋白氨基酸评分中赖氨酸的评分最低(72.18),因此为平欧榛子分离蛋白的第一限制氨基酸,其氨基酸评分略低于大豆蛋白(74),但高于花生蛋白(64)(刘云,2011),同时赖氨酸也是核桃蛋白(毛晓英,2012)、松子蛋白和腰果蛋白的第一限制氨基酸(Savage,1998;FAO/WHO,1990),清蛋白、球蛋白和谷蛋白的第一限制氨基酸也是赖氨酸,而醇溶蛋白的第一限制氨基酸是亮氨酸,且只有清蛋白氨基酸评分高于花生蛋白,其他蛋白组分均低于花生蛋白。与 4 种平欧榛子蛋白组分相比,平欧榛子分离蛋白的氨基酸评分最高为 72.18。平欧榛子分离蛋白的 PER 值也是最高的,其次是清蛋白、谷蛋白、球蛋白,醇溶蛋白的 PER 值最低。优质蛋白的 PER 衡量标准值为 2.00,平欧榛子的分离蛋白和清蛋白的 PER 微高于标准值,因此是一种优质的蛋白资源。

3. 小结

本研究对平欧榛子蛋白质组分进行了分级制备,主要借鉴了传统 Osborne 分级法,得到 4 种蛋白组分:清蛋白、球蛋白、醇溶蛋白、谷蛋白,然后分别对其亚基组成、相对分子质量的分布及氨基酸组成进行了测定与分析,主要结论如下:

①清蛋白占榛子粗蛋白的 67.18%、球蛋白的 17.62%、谷蛋白的 6.53%、醇溶蛋白的 3.17%。清蛋白是构成榛子蛋白组成的主要部分,含量超过了 60%。

②平欧榛子蛋白组分分子质量分布比较集中,且各组分间存在相似之处;还原和非还原 SDS-PAGE 分析表明,平欧榛子蛋白质各种组分中均存在二硫键,非还原条件下,各组分亚基分子质量主要分布在 35～71 kDa 之间;还原条件下,各组分亚基分子质量主要分布在 16～50 kDa 之间,并且有 2 条明显的亚基带,醇溶蛋白的亚基带很浅。

③平欧榛子分离蛋白和 4 种蛋白质组分的必需氨基酸含量丰富,并且组成比较接近 FAO/WHO 推荐的氨基酸模式。在非必需氨基酸中,平欧榛子分离蛋白和 4 种蛋白组分中谷氨酸、天冬氨酸和精氨酸的含量都比较高。

④通过平欧榛子蛋白质各种营养参数的评估(E/T 值、氨基酸评分、PER)可知,平欧榛子分离蛋白是一种优质的蛋白质资源,其 E/T 值比较接近 WHO 的需要量,同时具有较高的氨基酸评分和 PER 值。

9.1.3　榛子分离蛋白功能特性研究

1. 材料与方法

(1)材料

榛子分离蛋白、大豆色拉油、核桃等。

(2)方法

①溶解度　测定不同 pH 下样品的氮溶解性指数 NSI 值。制备 0.1 g/L 榛子蛋白溶液，用 0.1 mol/L HCl 或 NaOH 调节 pH 为 2～9，室温下搅拌 1 h，4 000 r/min 离心 10 min，分别测定上清液中含氮量及样品中总氮含量(Semiu et al.，2009))。溶解度的计算公式如下：

$$溶解度=\frac{水溶性氮}{总氮}\times100\%$$

②持水性(water-holding)　准确称取 1 g 榛子蛋白于预先称量过的离心管中，加入 30 mL 去离子水，用磁力搅拌器搅拌使其混合均匀，调 pH 为 3、5、7、9，将装有样液的离心管分别放在 30 ℃、50 ℃、70 ℃、90 ℃ 的水浴中加热 30 min，然后在冷却水中冷却 30 min，3 000 r/min 离心 10 min，去除上清液，称重。若无上清液，则应加水搅拌再离心，直到有少量上清液为止(朱凯艳，2012)。持水性的计算公式如下：

$$WHC=\frac{W_2-W_1}{W}$$

式中：W 为样品重量(g)；W_1 为样品和离心管总重量(g)；W_2 为沉淀物和离心管总重量(g)。

③吸油性　准确称取 0.5 g 榛子蛋白于离心管中，加入 3 mL 大豆色拉油，在高速分散均质机中均质 2 min，分别在 30 ℃、50 ℃、70 ℃、90 ℃ 的水浴中静止 30 min，1 000 r/min 离心沉降 25 min，吸取上层未吸附油，称重(黄晓钰和刘邻渭，2002)。吸油性的计算公式如下：

$$OAC=\frac{W_2-W_1}{W}$$

式中：W 为样品重量(g)；W_1 为吸油前样品和离心管总重量(g)；W_2 为吸油后样品和离心管总重量(g)。

④乳化性和乳化稳定性　制备 0.1 g/L、0.3 g/L、0.5 g/L 榛子蛋白溶液各 25 mL，分别调 pH 为 3、5、7、9，加入 25 mL 大豆色拉油，在高速分散均质机中均质 2 min，1 500 r/min 离心 5 min，测定此时离心管中乳化层的高度和液体总高度(Dipak，1986)。按下式计算乳化能力：

$$乳化性=\frac{离心管中乳化层的高度}{离心管中液体总高度}\times100\%$$

然后将离心管置于 80 ℃ 水浴中，加热 30 min，冷却至室温，再离心(1 500 r/min)5 min，测出此时乳化层高度。

$$乳化稳定性=\frac{30\ min\ 后的乳化层高度}{初始时的乳化层高度}\times100\%$$

⑤起泡性和泡沫稳定性　制备 0.1 g/L、0.3 g/L、0.5 g/L 榛子蛋白溶液各 100 mL,分别调 pH 为 3、5、7、9,在高速分散均质机中均质 2 min,记下均质停止时泡沫体积(杜蕾蕾,2009),按下式计算起泡性为:

$$起泡性 = \frac{均质停止时泡沫体积}{100} \times 100\%$$

均质停止 30 min 后,记下此时泡沫体积,则泡沫稳定性为:

$$泡沫稳定性 = \frac{30 \text{ min } 后泡沫体积}{均质停止时泡沫体积} \times 100\%$$

2. 结果与分析

(1)溶解性

蛋白质溶解性是一般蛋白质在水溶液中溶解的性能,溶解的程度称为溶解度。衡量蛋白产品溶解性的一个重要指标为氮溶解指数(NSI)。蛋白质的溶解度是其他功能特性如凝胶性、乳化性和起泡性等的基础。从热力学观点看,溶解度是在蛋白质-溶剂和蛋白质-蛋白质相互作用之间平衡的热力学表现形式,而环境因素能够影响这些相互作用。

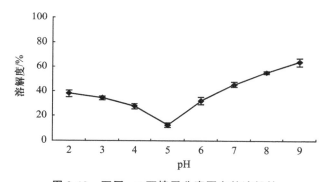

图 9-13　不同 pH 下榛子分离蛋白的溶解性

在室温条件下,考察不同 pH 对榛子分离蛋白溶解度的影响,如图 9-13 所示,榛子分离蛋白溶解度随 pH 的变化曲线呈 2 种不同的趋势。当 pH<5 时,榛子分离蛋白的溶解度随着 pH 的增加而降低;当 pH>5 时,榛子分离蛋白的溶解度随着 pH 的增加而增加。这是由于蛋白质是一种两性物质,它既有正电荷又有负电荷,正负电荷不相等时,蛋白质分子间存在一定的斥力,使之能在水中保持稳定状态,pH=5 时蛋白的溶解度最低,因为在 pH 接近该蛋白等电点时,蛋白质分子的正负电荷逐渐相等,表面的净电荷几乎为零,分子间斥力最小,蛋白质容易凝聚形成沉淀(管斌等,2000)。当 pH 远离等电点范围时,蛋白质表面带净正或负电荷,其与水分子结合稳定,从而溶解度逐渐增大。

(2)持水性

在食品加工中,蛋白质对原料中的水分以及添加到产品中参与加工的水分具有保持能力,这就是蛋白质的持水性。蛋白质的持水能力主要受氨基酸组成、蛋白质结构、带电基团等因素决定。持水性的高低直接决定着产品的风味、质地和组成状态(李剑玄,2010)。榛子分离蛋白持水性与 pH 和温度的关系见表 9-9、图 9-14。

表 9-9　榛子分离蛋白的持水性

pH	温度/℃	持水性/(g/g)
3	30	1.022
	50	2.141
	70	1.765
	90	1.621
5	30	0.673
	50	1.172
	70	0.825
	90	0.941
7	30	2.361
	50	2.747
	70	2.483
	90	2.667
9	30	3.021
	50	3.626
	70	3.145
	90	3.281

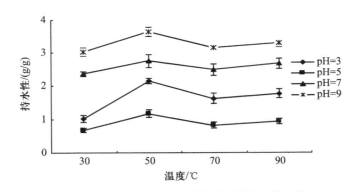

图 9-14　不同 pH、温度下榛子分离蛋白的持水性

由图 9-14 可知,pH=5 在等电点附近,持水性最小;当 pH<5 时,持水性随酸性增强而增大;当 pH>5 时,持水性随碱性增强而增大。从温度看,$t<50$ ℃时,随着温度的升高,分子热运动加剧,蛋白质吸收水分速度加快,水在蛋白质中分布的更均匀;当 50 ℃<t<70 ℃,随氢键减少或蛋白质变性,蛋白质表面积减小导致持水性下降,继续加热,使埋藏在球状分子内部的极性侧链发生离解和开链转向蛋白质分子表面,蛋白持水性又表现为增大。

（3）吸油性

蛋白质的吸油性是指蛋白产品吸附油脂的能力,一定的吸油性能促进食品对脂肪的吸收和保留能力,从而在加工过程中减少损失,改善食品的适口性和风味,蛋白质的吸油性能在肉制品、奶制品等加工中起着十分重要的作用。与核桃分离蛋白相比,榛子分离蛋白吸油性受温度的影响见表 9-10 和图 9-15。

表 9-10　榛子分离蛋白的吸油性　　　　　　　　　　　　　　　g/g

温度/℃	榛子分离蛋白	核桃分离蛋白
30	2.938	3.449
50	2.815	3.282
70	3.047	3.325
90	3.261	3.378

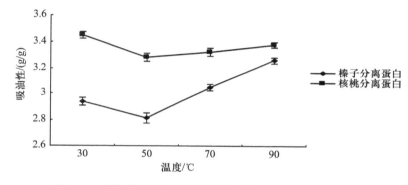

图 9-15　不同温度下榛子分离蛋白、核桃分离蛋白的吸油性

如图 9-15 所示,当温度升至 50 ℃ 左右时,榛子分离蛋白的吸油性随温度升高降至最低为 2.815 g/g,该值比山核桃蛋白质的吸油性高(50 ℃,1.89g/g)(何志平,2011),但小于核桃分离蛋白,这可能是由于在温度小于 50 ℃ 时,随着温度升高,油的黏度逐渐降低,蛋白质对油的吸附力减小,使得分离蛋白的吸油性下降。当温度大于 50 ℃ 时,随着温度上升,吸油性表现为逐渐增大,这可能是因为温度升高,蛋白质变性加剧,疏水基团暴露,与油的亲和力加大。除温度外,蛋白质的 pH、种类、加工方法等都会影响到蛋白质的吸油性。

(4)乳化性及乳化稳定性

乳化性是指将两种或两种以上不相溶物质的其中一种液体以微粒的形式分散到另一种液体里形成均匀分散体系的性能(Kinsella et al.,1976)。乳化性是衡量蛋白质促进水型乳状液形成能力的指标,乳化稳定性是指维持乳状液的能力(段家玉,2006)。蛋白质分子中既有亲水基团又有疏水基团,因此,在水-油界面处能与水及油分别结合,形成水油混合液,也就是乳状液。乳状液能增强食品的口感,有利于包住水溶性和油溶性的配料。许多食品如牛乳、冰激凌、奶油、蛋黄酱等都是乳状液,像咖啡增白剂等很多新型加工食品中都含有乳状液的多相体系。蛋白质浓度、pH 对榛子分离蛋白乳化性及乳化稳定性影响见表 9-11。

表 9-11　不同蛋白质浓度、pH 下的乳化性及乳化稳定性

蛋白质浓度/%	pH	乳化性/%	乳化稳定性/%
1	3	42.2	45.2
	5	37.9	35
	7	44.8	53.3
	9	47.5	58.9
3	3	44.7	74.1
	5	43.5	70.7
	7	48.6	85.4
	9	53.1	87.9
5	3	53.6	91.8
	5	51.8	90.1
	7	57.9	92.6
	9	58.8	96.7

　　蛋白质的乳化性及乳化稳定性受浓度、pH 的影响变化较大,除此之外,如蛋白质类型和油的熔点、制备乳状液的设备类型和几何形状、能量输入的强度和剪切速度等也对蛋白质的乳化性及乳化稳定性有所影响(敏健全,2002)。

　　如图 9-16、图 9-17 所示,榛子分离蛋白在接近等电点区域乳化性和乳化稳定性最低,在等电点区域左侧时,蛋白质乳化性随 pH 的升高而降低;在等电点区域右侧时,蛋白质乳化性随 pH 的升高而升高。这是因为在等电点区域,蛋白质发生絮凝,溶解度最小,而偏离此区域蛋白质溶解度较大,这说明蛋白质的乳化性质与蛋白质溶解性密切相关。同时,由于蛋白质在乳化体系中的稳定性取决于界面膜的稳定性,随着蛋白质浓度的增大,界面膜厚度增加,从而提高了膜的强度,增加了蛋白质的乳化稳定性。

　　(5)起泡性及泡沫稳定性

　　水分子对空气的包裹形成气泡,蛋白质作为两性分子可以成为水-气表面的介质,帮助降低气-液表面张力促成泡沫形成(李迎秋,2006)。在泡沫形成后,蛋白质肽链通过分子内及分子间相互作用,形成稳定结构,维护泡沫稳定。

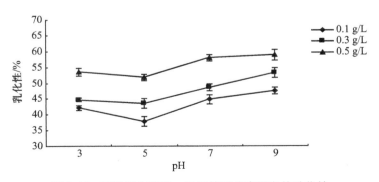

图 9-16　不同蛋白浓度、pH 下榛子分离蛋白的乳化性

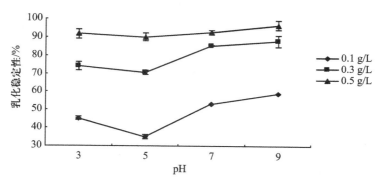

图 9-17　不同蛋白质浓度、pH 下榛子分离蛋白的乳化稳定性

　　蛋白质的起泡性和泡沫稳定性主要有 3 点可能(李娟,2003):蛋白质可以成为水-气表面的介质,帮助降低气-液表面张力,便于液体变形,阻止表面张力的扩散,促成泡沫形成(李迎秋和陈正,2006);蛋白质溶于水中能在界面集中、展开,并在气泡形成时在空气周围形成一层薄膜(蛋白质结合层),这层薄膜由于范德华力、氢键的作用具有足够的机械强度和黏度,使泡沫的破裂和凝集受到阻碍,提高泡沫稳定性;蛋白质能妨碍液膜渗出,有助于亚稳态泡沫形成。蛋白质浓度、pH 对榛子分离蛋白起泡性及泡沫稳定性的影响见表 9-12。

表 9-12　不同蛋白质浓度、pH 下的起泡性及泡沫稳定性

蛋白质浓度/%	pH	起泡性/%	泡沫稳定性/%
1	3	33.0	70.6
	5	22.0	78.7
	7	30.5	61.4
	9	38.0	44.3
3	3	58.0	75.6
	5	49.9	82.3
	7	60.5	77.4
	9	78.0	72.3
5	3	81.5	84.4
	5	79	90.5
	7	92.5	87.0
	9	100.0	82.5

　　由图 9-18 可见,蛋白质起泡性曲线呈现先下降后上升的趋势,在等电点区域 pH 为 5 时,蛋白质的溶解性很差,蛋白质溶液浓度低。溶液只有溶解后才能形成气泡,因此形成的泡沫数量较少,而起泡性与溶解性密切相关,导致此时起泡性最低,偏离等电点的 pH 环境下溶解性增强,因此吸附到气-液界面上的蛋白质分子较多,从而起泡性增强。由图 9-19 可见,蛋白质泡沫稳定性曲线呈现先上升后下降的趋势,等电点区域出现极大值,这是因为此时泡沫处于破

裂非常缓慢的阶段,泡沫排液和 pH 有很大的关系,在等电点附近,排液速度减慢,因此泡沫稳定。图 9-18、图 9-19 所示,蛋白质的起泡性及泡沫稳定性均随蛋白质浓度的增加而增大,蛋白质浓度提高有利于形成较小、较硬的气泡,有利于产生气泡和泡沫的稳定。

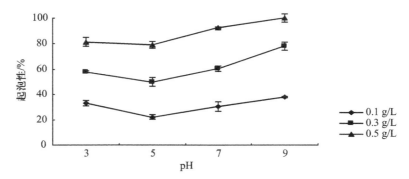

图 9-18　不同蛋白质浓度、pH 下榛子分离蛋白的起泡性

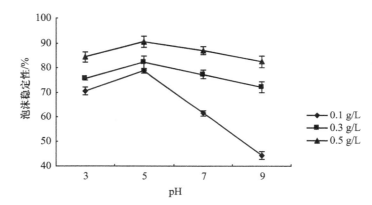

图 9-19　不同蛋白质浓度、pH 下榛子分离蛋白的泡沫稳定性

3. 小结

主要对蛋白质的功能特性进行了初步研究,分析了蛋白质浓度、pH、温度等因素对这些功能特性的影响。

①榛子分离蛋白的溶解性在 pH 为 5 时最小,其他范围内先降后升;酸性条件下的溶解性小于碱性条件下的溶解性。

②榛子分离蛋白的持水性随 pH 的升高而先降后升,在等电点附近达到最小值;随温度的升高而先升后降;温度为 50 ℃,pH 为 9.0 的条件下持水性最好,可达 3.626 g/g。

③榛子分离蛋白的吸油性,在温度为 50 ℃时吸油性最小为 2.815 g/g,温度小于 50 ℃时,吸油性逐渐下降,温度大于 50 ℃时,吸油性呈上升趋势;榛子分离蛋白的吸油性小于核桃分离蛋白。

④榛子分离蛋白的乳化性和乳化稳定性与蛋白质浓度呈正相关性,乳化性在浓度为 0.5 g/L 时最大,同时浓度越高越有利于保持乳化稳定性;在 pH 的影响下,乳化性和乳化稳定性随 pH 的升高而先降后升,在等电点附近最小。

⑤榛子分离蛋白的起泡性和泡沫稳定性均随浓度的增大而增强,在 pH 为 5 时,起泡性最

低,而此时泡沫稳定性最高;等电点之外,起泡性随 pH 的变化而提高,泡沫稳定性随 pH 的变化而下降。

9.2 榛子粕抗氧化肽制备及结构鉴定

9.2.1 榛子粕抗氧化肽制备

1. 材料与方法

(1)材料

供试材料为碱溶酸析法提取的平欧榛子粕蛋白粉。

(2)方法

①水解度的测定 采用甲醛法,即取灭酶后 8 mL 水解液,置于 200 mL 烧杯中,加入 60 mL 无离子水,加入少量 1% NaOH 调 pH 至 8.2,再加 10 mL 甲醛溶液,用 0.025 mol/L NaOH 调 pH 至 9.2,记录 NaOH 消耗的体积 V_1;取同样的未酶解的相同浓度的蛋白质溶液 8 mL,按上述方法做空白试验,记录 NaOH 消耗的体积 V_0。凯氏定氮法测榛子蛋白中氮含量(周慧江等,2012)。

$$DH = \frac{C \times (V_1 - V_0) \times 14.01 \times V \times 0.001}{样品量 \times 氮含量 \times 8} \times 100\%$$

式中:V_1 为 8 mL 水解液消耗的 NaOH 溶液体积;V_0 为 8 mL 空白液消耗的 NaOH 溶液体积;V 为总酶解液体积;C 为滴定用 NaOH 溶液浓度;14.01 为氮的摩尔质量。

②DPPH 自由基清除率的测定 取 2 mL 榛子粕抗氧化肽放入试管中,加入 2 mL 0.04 g/L 的 DPPH 无水乙醇溶液,混合均匀,避光反应 25 min,10 000 r/min 离心分离 10 min,取其上清液,517 nm 处测混合液吸光度 A_i;均匀混合 2 mL 蒸馏水和无水乙醇 2 mL,517 nm 处测混合液的吸光度 A_j;2 mL 0.04 g/L DPPH 无水乙醇溶液和 2 mL 蒸馏水均匀混合为对照组,517 nm 处测混合液吸光度记为 A_0(Oliveira 等,2008;Memarpoor-Yazdi 等,2013)。

$$清除率 = \frac{A_0 - (A_i - A_j)}{A_0} \times 100\%$$

式中:A_0 为对照组吸光值;A_i 为样品组吸光值;A_j 为空白组吸光值。

③榛子粕蛋白水解产物氨基酸组成的测定 首先是酸水解,分析天平准确称取 0.02 g 榛子粕抗氧化肽于水解管中,加入 10 mL 6 mol/L 盐酸,加入 1~2 滴正辛醇,抽真空充入高纯度氮气,在充氮气状态下封口,再将水解管置于 105 ℃ 烘箱内水解 24 h,取出冷却。打开水解管,将水解液倒入 50 mL 容量瓶并用蒸馏水定容。取定容后的水解液 2 mL 于蒸发皿中,水浴蒸干,残留物用 2 mL 蒸馏水溶解,再蒸干,反复进行 4 次,最后蒸干,用 2.5 mL 0.02 mol/L 盐酸溶液溶解,混匀过滤,供仪器测定用。

④榛子粕抗氧化肽制备工艺 将榛子粕蛋白粉溶于水,料液比为 1∶40,90 ℃ 水浴 10 min,冷却到适宜温度并调节到酶适宜的 pH,加入蛋白酶(16 000 U/g),水解 1.5 h 后,溶液 90 ℃ 灭酶 10 min,冷却至室温,调节 pH 至 7.0,再 4 000 r/min 离心 25 min,取上清液,冷

冻干燥后得到榛子粕抗氧化肽(李京京等,2016)。

⑤酶的选择　大量文献表明,抗氧化肽中疏水性氨基酸、芳香性氨基酸含量高可以增加抗氧化肽的生物活性。中性蛋白酶主要水解苯丙氨酸、酪氨酸等疏水性氨基酸的肽键;碱性蛋白酶主要水解芳香氨基酸和疏水性氨基酸的肽键;木瓜蛋白酶主要水解精氨酸、赖氨酸和苯丙氨基酸的肽键。本实验选用了木瓜蛋白酶、碱性蛋白酶、中性蛋白酶(表 9-13)及上述酶的复合酶制备榛子粕抗氧化肽,从中筛选适宜的酶制剂。

单酶的筛选试验:将其中 1 种蛋白酶(16 000 U/g)加入到榛子粕蛋白溶液中,将水解条件调节至蛋白酶最适条件,酶解 1.5 h,筛选出水解度和 DPPH 清除能力较强的酶类。

复合酶的筛选试验(陈贵堂等,2008):根据单酶筛选的结果,选出水解度和 DPPH 自由基清除能力强的 2 种蛋白酶,将 2 种蛋白酶(8 000 U/g)混合加入榛子粕蛋白溶液中,在以下 4 种不同水解条件下进行水解。1N 表示将水解条件调节到中性蛋白酶最适水解条件,水解 1.5 h;1A 表示将水解条件调节到碱性蛋白酶最适水解条件,水解 1.5 h;2NA 表示将水解条件调节到中性蛋白酶的最适条件,水解 0.75 h,再将水解条件调至碱性蛋白酶的最适条件,水解 0.75 h;2AN 表示将水解条件调节到碱性蛋白酶的最适条件,水解 0.75 h,再将水解条件调至中性蛋白酶的最适条件,水解 0.75 h。

表 9-13　试验用蛋白酶作用条件

蛋白酶	温度/℃	pH	酶活力/(U/g)	底物特异性
中性蛋白酶	40	7.0	60 000	Tyr、Phe、Trp-COOH 等疏水性氨基酸
碱性蛋白酶	45	10	200 000	疏水性氨基酸、芳香性氨基酸
木瓜蛋白酶	55	5.8	400	L-Arg、L-Lys、Phe-COOH

⑥榛子粕抗氧化肽制备单因素试验　选用中性蛋白酶作为酶源,研究蛋白质酶解的主要因素温度、加酶量、时间对榛子粕抗氧化肽制备效果的影响。

⑦响应面法优化榛子粕抗氧化肽制备工艺　筛选水解液清除 DPPH 能力强的蛋白酶,在单因素实验基础上,运用 Design-Expert 8.0.5b 软件,采用响应曲面法中心组合设计,以水解度、DPPH 清除率为指标对榛子粕抗氧化肽制备工艺进行优化。

⑧模拟体外胃肠消化反应　模拟体外胃肠消化反应将工艺优化后制备的榛子粕蛋白水解产物,按照料液比 1:20 溶于去离子水,用 1 mol/L 盐酸调至 pH 2.0,加入胃蛋白酶 0.04 g,将混合液放至恒温震荡培养箱中 37 ℃避光厌氧培养 4 h。用 1 mol/L NaOH 将消化后的混合溶液调至 pH 7.5,然后加入 0.05 g 胰蛋白酶,37 ℃避光厌氧培养 2 h。

2. 结果与分析

(1)单酶水解

①单酶对榛子粕蛋白水解度的影响　水解蛋白释放抗氧化肽与蛋白质水解度(DH)具有很大关联。本实验采用甲醛滴定法测榛子粕蛋白水解度。由图 9-20 可知,中性蛋白酶对榛子粕蛋白水解度高达 9.5%,这可能由于中性蛋白酶条件比较温和,更加适合水解榛子粕蛋白。

②单酶水解产物清除 DPPH 自由基的能力

由图 9-21 可知,三种不同蛋白酶水解产物清除 DPPH 自由基的能力不同,其中中性蛋白酶水解产物的抗氧化能力最强,中性蛋白酶清除 DPPH 自由基的 IC_{50} 为 2.53 mg/mL。

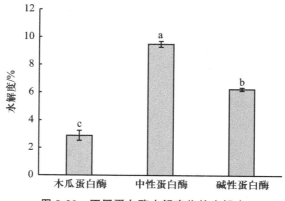

图 9-20 不同蛋白酶水解产物的水解度

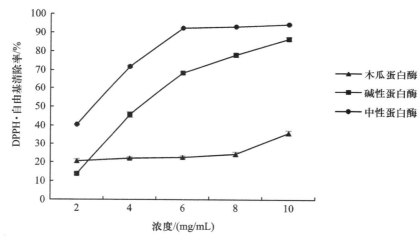

图 9-21 不同蛋白酶水解产物 DPPH 自由基清除率的影响

③单酶水解产物的氨基酸组成 由表 9-14 可知,不同种蛋白酶水解产物的氨基酸总量有明显差异,木瓜蛋白酶、碱性蛋白酶和中性蛋白酶水解产物氨基酸总量分别为 26.08 g/100 g、34.13 g/100 g 和 41.36 g/100 g。中性蛋白酶水解产物的氨基酸总量明显高于木瓜蛋白酶和碱性蛋白酶水解产物的氨基酸总量。

表 9-14 不同蛋白酶水解产物中氨基酸含量

序号	氨基酸含量	木瓜蛋白酶水解产物	中性蛋白酶水解产物	碱性蛋白酶水解产物
1	Asp	2.56	4.30	3.52
2	Thr	0.79	1.26	1.04
3	Ser	1.12	1.89	1.48
4	Glu	6.89	11.73	9.09
5	Pro	1.04	1.61	1.31

续表9-14

序号	氨基酸含量	木瓜蛋白酶水解产物	中性蛋白酶水解产物	碱性蛋白酶水解产物
6	Gly	1.10	1.82	1.49
7	Ala	1.11	1.82	1.51
8	Cys	0.08	0.22	0.15
9	Val	1.11	1.70	1.47
10	Met	0.24	0.47	0.38
11	Ile	1.32	1.65	1.51
12	Leu	1.76	2.65	2.31
13	Tyr	1.47	1.89	1.77
14	Phe	1.24	1.64	1.51
15	Lys	0.87	1.07	0.97
16	His	0.48	0.65	0.61
17	Arg	2.90	5.38	4.01
18	总量	26.08	41.36	34.13

（2）复合蛋白酶水解

①复合蛋白酶对榛子粕蛋白水解度的影响　根据水解度、DPPH自由基清除率和氨基酸组成，筛选出中性蛋白酶和碱性蛋白酶进行不同方式的复合。由图9-22可以看出，4种复合蛋白酶的水解度明显低于中性蛋白酶的水解度，这可能由于复合蛋白酶进行水解时总有一种酶的水解条件受限制。

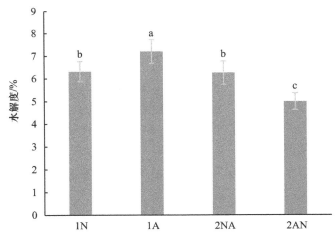

图9-22　复合蛋白酶水解产物的水解度

②复合蛋白酶水解产物清除DPPH自由基的能力　由图9-23可以看出，四种复合蛋白酶水解产物清除DPPH自由基的IC_{50}分别为3.05 mg/mL、3.50 mg/mL、3.25 mg/mL、2.81 mg/mL，而中性蛋白酶水解产物清除DPPH自由基的IC_{50}为2.53 mg/mL，清除效果明显好于复合酶水解产物。

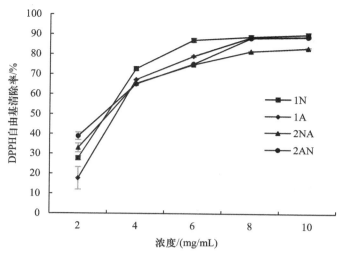

图9-23　复合蛋白酶水解产物DPPH自由基清除率的影响

③复合蛋白水解产物氨基酸组成　由表9-15可知,1N、1A、2NA和2AN复合蛋白酶水解产物的氨基酸总量分别为18.18 g/100 g、18.47 g/100 g、26.70 g/100 g、24.49 g/100 g,明显低于中性蛋白酶水解产物氨基酸总量41.36 g/100 g。

表9-15　复合蛋白酶水解产物中氨基酸含量

序号	氨基酸含量	1 N复合蛋白酶 水解产物	1 A复合蛋白酶 水解产物	2 NA复合蛋白酶 水解产物	2 AN复合蛋白酶 水解产物
1	Asp	1.78	2.05	2.20	2.39
2	Thr	0.57	0.65	0.84	0.74
3	Ser	0.85	0.91	1.25	1.09
4	Glu	4.93	5.21	7.38	6.57
5	Pro	0.41	0.45	0.55	0.52
6	Gly	0.83	0.89	1.23	1.08
7	Ala	0.69	0.78	1.23	1.06
8	Cys	0.05	0.05	0.00	0.08
9	Val	0.79	0.91	1.22	1.05
10	Met	0.21	0.15	0.21	0.21
11	Ile	1.08	1.20	1.37	1.24
12	Leu	1.37	1.54	1.88	1.76
13	Tyr	1.24	1.32	1.53	1.44
14	Phe	1.00	1.07	1.29	1.20
15	Lys	0.69	0.71	0.88	0.82
16	His	0.40	0.39	0.50	0.46
17	Arg	2.07	2.24	3.14	2.78
18	总量	18.18	18.47	26.7	24.49

（3）榛子粕抗氧肽制备的单因素试验

①水解温度对榛子粕抗氧化肽制备的影响　在加酶量 16 000 U/g、pH 7.0、时间 1.5 h 的条件下,研究不同温度对榛子粕抗氧化肽水解度的影响。由图 9-24 可知,随着温度的增加,榛子粕抗氧化肽的水解度先升高再降低。这可能是由于温度的升高使得中性蛋白酶失去了活性,因此 40 ℃ 为最佳水解温度。

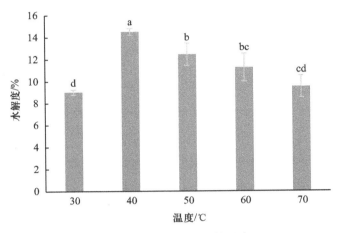

图 9-24　温度对水解度的影响

②加酶量对榛子粕抗氧化肽制备的影响　在温度 40 ℃、pH 7.0、时间 1.5 h 的条件下,研究不同加酶量对榛子粕抗氧化肽水解度的影响。由图 9-25 可知,随着加酶量的增加水解度随之升高。当加酶量超过 16 000 U/g,提高加酶量后水解度的变化不大,同时考虑到节约原料,因此最佳加酶量为 16 000 U/g。

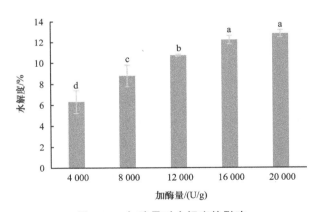

图 9-25　加酶量对水解度的影响

③酶解时间对榛子粕抗氧化肽制备的影响　在加酶量为 16 000 U/g、pH 7.0、温度 40 ℃ 的条件下,研究不同水解时间对榛子粕抗氧化肽水解度的影响。由图 9-26 可知,水解时间由 1 h 增加到 1.5 h,水解度明显增加,之后随着水解时间增加水解并未出现明显提升,为了节约能源,选用 1.5 h 为最佳水解时间。

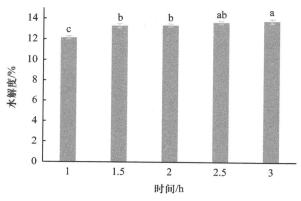

图 9-26　时间对水解度的影响

（4）响应面法优化榛子粕抗氧化肽制备工艺

根据单因素试验结果，选出影响较大的 3 个因素。根据 Box-Behnken 中心组合试验设计原理，开展 3 因素 3 水平的响应面试验，试验因素及水平见表 9-16。

表 9-16　响应面因素分析水平表

水平	因素		
	X_1 温度/℃	X_2 时间/h	X_3 酶活力/(U/g)
-1	30	1.0	12 000
0	40	1.5	16 000
1	50	2.0	20 000

①响应面试验结果及分析　通过对比中性蛋白酶、碱性蛋白酶、木瓜蛋白酶和复合蛋白酶水解产物的水解度、DPPH 自由基清除率、氨基酸含量，选取中性蛋白酶为水解榛子粕蛋白的最佳酶源。选取酶解温度、加酶量、酶解时间 3 因素，pH 7.0、底物浓度为 2.5%。根据 Box-Behnken 的设计进行了 17 组试验，5 组重复试验，结果见表 9-17，回归模型方差分析见表 9-18 和表 9-19。

表 9-17　响应面试验设计及结果

试验次数	温度/℃	时间/h	加酶量/(U/g)	水解度 Y_1/%	DPPH 清除率 Y_2/%
1	40.00	2.00	20 000	11.43	76.58
2	50.00	1.50	20 000	11.79	75.31
3	40.00	1.50	16 000	10.51	79.80
4	30.00	1.00	16 000	6.83	73.52
5	40.00	1.50	16 000	10.63	80.16
6	40.00	2.00	12 000	9.34	75.48
7	30.00	1.50	12 000	7.25	74.39
8	30.00	2.00	16 000	9.95	75.58
9	40.00	1.50	16 000	10.76	80.09
10	40.00	1.00	12 000	9.45	73.01

续表 9-17

试验次数	温度/℃	时间/h	加酶量/(U/g)	水解度 Y_1/%	DPPH 清除率 Y_2/%
11	40.00	1.50	16 000	10.65	79.49
12	40.00	1.00	20 000	9.45	73.01
13	50.00	1.00	16 000	10.95	73.04
14	50.00	1.50	12 000	10.62	74.79
15	50.00	2.00	16 000	11.72	77.15
16	40.00	1.50	16 000	10.65	79.49
17	30.00	1.50	20 000	9.15	75.17

通过对表 9-18 和表 9-19 的方差分析可以得出，Y_1 和 Y_2 的回归方程极显著，并且失拟检验不显著，说明这个回归模型是很理想的，用方程 Y_1 和 Y_2 拟合 3 个因素与水解度及 DPPH 清除率的关系是可行的，而且实验误差小，可以用这种回归模型代替实验真实点，对实验结果进行分析。剔除不显著因子的水解度 Y_1 的标准回归方程为：$Y_1 = 10.64 + 1.49A + 0.94B + 0.87C - 0.59AB - 0.18AC - 0.27A^2 - 0.50B^2 - 0.66C^2$。$Y_1$ 的回归方程的一次项 A、B 和 C，均对榛子粕蛋白酶水解产物的水解度有极其显著的影响，影响的顺序为：$A > B > C$，二次项 A^2、B^2 和 C^2 以及在交互项中的 AB 和 AC 都对水解度有着极其显著的影响，表明响应值的变化非常复杂，每个具体的试验因素，对响应值的影响并不仅仅是线性关系，而是呈二次关系，并且这 3 个因素之间又相互影响。剔除不显著因子 DPPH 清除率 Y_2 的标准回归方程为：$Y_2 = 79.90 + 1.39B + 0.51AB + 0.55BC - 2.48A^2 - 2.60B^2 - 2.50C^2$。$Y_2$ 回归方程的一次项 B 对榛子粕水解产物的 DPPH 清除率有极显著的影响，二次项的 A^2、B^2 和 C^2 和交互项中的 AB 和 BC 均对 DPPH 清除率有极显著影响。

表 9-18　水解度回归模型方差分析

变异来源	平方和	自由度	均方	F 值	α 值	备注
模型	35.95	9	3.99	231.28	<0.000 1	**
A:温度	17.70	1	17.70	1 025.26	<0.000 1	**
B:时间	7.11	1	7.11	411.53	<0.000 1	**
C:加酶量	6.02	1	6.02	348.64	<0.000 1	**
AB	1.38	1	1.38	79.95	<0.000 1	**
AC	0.13	1	0.13	7.71	0.027 4	*
BC	0.024	1	0.024	1.39	0.276 7	
A^2	0.32	1	0.32	18.41	0.003 6	**
B^2	1.07	1	1.07	62.12	0.000 1	**
C^2	2.15	1	2.15	46.09	<0.000 1	**
残差	0.12	7	0.017			
失拟误差	0.089	3	0.030	3.72	0.118 3	不显著
纯误差	0.032	4	7.90E-0.03			
总和	31.17	16				

表 9-19　DPPH 自由基清除率回归模型方差分析

变异来源	平方和	自由度	均方	F 值	α 值	备注
模型	108.33	9	108.33	114.60	0.000 1	**
A:温度	0.33	1	0.33	3.16	0.118 6	
B:时间	15.37	1	15.37	146.37	<0.000 1	**
C:加酶量	0.20	1	0.20	1.95	0.205 3	
AB	1.05	1	1.05	10.00	0.015 9	**
AC	0.017	1	0.017	0.16	0.700 3	
BC	1.23	1	1.23	11.73	0.011 1	**
A^2	25.90	1	25.90	246.61	<0.000 1	**
B^2	28.36	1	28.36	270.01	<0.000 1	**
C^2	26.37	1	26.37	251.11	<0.000 1	**
残差	0.74	7	0.11			
失拟误差	0.45	3	0.15	2.11	0.241 1	不显著
纯误差	0.28	4	0.071			
总和	109.06	16				

从图 9-27 可以看出，3 因素与水解度呈抛物线关系，在中性蛋白酶最适的条件下，增大加酶量、延长酶解时间或提高酶解温度都会使原料的水解度（DH）不断提高。从图 9-28 可知，DPPH 清除率则随着加酶量、水解时间、水解温度的增大，先增大后减小。说明高水解度的水解产物 DPPH 清除率未必高，水解度与 DPPH 清除率之间并不存在线性关系。

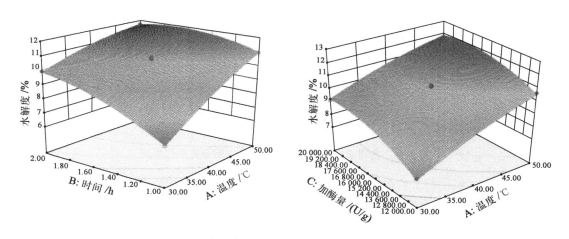

图 9-27　各因素交互作用影响水解度的响应面图

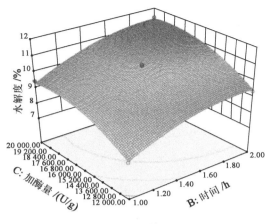

图 9-27(续)

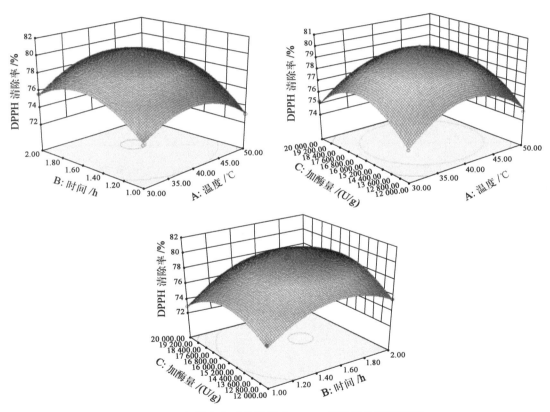

图 9-28 各因素交互作用影响 DPPH 清除率的响应面图

②榛子粕抗氧化肽工艺确定及验证 对回归模型进行数据分析,得到制备榛子粕抗氧化肽的最佳工艺条件为:水解温度 43.71 ℃、水解时间 1.71 h、加酶量 16 907.32 U/g,此条件下的水解度为 11.52%,DPPH 清除率 79.79%。对优化后的工艺进行验证试验,同时考虑到实际情况,将条件修改为:水解温度 43.7 ℃、水解时间 1.7 h、加酶量 17 000 U/g,在此条件下进行验证试验,得到水解度为 11.57%,DPPH 自由基清除率 80.38%。验证试验的榛子粕抗氧

化肽水解度和 DPPH 自由基清除率与预测值误差均在±1％以内,说明采用响应面法优化得到的榛子粕抗氧化肽制备工艺条件参数准确可靠,按照建立的模型进行预测在实践中是可行的。

(5)模拟体外消化

①模拟体外消化对清除 DPPH 自由基能力的影响　采用体外模拟消化技术,研究生物活性肽在常规胃肠环境下的生物活性变化。由图 9-29 可知,消化前水解产物清除 DPPH 自由基的 IC_{50} 为 2.53 mg /mL,消化后水解产物清除 DPPH 自由基的 IC_{50} 为 5.80 mg /mL。消化后水解产物的 DPPH 清除率降低,可能是胃蛋白酶和胰蛋白酶分解了蛋白水解产物。

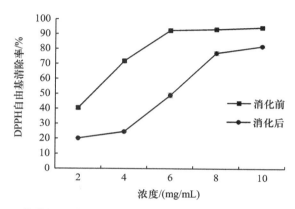

图 9-29　体外胃肠消化对榛子粕抗氧肽 DPPH 自由基清除率的影响

②模拟体外消化对酶解产物氨基酸组成的影响　由表 9-20 可知,消化后氨基酸总量降低了 7.584 g/100 g,消化后水解产物的疏水性氨基酸含量和芳香氨基酸含量分别占氨基酸总量的 36.67％、9.67％,疏水氨基酸和芳香氨基酸具有较强的抗氧化能力,说明这些榛子蛋白水解产物被胃蛋白酶和胰蛋白酶消化后仍具有一定的抗氧化性。

表 9-20　消化前后榛子粕蛋白酶解产物中氨基酸组成　　　　　　　　g/100 g

序号	氨基酸种类	消化前水解产物氨基酸含量	消化后水解产物氨基酸含量
1	Asp	4.515	3.76
2	Thr	1.335	1.13
3	Ser	1.965	1.86
4	Glu	11.680	9.21
5	Pro	1.95	1.70
6	Gly	2.205	1.66
7	Ala	0.110	2.02
8	Cys	1.825	0.04
9	Val	0.415	1.54
10	Met	1.580	0.23
11	Ile	2.83	1.23
12	Leu	1.775	2.35

续表 9-20

序号	氨基酸种类	消化前水解产物氨基酸含量	消化后水解产物氨基酸含量
13	Tyr	1.995	1.37
14	Phe	1.250	1.90
15	Lys	0.860	1.17
16	His	5.790	0.83
17	Arg	0.910	4.88
18	总量	42.995	35.51

3. 小结

选用碱性蛋白酶、中性蛋白酶、木瓜蛋白酶 3 种蛋白酶水解榛子粕蛋白,以单一蛋白酶和复合蛋白酶水解产物的水解度、DPPH 自由基清除能力和氨基酸含量为指标,确定中性蛋白酶为水解榛子粕蛋白的最佳酶源。

单因素试验结合响应面法对榛子粕抗氧化肽制备工艺进行优化,榛子粕抗氧化肽制备的最佳工艺条件为:水解温度 43.7 ℃、水解时间 1.7 h,加酶量 17 000 U/g,此条件下中性蛋白酶水解产物水解度为 11.57%、DPPH 清除率 80.38%、氨基酸含量 42.995 g/100 g。

胃蛋白酶和胰蛋白酶模拟胃肠消化,与消化前的榛子粕抗氧化肽相比,消化后的榛子粕抗氧化肽的清除 DPPH 自由基的 IC_{50} 升高了 3.27 mg/mL、氨基酸总量降低了 7.584 g/100 g。

9.2.2　LC-MS-MS 法鉴定榛子粕抗氧化肽结构

1. 材料与方法

(1)材料

供试材料为中性蛋白酶水解平欧榛子粕蛋白粉的水解产物。

(2)方法

超滤:将中性蛋白酶酶解产物,用滤纸抽滤去除杂质,除杂后的榛子粕抗氧化肽 HMAP (hazel meal antioxidant peptides)装入超滤杯,压力为 0.2 MPa 下进行分液截留。本实验选用截留分子质量为 5 kDa 和 1 kDa 超滤膜对榛子粕抗氧化肽进行分离,收集 HMAP3(MW<1 kDa)、HMAP2(5 kDa>MW>1 kDa)、HMAP1(MW>5 kDa)3 个组分,冷冻干燥。将 3 个组分配制成浓度为 3 mg/mL 的溶液,测定 3 个组分的 DPPH 自由基清除率。

紫外全波长检测:用蒸馏水将榛子粕抗氧化肽配制成 0.1 mg/mL 溶液,以蒸馏水为空白对照,最大吸光值设定为 10,200～800 nm 范围内进行紫外全波长扫描。

葡聚糖凝胶分离:将 Sephadex G-10 葡聚糖凝胶用蒸馏水浸泡 24 h,然后用蒸馏水反复清洗。将处理好的 Sephadex G-10 葡聚糖装成 1.6×80 cm 的玻璃层析柱,然后用蒸馏水洗脱 3 个柱体积。用蒸馏水将抗氧化活性组分配制成 10 mg/mL 的溶液,上样量为 5 mL,用蒸馏水进行洗脱,洗脱速度 0.4 mL/min,每管收集 3 mL,收集 66 管,用紫外检测仪 225 nm 处检测每管吸光值,收集各洗脱峰,冷冻干燥;将每个洗脱峰配成浓度为 1 mg/mL 的溶液,测定各组分的 DPPH 自由基清除率。

LC-MS-MS 测定氨基酸结构：超高压液相色谱串联四级杆质谱仪 LC-MS 是以高效液相色谱为分离手段，以质谱鉴定。MS-MS 是前一时刻选定某一离子，在分析器内打碎后，后一时刻再进行第二次质量分析。液相色谱条件：色谱柱进样量 0.1 uL；柱温 40 ℃；流速 0.2 mL/min；液相色谱分离流动相为 0.1％甲酸-乙腈（B）和含 0.1％甲酸-水（A），线性梯度洗脱 B 20％～40％（0～8 min）、40％～80％（8～13 min）、80％～20％（13～18 min）。质谱电离方式：电喷雾电离，正离子，离子喷雾压 4 kV；干燥气：氮气，流速 10 L/min，温度 350 ℃；CID 气压：270 kPa；质谱扫描范围为 m/z 50～1 000 Da。

2. 结果与分析

（1）超滤分离 HMAP

本实验采用 2 种截留分子质量不同的超滤膜对榛子粕抗氧化肽进行分离，获得 3 个组分，分别为 HMAP3（MW＜1 kDa）、HMAP2（5 kDa＞MW＞1 kDa）、HMAP1（MW＞5 kDa）。

各组分的 DPPH 自由基清除率如图 9-30 所示，HMAP3、HMAP2、HMAP1 组分（3 mg/mL）的 DPPH 自由基清除率分别为

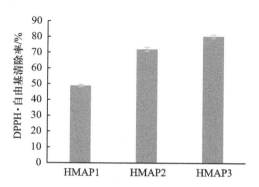

图 9-30　不同超滤组分的 DPPH 自由基清除率

80.375％±1.265％、72.205％±1.275％、48.855％±1.025％，小分子质量的 HMAP3 组分 DPPH 自由基清除率最高（$p<0.05$）。

（2）葡聚糖凝胶分离 HMAP

①HMAP 的紫外检测波长　使用紫外测定化合物时，应选择其紫外吸收光谱曲线上吸收峰所对应的最大吸收波长 λmax，HMAP 溶液的紫外吸收光谱曲线见图 9-31，HMAP 的最大吸收波长在 225 nm 处。因此，在后续的分离、纯化及分析过程中，检测器的波长均选用 225 nm。

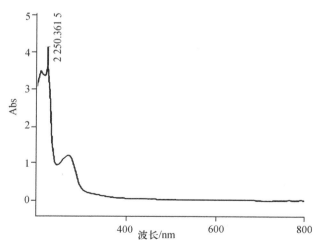

图 9-31　HMAP 的紫外吸收图

②葡聚糖凝胶纯化　凝胶过滤色谱是利用具有网状结构的凝胶分子筛作用，根据被分离

物的分子质量大小不同进行分离。选用分离范围小于 700 Da 的 Sephadex G-10 葡聚糖凝胶进一步分离纯化 HMAP3 组分。HMAP3 被分成 4 个主要组分,分别命名为 P1、P2、P3、P4(图 9-32)。P2、P3 和 P1 的 DPPH 自由基清除率高,分别为 55.80%5±3.025%、54.25%±2.935%、48.115%±2.305%,P4 的 DPPH·自由基清除率最低为 8.665%±0.385%(图 9-33)。后续以清除率相对较高的 P2 为研究对象,进一步深入研究。

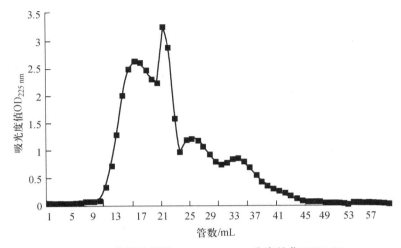

图 9-32　葡聚糖凝胶 Sephadex G-10 分离纯化 HMAP3

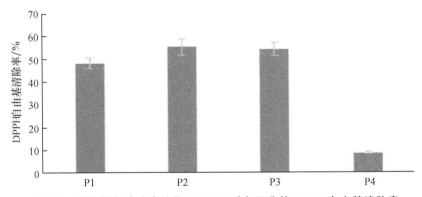

图 9-33　葡聚糖凝胶分离纯化 HMAP3 后各组分的 DPPH 自由基清除率

(3)P2 结构表征

①P2 氨基酸组成　本试验主要以 DPPH 自由基清除率相对较高的 P2 为研究目标,分别测定榛子粕抗氧化肽和 P2 组分的氨基酸组成。由表 9-21 可知,榛子粕抗氧化肽的主要氨基酸分别为 Glu、Arg、Asp、Ala、Leu,疏水性氨基酸占总氨基酸 12.21%±0.850%。P2 的主要氨基酸分别为 Leu、Glu、Val、Tyr、ILe、Arg、Ala、Phe、Asp、Gly。榛子粕抗氧化肽纯化后,氨基酸含量由(42.995±2.005)g/100 g 增加到(48.777±0.252)g/100 g,有 7 种氨基酸含量明显增加,其中包含 6 种疏水性氨基酸 Ala、Val、ILe、Leu、Tyr、Phe,疏水性氨基酸占总氨基酸的 56.55%±0.175%。

表 9-21 榛子粕蛋白水解产物和 P2 氨基酸含量

g/100 g

序号	氨基酸种类	榛子粕蛋白水解产物氨基酸含量	P2 氨基酸含量
1	Asp	4.515±0.025[a]	2.140±0.016[b]
2	Thr	1.335±0.065[a]	1.310±0.008[a]
3	Ser	1.965±0.075[a]	1.876±0.031[a]
4	Glu	11.680±0.040[a]	5.323±0.020[b]
5	Gly	1.95±0.125[a]	2.043±0.016[a]
6	Ala	2.205±0.375[a]	3.973±0.024[b]
7	Cys	0.110±0.110[a]	0.02±0.008[a]
8	Val	1.825±0.125[a]	4.507±0.105[b]
9	Met	0.415±0.055[a]	1.707±0.032[b]
10	Ile	1.580±0.07[a]	4.080±0.073[b]
11	Leu	2.83±0.180[a]	7.863±0.033[b]
12	Tyr	1.775±0.115[a]	4.257±0.012 5[b]
13	Phe	1.995±0.355[a]	2.907±0.017[b]
14	Lys	1.250±0.180[a]	1.257±0.005[a]
15	His	0.860±0.200[a]	0.837±0.005[a]
16	Arg	5.790±0.410[a]	3.977±0.017[a]
17	Pro	0.910±0.100[a]	0.700±0.008[a]
18	总量	42.995±2.005[a]	48.777±0.252[b]

②P2 氨基酸组成 用高效液相对 P2 组分进行梯度洗脱,使每个组分完全分离,P2 被高效液相分成共 9 个峰(图 9-34),并对每个峰离子强度最高的母离子进行碰撞诱导解析形成二级质谱,进行二级质谱解析。

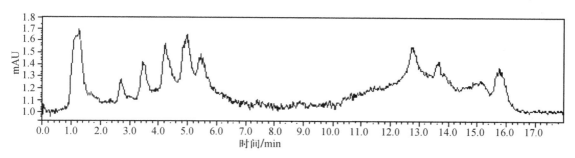

图 9-34 榛子粕抗氧肽 P2 的超高效液相色谱图

由表 9-22 可知,峰 1 的一级质核比为 132.15,不能被用作二级质谱的母离子,因为它是一个单一的氨基酸,研究表明单一的氨基酸抗氧化性明显低于短肽的抗氧化性(Lhor et al.,2014;Elias et al.,2008)。峰 8 的一级质核比为 814.45,由于本实验选 Sephadex G-10(分离范围≤700 Da),因此不选峰 8 为二级质谱的母离子。

表 9-22　肽 P2 离子峰信息

离子号	保留时间/min	质荷比
1	1.200	132.15
2	2.743	362.15
3	3.505	475.30
4	4.258	588.35
5	4.994	701.40
6	5.495	662.25
7	12.714	327.20
8	13.644	814.45
9	15.807	279.10

　　峰 2 的一级质谱图中离子强度最高的离子质荷比为 362.15 Da,质荷比为 362.15 Da 的离子作为母离子进一步做了二级质谱分析。如图 9-35 所示,质荷比为 362.15 的母离子酰胺键断裂后保留于 C 端的 Y 系列碎片离子 $Y_3 = 362.15$、$Y_2 = 266.40$、$Y_1 = 154.30$、$Y_3 - Y_2 = 96$、$Y_2 - Y_1 = 112$。由于氨基酸 C 端 $=$ OH,N 端 $=$ H,因此 $Y_3 - Y_2 + 18 = 114$ 表明 Pro 氨基酸存在,$Y_2 - Y_1 + 18 = 130$ 表明 ILe/Leu 氨基酸存在,$Y_1 = 154$ 表明 His 氨基酸存在,峰 2 的氨基酸序列为 His-ILe/Leu-Pro。

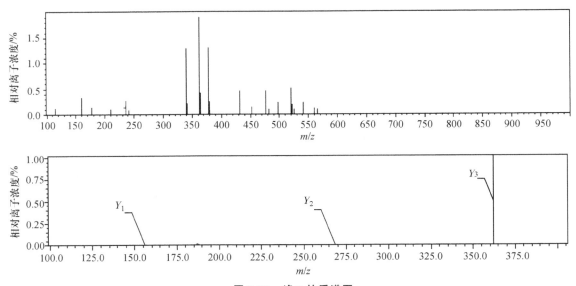

图 9-35　峰 2 的质谱图

　　由峰 3 的一级质谱图可知,离子强度最高离子的质荷比为 475.30 Da,如图 9-36 所示,质荷比为 475.30 Da 母离子的酰胺键断裂后保留于 C 端的 Y 系列碎片离子 $Y_4 = 475.30$、$Y_3 = 362.10$、$Y_2 = 262.80$、$Y_1 = 148.30$、$Y_4 - Y_3 = 113$、$Y_3 - Y_2 = 99$、$Y_2 - Y_1 = 115$,由于氨基酸 C 端 $=$ OH,N 端 $=$ H,$Y_4 - Y_3 + 18 = 131$ 表明 Leu/ILe 氨基酸存在,$Y_3 - Y_2 + 18 = 117$ 表明

Val 氨基酸存在,$Y_2-Y_1+18=133$ 表明 Asp 氨基酸存在,$Y_1=148$ 表明 Glu 氨基酸存在,峰 3 的氨基酸序列为 Leu/Ile-Val-Asp-Glu。

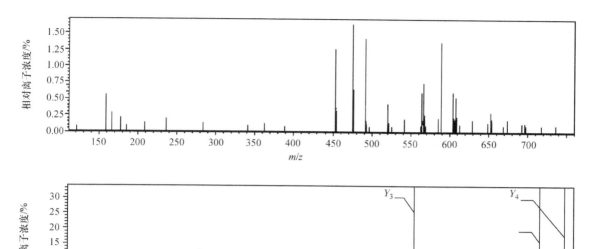

图 9-36　峰 3 的质谱图

由峰 4 的一级质谱图可知,离子强度最高离子的质荷比为 588.35 Da,如图 9-37 所示,质荷比为 588.35 Da 母离子的酰胺键断裂后保留于 C 端的 Y 系列碎片离子 $Y_5=588.35$、$Y_4=459.60$、$Y_3=313$、$Y_2=217$、$Y_1=119$、$Y_5-Y_4=129$、$Y_4-Y_3+18=147$、$Y_3-Y_2+18=96$、$Y_2-Y_1=98$,由于氨基酸 C 端=OH,N 端=H,$Y_5-Y_4+18=147$ 表明 Lys 氨基酸存在,$Y_4-Y_3+18=165$ 表明 His 氨基酸存在,$Y_3-Y_2+18=114$ 表明 Pro 氨基酸存在,$Y_2-Y_1+18=115$ 表明 Pro 氨基酸存在,$Y_1=119$ 表明 Thr 氨基酸存在,峰 4 氨基酸序列为 Thr-Pro-Pro-His-Lys。

由峰 5 的一级质谱图可知,离子强度最高离子的质荷比为 701.40 Da,如图 9-38 所示,质荷比为 701.40 Da 母离子的酰胺键断裂后保留于 C 端的 y 系列碎片离子 $Y_6=701.40$、$Y_5=588.40$、$Y_4=457.40$、$Y_3=344.60$、$Y_2=257.20$、$Y_1=120.90$、$Y_6-Y_5=113$、$Y_5-Y_4=131$、$Y_4-Y_3=113$、$Y_3-Y_2=87$、$Y_2-Y_1=136$,由于氨基酸 C 端=OH,N 端=H,$Y_6-Y_5+18=131$ 表明 Ile/leu 氨基酸存在,$Y_5-Y_5+18=149$ 表明 Met 氨基酸存在,$Y_4-Y_3+18=131$ 表明 ILe/Leu 氨基酸存在,$Y_3-Y_2+18=105$ 表明 Ser 氨基酸存在,$Y_2-Y_1+18=154$ 表明 His 氨基酸存在,$Y_1=121$ 表明 Cys 氨基酸存在,峰 5 氨基酸序列为 Cys-His-Ser-ILe/Leu-Met-ILe/Leu。

由峰 6 的一级质谱图可知,离子强度最高离子的质荷比为 662.25 Da,如图 9-39 所示,质荷比为 662.25 Da 母离子的酰胺键断裂后保留于 C 端的 Y 系列碎片离子 $Y_6=662.25$、$Y_5=562.10$、$Y_4=490.20$、$Y_3=403.70$、$Y_2=266.90$、$Y_1=155.20$、$Y_6-Y_5=100$、$Y_5-Y_4=71$、$Y_4-Y_3=87$、$Y_3-Y_2=137$、$Y_2-Y_1=112$,由于氨基酸 C 端=OH,N 端=H,$b1=119$ 和 $Y_6-Y_5+18=118$ 表明 Thr 氨基酸存在,$Y_5-Y_4+18=89$ 表明 Ala 氨基酸存在,$Y_4-Y_3+18=105$ 表

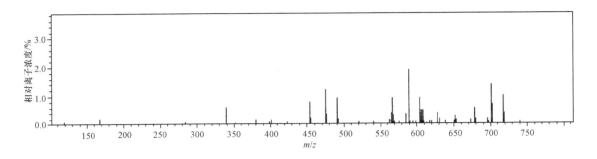

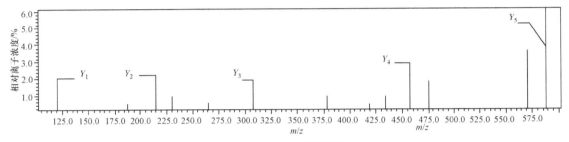

图 9-37 峰 4 的质谱图

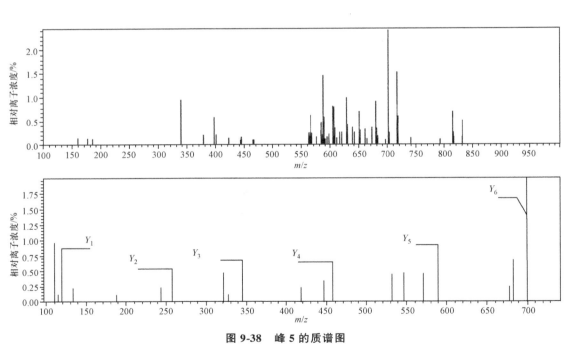

图 9-38 峰 5 的质谱图

明 Ser 氨基酸存在，$Y_3 - Y_2 + 18 = 155$ 表明 His 氨基酸存在，$Y_2 - Y_1 + 18 = 112$ 表明 ILe/Leu 氨基酸存在，$Y_1 = 155$ 表明 His 氨基酸存在，氨基酸序列为 His-ILe/Leu-His-Ser-Ala-Thr。

由峰 7 的一级质谱图可知，离子强度最高离子的质荷比为 327.20 Da，如图 9-40 所示，质荷比为 327.20 Da 母离子的酰胺键断裂后保留于 C 端的 Y 系列碎片离子 $Y_3 = 327.20$、$Y_2 = 256.20$、$Y_1 = 119.20$、$Y_3 - Y_2 = 71$、$Y_2 - Y_1 = 137$，由于氨基酸 C 端=OH，N 端=H，$Y_3 - Y_2 +$

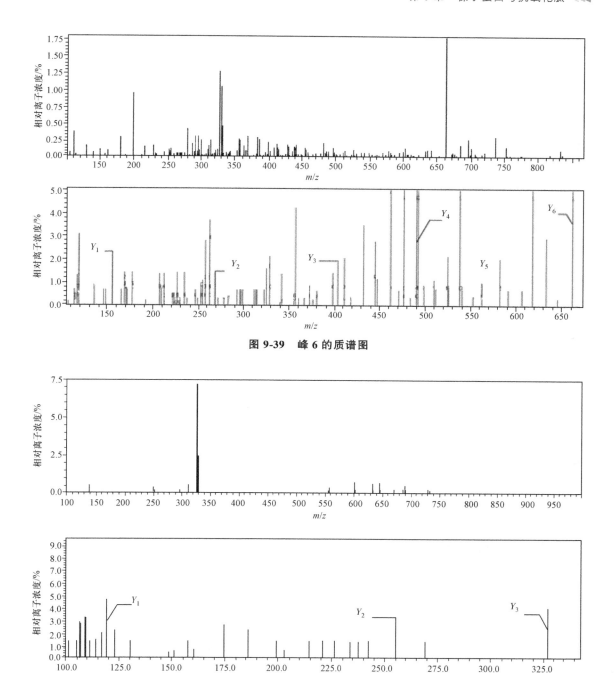

图 9-39 峰 6 的质谱图

图 9-40 峰 7 的质谱图

$18=89$ 表明 Ala 氨酸存在, $Y_2-Y_1+18=155$ 表明 His 氨基酸存在, $Y_1=119.20$ 表明 Thr 氨基酸存在, 峰 7 氨基酸序列为 Thr-His-Ala。

由峰 9 的一级质谱图可知, 离子强度最高离子的质荷比为 279.10 Da, 如图 9-41 所示, 质荷比为 279.10 Da 母离子的酰胺键断裂后保留于 C 端的 Y 系列碎片离子 $Y_2=279.10$、$Y_1=131.55$、$b1=165.20$、$Y_2-Y_1=147$, 由于氨基酸 C 端 $=OH$, N 端 $=H$, $Y_2-Y_1+18=165$ 表明

Phe 氨基酸存在,Y_1＝131 表明 ILe/Leu 氨基酸存在,峰 9 氨基酸序列为 Phe-ILe/Leu。

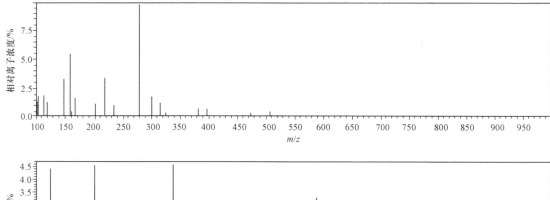

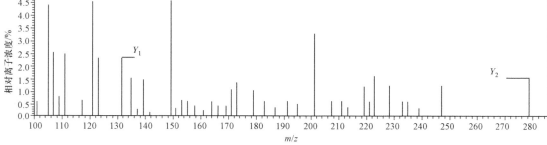

图 9-41　峰 9 的质谱图

3. 小结

采用超滤膜(1 kDa、5 kDa)分离榛子粕抗氧化肽,榛子粕抗氧化肽被分成 3 个组分 HMAP3(MW＜1 kDa)、HMAP2(5 kDa＞MW＞1 kDa)、HMAP1(MW＞5 kDa),组分 HMAP3 的 DPPH 自由基清除率最高。

葡聚糖凝胶又将 HMAP3 分成 4 个组分 P1、P2、P3、P4,并分别检测 DPPH 自由基清除率,结果表明 P2 的 DPPH 自由基清除率最高。

榛子粕抗氧化肽纯化后氨基酸含量由(42.995±2.005)g/100 g增高至(48.777±0.252)g/100 g,有 7 种氨基酸含量明显增加,其中包含 6 种疏水性氨基酸 Ala、Val、ILe、Leu、Tyr、Phe,疏水性氨基酸占总氨基酸含量的 12.21%±0.850%增至 56.55%±0.175%。

采用超高压液相色谱串联四级杆质谱(LC-MS-MS)测 P2 的氨基酸序列。结果表明,P2 中 7 个短肽的氨基酸序列分别为 His-ILe/Leu-Pro(362 Da)、ILe/Leu-Val-Asp-Glu(475 Da)、Thr-Pro-Pro-His-Lys(588 Da)、His-ILe/Leu-His-Ser-Ala-Thr(662 Da)、Cys-His-Ser-ILe/Leu-Met-ILe/Leu(701 Da)、Thr-His-Ala(327 Da)、Phe-ILe/Leu(279 Da)。

参考文献

1. 蔡东联. 实用营养学[M]. 北京:人民卫生出版社,2005.

2. 陈贵堂,赵立艳,王岁楼. 制备花生抗氧化肽的蛋白酶筛选研究[J]. 中国粮油学报,2008,23 (3):164-168.

3. 陈海敏,华欲飞. 大豆蛋白组成与功能关系研究[J]. 西部粮油科技,2001,26 (3):36-38.

4. 邓洁红，谭兴和，等. 响应面法优化刺葡萄皮色素提取工艺参数[J]. 湖南农业大学学报，2007，33（6）：694-699.

5. 杜蕾蕾. 冷榨核桃制备核桃油和核桃蛋白的研究[D]. 武汉：武汉工业学院，2009.

6. 段家玉. 冷榨花生饼制备花生蛋白和多肽的研究[D]. 武汉：华中农业大学，2006.

7. 管斌，林洪，王广策. 食品蛋白质化学[M]. 北京：化学工艺出版社，2000.

8. 何志平. 浙江山核桃抗氧化与蛋白质特性研究[D]. 杭州市：浙江大学，2011.

9. 黄晓钰，刘邻渭. 食品化学综合实验[M]. 北京：中国农业大学出版社，2002.

10. 李剑玄. 浒苔蛋白质的分离提取及其功能特性的研究[D]. 武汉：武汉工业学，2010.

11. 李京京，孙文佳，闵伟红. 长白山榛子抗氧化肽制备及其活性研究[J]. 食品研究与开发，2016，37（10）：1-5.

12. 李娟. 非水溶性茶叶蛋白质提取及理化性质研究[D]. 新疆农业大学，2003.

13. 李小华. 榛子蛋白饮料工艺及特性研究[D]. 天津：天津科技大学，2004.

14. 李迎秋，陈正. 高压脉冲电场对大豆分离蛋白功能性质的影响[J]. 农业工程学报，2006，22（8）：194-198.

15. 刘云. 桃仁油脂及蛋白的综合利用研究[D]. 武汉：华南理工大学，2011.

16. 马海乐，刘斌，李树君，等. 酶法制备大米抗氧化肽的蛋白酶筛选[J]. 农业机械学报，2010，41（11）：119-123.

17. 毛晓英. 核桃蛋白质的结构表征及其制品的改性研究[D]. 无锡：江南大学，2012.

18. 敏健全. 食品化学[M]. 北京：中国农业大学出版社，2002.

19. 陶健. 荞麦蛋白的制备及功能特性研究[D]. 杨凌：西北农林科技大学，2006.

20. 王申，林利美，周佳，等. 大米肽的绝对分子质量与氨基酸组成及体外活性[J]. 食品科学，2013，34（13）：19-23.

21. 王章存，康艳玲. 花生蛋白研究进展[J]. 粮油与油脂，2007，12（7）：12-13.

22. 易军鹏，朱文学. 牡丹籽油超声波辅助提取工艺的响应面法优化[J]. 农业机械学报，2009，40（6）：104-110.

23. 周慧江，朱振宝，易建华. 核桃蛋白水解物水解度测定方法比较[J]. 粮食与油脂，2012（02）：28-30.

24. 朱凯艳. 利用水相同时提取花生油和蛋白工艺的研究[D]. 无锡：江南大学，2012.

25. Agboola S，Ng D，Mills D. Characterisation and functional properties of Australian rice protein isolates [J]. Journal of Cereal Science，2005，41（3）：283-290.

26. Alsmeyer R H，Cunningham A D，Happich M L. Equations predict PER from amino acid analysis [J]. Food Techn，1974，28：34-38

27. Cherry J P. Food Protein Deterioration：Mechanism and Functionality [J]. Chemical Society，1982：1-30.

28. Damodaran M，Sivaswamy T G. A new globulin from the cashew nut (Anacardium occidentale) [J]. Biochemical，1936，30（4）：604-608.

29. Dipak K Dev，et al. Funtional properties of rapeseed protein products with varying phytic acid content [J]. Agri Food Chem，1986，34：775.

30. Elias R J，Kellerby S S，Decker E A. Antioxidant Activity of Proteins and Peptides [J].

Critical Reviews in Food Science & Nutrition，2008，48（5）：430-441.

31. FAO/WHO. Report of a Joint Food and Agriculture Organization/World Health Organization Expert Consultation：Protein quality evaluation. FAO：Rome，1990.

32. Kinsella J E, Domodaran S, German J B. Functional properties in foods：a survey [J]. Food Science，Nutrue，1976（7）：219-280.

33. Kohnhorst A L, Smith D M, Uebersax M A, et al. Compostitional，nutritional and functional properties of meals，flours and concentrates from navy and kidney bean (Phaseolus vulgaris) [J]. Ournal of Food Quality，1990，13（6）：435-466.

34. Lhor M, Bernier S C, Horchani H, et al. Comparison between the behavior of different hydrophobic peptides allowing membrane anchoring of proteins [J]. Adv Colloid Interface Sci，2014，207（3）：223-239.

35. Memarpoor-Yazdi M, Mahaki H, Zare-Zardini H. Antioxidant activity of protein hydrolysates and purified peptides from Zizyphus jujuba fruits [J]. Journal of Functional Foods，2013，5（1），62-70.

36. Oliveira I, Sousa A, Sá Morais J, et al. Chemical composition，and antioxidant and antimicrobial activities of three hazelnut (*Corylus avellana* L.) cultivars [J]. Food Chem. Toxicol，2008，46：1801-1807.

37. Picariello G, Ferranti P, Fierro O, et al. Peptides surviving the simulated gastrointestinal digestion of milk proteins：biological and toxicological implications [J]. J Chromatogr B Analyt Technol Biomed Life Sci，2010，878（3）：295-308.

38. Prakash V, Nandi P K. Isolation and characterization of a-Globulin of sesame seed (*Sesamum indicum L*) [J]. Afrie. Food Chemistry，1978，3（26）：320-323.

39. Ren J Y, Zhao M M, Shi J. Purification and identification of antioxidant peptides from grass carp muscle hydrolysates by consecutive chromatography and electrospray ionization-mass spectrometry [J]. Food Chern，2008，08：727-736.

40. Sathe S. Soubulization, electrophoretic characterization and in vitro digestibility of almond (prunus amygdalus)proteins [J]. Food Biochemistry，1992，16（4）：249-264.

41. Sathe S. Solubilization and electrophoretic characterization of cashew nut (*Anacardium occidentale*)proteins [J]. Food Chemistry，1994，51（3）：319-324.

42. Savage G, McNeil D. Chemical composition of hazelnuts (*Corylus avellana* L.)grown in New Zealand [J]. International journal of food sciences and nutrition，1998，49（3）：199-203.

43. Semiu O O, Folake O H, Hans-pater M, et al. Functional properties of protein concentrates and isolates produced from cashew (*Anacardium occidentale* L.)nut [J]. Food Chemistry，2009，3（115）：852-858.

44. Shokraii E H, Esen A. Composition, solubility and electrophoretic patterns of proteins isolated from Kerman pistachio nuts (*Pistacia vera* L.) [J]. Agricultural and Food Chemistry，1988，6（3）：25-429.

45. Takagi H, Hiroi T S, Yang L, et al. Rice seed ER-derived protein body as an efficient

delivery vehicle for oral tolerogenic peptides [J]. Peptides, 2010, 31 (8): 1421-1425.

46. Xing L J, Hu Y Y, Hu H Y, et al. Purification and identification of antioxidative peptide from dry-cured Xuanwei ham [J]. Food Chemistry, 2016, 194: 951-958.

47. Zhu L, chenJ, Tang X, et al. Reducing, Radical scavenging, and chelation properties of in vitro digests of alcalase-treated zein hydrolysates [J]. Journal of Agricultural & Food Chemistry, 2008, 56 (8): 2714-2721.